アルミニウム合金の強度

小林 俊郎 編著

内田老鶴圃

本書の全部あるいは一部を断わりなく転載または複写(コピー)することは,著作権および出版権の侵害となる場合がありますのでご注意下さい.

執筆者一覧

第1編 序説
1.1　大橋照男（名古屋工業大学工学部材料工学科 教授）
1.2　吉田英雄（住友軽金属工業(株)研究開発センター第一部 部長）
1.3　里　達雄（東京工業大学大学院理工学研究科 教授）
1.4　小林俊郎（豊橋技術科学大学工学部生産システム工学系 教授）

第2編 破壊の特徴と評価
2.1　東郷敬一郎（静岡大学工学部機械工学科 教授）
2.2　鈴木秀人（茨城大学工学部システム工学科 教授）
2.3　小川欽也（京都大学大学院工学研究科 助手）

第3編 各論
3.1　戸梶惠郎（岐阜大学工学部機械システム工学科 教授）
3.2　熊井真次（東京工業大学大学院総合理工学研究科 助教授）
3.3　越智保雄（電気通信大学電気通信学部知能機械工学科 教授）
3.4　小林俊郎（1.4 に同じ）
3.5　横山　隆（岡山理科大学工学部機械工学科 教授）
3.6　戸田裕之（豊橋技術科学大学工学部生産システム工学系 助教授）
3.7　菊池正紀（東京理科大学理工学部機械工学科 教授）
　　　買買提明・艾尼（中国新疆工学院機械工学科 教授）

はじめに

　アルミニウムが初めてその存在を確認されたのは，明ばん石（今日でいうアルミナ）を電気化学的な方法で分離に成功した英国の H. デービーによる（1807 年）．1886 年に米国の C. M. ホールと仏国の P. L. T. エルーにより電解製錬法が発明され，翌年にはオーストリアの K. J. バイヤーによってアルミナ製造法も発明され，一気に工業化に至るのである．まだ若い金属といえよう．

　我が国は米国に次ぐ世界第 2 位のアルミニウム地金消費国であり，約 400 万 t/年になっている．自動車・鉄道車両等の輸送部門，サッシ等の建設部門，缶・箔等の包装部門の 3 分野が主たる用途である．特に，1936 年の我が国における超々ジュラルミンの発明は世界的に有名であるが，実用合金としての強度レベルはそれ以来ブレーク・スルーが見られず，650 MPa 前後で頭打ちになっている現実には，強度を専門とする本書の各著者も頭を悩ませる所である．

　軽量，美的外観，耐食性等の秀れた特徴は，この合金が 21 世紀でも一層飛躍する可能性を秘めているが，今後建設や構造物・輸送機器等に大幅に採用されるには，上述の強度レベルを凌駕する合金の開発にまつ所も大きい．材料技術と力学分野の融合が必要であり，鉄鋼に匹敵する材料保証のための豊富なデータの蓄積も不可欠になってくるのである．

　本編者はこのような目的の下に，従来あった軽金属学会材料・物性部会の中に強度評価分科会を平成元年より発足させ，その後平成 8 年に「アルミニウム合金の動的変形と強度部会」として改組し，現在，一応区切りをつける段階に至っている．この研究部会はユニークなもので，委員の半数が材料技術者，半数が機械技術者より構成されており，両者が刺激し合うことで融合化を計ってきた．自動車への用途拡大を期する立場等から動的変形と強度を主題とする一方，疲労，破壊，鋳造合金，複合材料等課題となるテーマについて取り組んで

きた．

　本書はアルミニウム合金が世の中に広く普及しているにも拘わらず，特に強度という側面に焦点をあてた成書が見られない現実を打破し，一層の普及を望む上述委員会メンバー有志を中心に書かれたものであり，全体の統一や編集を編者が行った．アルミニウム合金が 21 世紀においても一層躍進すること，また本書が若いこの分野の技術者の一助となることを祈念して編者の序文としたい．

　最後に執筆された各著者，部会運営を支援頂いた(社)軽金属学会，(社)日本アルミニウム協会，出版を快諾された(株)内田老鶴圃に対し深甚なる謝意を表する次第である．

　平成 13 年 3 月

小 林 俊 郎

目　　次

執筆者一覧 ……………………………………………………………………… i
はじめに ………………………………………………………………………… iii

第1編　序　　説

1.1　アルミニウム合金の金属学―鋳造材料 ………………… 大橋照男 …… 3
1.1.1　アルミニウムの歴史 ……………………………………………………… 3
　　1.1.1.1　アルミニウム元素の発見　 3
　　1.1.1.2　アルミニウム生産の工業化　 4
1.1.2　鋳造プロセス ……………………………………………………………… 5
　　1.1.2.1　溶　　解　 5
　　1.1.2.2　溶湯処理　 5
　　1.1.2.3　鋳造方法　 8
1.1.3　実用鋳造用合金の種類と組織 ………………………………………… 13
　　1.1.3.1　アルミニウム合金鋳物　 13
　　1.1.3.2　アルミニウム合金ダイカスト　 17
1.1.4　熱処理と機械的性質 …………………………………………………… 19
　　1.1.4.1　鋳物の熱処理　 19
　　1.1.4.2　機械的性質　 21
参考文献 ……………………………………………………………………… 23

1.2　アルミニウム合金の金属学―展伸材料 ………………… 吉田英雄 …… 25
1.2.1　展伸材の歴史 …………………………………………………………… 25
1.2.2　展伸材の製造工程 ……………………………………………………… 25

1.2.3　展伸用合金 …………………………………………………… 27
　1.2.4　展伸用合金の質別 ………………………………………… 32
　1.2.5　展伸材の熱処理 …………………………………………… 39
　　1.2.5.1　焼入れ・焼戻し処理，時効処理　39
　　1.2.5.2　焼なまし処理，軟化処理　41
　1.2.6　展伸材の組織制御 ………………………………………… 43
　参考文献 …………………………………………………………… 46

1.3　アルミニウム合金の時効析出と強度 …………………里　達雄…… 47
　1.3.1　アルミニウム合金の時効析出現象 ……………………… 47
　　1.3.1.1　連続析出　48
　　1.3.1.2　不連続析出　49
　　1.3.1.3　析出反応速度　49
　　1.3.1.4　アルミニウム合金の時効析出　49
　1.3.2　ミクロ組織と力学的性質 ………………………………… 57
　　1.3.2.1　ミクロ組織　58
　　1.3.2.2　ミクロ組織と力学的性質　58
　1.3.3　析出組織の制御 …………………………………………… 65
　1.3.4　材料学と力学の融合 ……………………………………… 69
　　1.3.4.1　強度と破壊の確率的性質　69
　参考文献 …………………………………………………………… 70

1.4　アルミニウム合金の強度と破壊 ………………………小林俊郎…… 72
　1.4.1　アルミニウム合金における強度と破壊の特徴 ………… 72
　　1.4.1.1　ミクロ組織と破壊機構　72
　　1.4.1.2　低温特性　77
　1.4.2　展伸用アルミニウム合金における強度と破壊 ………… 79
　　1.4.2.1　高強度化の追究　79
　　1.4.2.2　Al–Li系合金　82

1.4.2.3　その他の展伸合金　87
　　　1.4.2.4　急冷凝固と合金開発　88
　1.4.3　鋳造用アルミニウム合金における強度と破壊 …………………………91
　　　1.4.3.1　アルミニウム合金鋳物のミクロ組織と機械的性質　91
　　　1.4.3.2　アルミニウム合金鋳物の破壊特性　93
参考文献 ……………………………………………………………………………95

第2編　破壊の特徴と評価

2.1　静的破壊と破壊靭性 …………………………………東郷敬一郎……99
　2.1.1　破壊の様相 ……………………………………………………………99
　2.1.2　脆性破壊 ……………………………………………………………100
　　　2.1.2.1　完全脆性材料の理論へき開強度　100
　　　2.1.2.2　グリフィスき裂　102
　　　2.1.2.3　金属材料の脆性破壊　104
　2.1.3　延性破壊 ……………………………………………………………105
　　　2.1.3.1　延性破壊の機構　105
　　　2.1.3.2　グリフィスき裂の延性材料への拡張　110
　　　2.1.3.3　アルミニウム合金の破壊　110
　2.1.4　破壊靭性 ……………………………………………………………111
　　　2.1.4.1　破壊靭性値の概念　111
　　　2.1.4.2　破壊力学パラメータの適用範囲　112
　　　2.1.4.3　破壊形態の寸法依存性　113
　　　2.1.4.4　平面ひずみ破壊靭性試験法　116
　　　2.1.4.5　弾塑性破壊靭性 J_{IC} 試験法　118
　　　2.1.4.6　引張強度特性と破壊靭性値の関係　121
参考文献 …………………………………………………………………………121

2.2 疲労と破壊 ……………………………………………鈴木秀人……**123**

2.2.1 金属疲労の基礎 …………………………………………………… *123*
- 2.2.1.1 疲労強度，寿命の評価方法　*123*
- 2.2.1.2 疲労き裂発生・進展のメカニズム　*125*
- 2.2.1.3 破壊力学に基づく疲労き裂進展特性の評価　*128*

2.2.2 疲労強度の改善方法 ………………………………………………… *129*
- 2.2.2.1 疲労強度を支配する最弱リンク仮説　*129*
- 2.2.2.2 最弱な顕微鏡因子の改善による疲労強度向上　*130*
- 2.2.2.3 疲労き裂発生源の除去による疲労強度改善　*132*

2.2.3 確率論的破壊力学による疲労強度評価 ………………………………… *135*
- 2.2.3.1 破壊力学に基づく欠陥評価　*135*
- 2.2.3.2 欠陥寸法の統計的評価と疲労信頼性　*137*

参考文献 ……………………………………………………………………… *139*

2.3 衝撃と破壊 ……………………………………………小川欽也……**140**

2.3.1 応力波の伝播 …………………………………………………………… *140*
2.3.2 応力波の反射と透過 …………………………………………………… *142*
2.3.3 応力波による破壊 ……………………………………………………… *144*
2.3.4 スプリットホプキンソン棒法 ………………………………………… *148*
2.3.5 様々な衝撃試験法 ……………………………………………………… *151*
- 2.3.5.1 引張試験　*150*
- 2.3.5.2 One-Bar 法　*153*
- 2.3.5.3 ねじり試験　*154*
- 2.3.5.4 曲げ試験　*155*
- 2.3.5.5 特殊な試験　*155*

2.3.6 衝撃変形での変形論 …………………………………………………… *157*
- 2.3.6.1 熱活性化過程論　*158*
- 2.3.6.2 高速運動転位論　*161*

2.3.7　衝撃破壊 ……………………………………………… 163
　参考文献 ………………………………………………………… 164

第3編　各　　論

3.1 アルミニウム展伸合金の疲労特性 ……………………戸梶惠郎……**169**
　3.1.1　平滑材の疲労強度 …………………………………… 169
　3.1.2　疲労き裂の発生 ……………………………………… 171
　3.1.3　微小き裂成長に関する基本的事項 ………………… 172
　3.1.4　微小き裂成長挙動 …………………………………… 174
　　3.1.4.1　微視組織の影響　*174*
　　3.1.4.2　応力比の影響　*177*
　　3.1.4.3　合金間の相違および時効条件の影響　*179*
　　3.1.4.4　環境の影響　*180*
　3.1.5　Al-Li合金の疲労特性 ……………………………… 182
　　3.1.5.1　平滑材の疲労強度　*183*
　　3.1.5.2　時効条件の影響　*185*
　　3.1.5.3　環境の影響　*185*
　　3.1.5.4　切欠効果　*188*
　参考文献 ………………………………………………………… 192

3.2 アルミニウム鋳造合金の疲労特性（1） ……………熊井真次……**195**
　3.2.1　アルミニウム鋳造合金と疲労との関わり ………… 195
　　3.2.1.1　自動車分野でのアルミニウム鋳造合金と疲労　*195*
　　3.2.1.2　航空機分野でのアルミニウム鋳造合金と疲労　*196*
　3.2.2　アルミニウム鋳造合金のミクロ組織と鋳造欠陥 … 196
　　3.2.2.1　アルミニウム鋳造合金のミクロ組織　*196*
　　3.2.2.2　アルミニウム鋳造合金の鋳造欠陥　*197*

3.2.3 アルミニウム鋳造合金の凝固組織と疲労寿命 ……………………… 197
　3.2.3.1 アルミニウム鋳造合金のミクロ組織と疲労寿命　197
　3.2.3.2 アルミニウム鋳造合金のミクロ組織と引張特性　199
　3.2.3.3 アルミニウム鋳造合金の鋳造欠陥と引張特性　201
　3.2.3.4 アルミニウム鋳造合金の鋳造欠陥と疲労特性　202
3.2.4 アルミニウム鋳造合金の疲労き裂伝播特性とミクロ組織 ……… 203
　3.2.4.1 アルミニウム鋳造合金の da/dN-ΔK 曲線　203
　3.2.4.2 アルミニウム鋳造合金の疲労破面　204
　3.2.4.3 アルミニウム鋳造合金の
　　　　　da/dN-ΔK 曲線におよぼす共晶 Si 相の影響　205
　3.2.4.4 アルミニウム鋳造合金の
　　　　　da/dN-ΔK 曲線におよぼすき裂閉口の影響　208
3.2.5 アルミニウム鋳造合金における微小き裂成長と寿命予測 ……… 210
3.2.6 後処理によるアルミニウム鋳造合金の疲労特性の向上 ………… 212
参考文献 ……………………………………………………………………… 214

3.3 アルミニウム鋳造合金の疲労特性(2) ……………越智保雄……216
3.3.1 S-N 特性におよぼすミクロ組織と鋳造欠陥の影響 ……………… 216
3.3.2 HIP およびショットピーニング処理の影響 …………………… 221
3.3.3 アルミニウム合金溶湯鍛造材の疲労強度 ……………………… 225
3.3.4 半溶融・半凝固鋳造材の疲労強度 ……………………………… 229
参考文献 ……………………………………………………………………… 232

3.4 アルミニウム合金の衝撃特性(1) ………………………小林俊郎……235
3.4.1 アルミニウム合金の高速変形・破壊の特徴 …………………… 235
3.4.2 計装化シャルピー衝撃試験法によるアルミニウム合金の衝撃特性
　　　……………………………………………………………………… 239
　3.4.2.1 計装化シャルピー衝撃試験法の発展　239
　3.4.2.2 計測上の問題点と応用　244

3.4.3　アルミニウム合金の衝撃引張特性 ……………………………… 248
　3.4.3.1　油圧サーボ式高速試験　248
　3.4.3.2　ホプキンソン棒式高速衝撃試験　251
　3.4.3.3　衝撃引張特性　252
3.4.4　アルミニウム合金の衝撃疲労特性 ……………………………… 255
参考文献 ………………………………………………………………………… 258

3.5　アルミニウム合金の衝撃特性(2) ……………………横山　隆…… 260
3.5.1　供試材と試験片形状 ……………………………………………… 261
3.5.2　試験方法の説明 …………………………………………………… 262
　3.5.2.1　衝撃引張試験装置　262
　3.5.2.2　ホプキンソン棒法におけるデータ解析　264
3.5.3　試験結果の整理と考察 …………………………………………… 265
　3.5.3.1　静的引張試験　265
　3.5.3.2　衝撃引張試験　266
　3.5.3.3　走査電子顕微鏡による破面観察　271
参考文献 ………………………………………………………………………… 273

3.6　アルミニウム基複合材料の強度特性(1) ……………戸田裕之…… 274
3.6.1　アルミニウム基複合材料の特徴 ………………………………… 274
3.6.2　アルミニウム基複合材料のミクロ組織の特徴 ………………… 275
　3.6.2.1　強化材に関するミクロ組織形態　275
　3.6.2.2　強化材/アルミニウム界面　276
　3.6.2.3　マトリックスに関するミクロ組織形態　278
　3.6.2.4　不均質ミクロ組織が力学的性質におよぼす影響　284
3.6.3　強度，弾性率 ……………………………………………………… 285
　3.6.3.1　比弾性率と比強度　285
　3.6.3.2　比強度・比弾性率の改善　288
参考文献 ………………………………………………………………………… 292

3.7 アルミニウム基複合材料の強度特性（2）
　　　　　　　　　　　　　　　　……………菊池正紀，買買提明・艾尼……294
3.7.1　SiC 分散強化アルミニウム合金の現状………………………294
3.7.2　SiC 粒子分散化アルミニウム合金の破壊挙動に関わる因子………295
3.7.3　数値解析による破壊シミュレーション　………………………300
　　3.7.3.1　問題のモデル化　*301*
　　3.7.3.2　ユニットセルによる破壊プロセスの検討　*302*
　　3.7.3.3　粒子の非均一分布の影響　*305*
　　3.7.3.4　粒子相互干渉の影響　*308*
3.7.4　将来の展望　……………………………………………………310
参考文献 ………………………………………………………………311

索　引 …………………………………………………………………313
　　欧文，記号索引　*314*
　　和文索引　*317*

序　　説

1.1 アルミニウム合金の金属学—鋳造材料

―――大橋　照男―――

1.1.1 アルミニウムの歴史
1.1.1.1 アルミニウム元素の発見

　アルミニウムは酸素との結合が金属元素中でも最も強い部類に属し，酸化アルミニウム（アルミナ）を炭素で還元して金属アルミニウムを得るには，熱力学的にみて2000℃以上の高温が必要である．これに対し，酸化鉄や酸化銅などは1000℃以下の温度でも炭素により還元でき，古代人が山火事跡で偶然，鉄や銅のかたまりを発見して利用するようになったのは，このような原則が満たされていたためと推測されている．

　このような理由でアルミニウムの発見は鉄や銅などと比べて極めて遅れ，発見の動機は近代化学の基礎を築いたフランスの化学者，ラボアジェ（A. L. Lavoisier）が1782年に，明ばん石の中に酸素との親和力が非常に強く，炭素で還元できない元素の存在を予言したことから始まる[*1]．そして最初にアルミニウムの分離に成功したのはイギリスのデービー（Sir. H. Davy）であり，彼は1807年にアークでアルミナと接している鉄を溶かし，鉄-アルミニウム合金ができていることを示し，alumium と命名した[*2]．この呼称は論議の末，aluminum ないし aluminium に変わっていった．次いで1824年，デンマークの物理学者エルステッド（H. C. Oelsted）は塩化アルミニウムとカリウム・アマルガムを反応させた後，水銀を蒸発してアルミニウムの分離に成功した．さらに年月を経て1847年，デービーの助手であったウェーラー（F. Wöhler）は，磁器るつぼに入れた塩化アルミニウム（$AlCl_3$）と金属カリウムの混合物を温め

---

*1　ちなみにメンデレーエフが元素の周期(律)表を発表したのは1869年である．
*2　語源はラテン語の alumen（光るもの），alum（明ばん）からとされる．

る方法で，粉末状の純度の高いアルミニウムを分離した．さらに下って1854年，フランスのデビュ（H. St. C. Deville）はカリウムより安価なナトリウムを使いアルミニウムの分離に成功した．さらに特記すべきことは，このときのアルミニウムで作ったメダルが，ナポレオンIII世に献上されていることである．

1.1.1.2　アルミニウム生産の工業化

アルミニウムを工業的に生産する考えは，ナポレオンIII世がアルミニウムの軽さに注目し，これで鎧や兜を作ろうとしたことから始まった．しかし，このような化学的な還元方法はアルミニウムの約3倍のナトリウムが必要であり，金，銀以上に高価な金属として扱われた．

アルミニウムが工業的生産物として普及するのは，現在の電解精錬法が開発されてからである．電解精錬の考えはそれまでにもあり，前述のデービーもアルミナとアルカリ金属の水酸化物との混合物を使って挑戦したが，当時は電源としては電池のみであり不成功に終わった．

1870年，ベルギーのグラム（Z. T. Gramme）が発電機を発明し，大きな電力を得ることが可能となった．これを電源としてアルミニウム精錬の多量生産に初めて成功したのは，アメリカのホール（C. Hall）とフランスのエルー（P. Héroult）であった．彼らは電解浴および電極にそれぞれ氷晶石および黒鉛を用いた方法を採用し，ホールは1889年に米国特許を，エルーは1888年に仏，英国特許を取得した．現在でも「ホール-エルー法」としてアルミニウム生産の主役を維持している．また，ドイツのバイヤー（K. J. Bayer）は，苛性ソーダでボーキサイトを処理し，主たる不純物の珪素と鉄を取り除く「バイヤー法」を開発した．これにより純度の高いアルミナが得られ，アルミニウムの普及を加速した．この結果アルミニウムの価格は，30年ほど前と比べて約1/200ほどにまで安くなり，現在のアルミニウム精錬の基礎を確立した．

ところで，現在でも電解法によるアルミニウム精錬は1トンのアルミニウムをつくるのに13,000から14,000 kWhの電力が必要で，この量は，最近（1999年）の日本における年間1人当たりの平均電力使用量7,800 kWhの2

倍程度となる．従って，アルミニウムの精錬工場は水力や火力発電が豊富なところや資源に恵まれたところに集中している[1]．

1.1.2 鋳造プロセス

鋳造とは溶けた金属を鋳型に注湯して必要形状の製品を作ることを指すが，そのプロセス(工程)は概略，①原料→②溶解→③注湯(鋳込み)→④型ばらし→⑤仕上げ→⑥熱処理→⑦検査の流れに従う．また砂型など鋳造ごとに鋳型を作製する場合は，造型の工程が①，②と平行して③に加えられる．

1.1.2.1 溶　　解

アルミニウム合金の溶解には「るつぼ炉」をはじめ，大量の溶湯を扱う場合は「反射炉」や「シャフト炉」などの溶解炉が利用されている．還元力の強い溶融アルミニウムがシリカ，酸化鉄，クロム酸化物などを多く含むような炉壁に触れると，これらの酸化物が還元され，Si，Fe，Crなどがアルミニウム中に混入する．従って，例えばるつぼ溶解であればアルミナを主成分とするセラミックスるつぼ，粘土を粘結剤とした黒鉛るつぼ，または雲母粉（きら粉）やアルミナ粉で内張り（lining）した鋳鉄製るつぼなどが使用される．

一般に溶解は大気中で行われ，酸化防止にアルミニウム合金よりも低い融点になるよう組成が調整された，無機塩化物混合物の溶剤（フラックス）[2]が用いられる．ただし，Al-Mg系合金や過共晶組成Al-SiはNaが混入すると前者では延性が低下し，後者ではP添加による初晶Siの微細化効果を阻害するので，これらの合金の溶解にはNaを含む溶剤は使用されない．

1.1.2.2 溶湯処理

アルミニウムの溶解では上述のような酸化防止を目的とする溶剤処理の他，以下のような幾つかの処理が溶解中に行われる．

1 序説

(1) 脱ガス処理

溶融アルミニウムには水素が溶解しやすいことはよく知られている．1気圧下，融点における固体および液体アルミニウム中への水素溶解量はおおよそ 0.05 および 0.7 mL/100g であり[3]，液体アルミニウムは固体アルミニウムの約14倍位の水素を溶解する．また，水素の溶解量は水素ガス分圧の平方根に比例する（ジーベルツの法則[*3]）．実際の溶解作業においては，雰囲気中の水蒸気がアルミニウムを酸化するときに生じる水素[*4]が溶解するので，水蒸気の多い雰囲気では水素の溶解量が増加する．

水素を溶解したアルミニウム溶湯が凝固するとき，溶解度の減少により余分の水素は H_2 気体分子となってバブルを形成し，外部（大気）へ放出される．バブル形成の核となる浮遊物質（酸化物など）が少ない場合や冷却速度が大きいとき，一部は過剰の水素として固体中または樹枝状晶（デンドライト）粒界に取り込まれ，ミクロポロシティを形成する．このような欠陥が生じないための最大水素含有量は 0.15 mL/100g とされている[4]．しかし，場合によっては水素によるポロシティの形成で，鋳物のマクロ的な鋳造欠陥である"引け"の発生を抑えるために利用されることもある．

水素供給源となる水蒸気は，加熱燃料である重油や天然ガスなどの燃焼ガスに含まれ，また溶解原料に付着した水分，油類，腐食層（水酸化物が多い），湿った溶剤，水分を含む生砂鋳型などからも生じる．ミクロポロシティの発生を抑制するためには，これらの水蒸気発生源を除くようにすればよいが，完璧には不可能であるので以下のような脱ガス処理が行われている．

(a) ガス浄化法（Gas Flushing, Purging）：塩素ガス（数%）と不活性ガス（Ar, N_2 など）の混合ガスを溶湯中に導入し，生じたバブル中に水素を拡散させて除去する方法．

(b) 固体脱ガス剤添加法：ヘキサクロロエタン（C_2Cl_6）と溶剤との固形混合物を溶湯中に沈め，生じた $AlCl_3$ ガス・バブルに水素を拡散させ除去す

[*3] 酸素，水素，窒素のような2原子分子ガスが1原子に分解して金属に溶解するとき，溶解量は気体の分圧の1/2乗に比例することが化学反応式から導かれる．

[*4] $3H_2O + 2Al \rightarrow Al_2O_3 + 6H$ なる反応で水素が発生する．

る方法．

（c） 回転ノズル法：（a）の混合ガスを回転ノズルより噴出させてバブルをより微細分散し，除去効果を向上した方法[5]．

（d） 真空脱ガス法：真空炉中へノズルを通して溶湯を噴出させる方法．

以上の方法のうち，塩素を利用した脱ガス法は優れてはいるが発生ガスが人体に有害であり，取扱いには対応策が必要である．なお，脱ガス処理においてバブルが浮上する過程で，浮遊微細非金属介在物がバブルに吸着して溶湯表面へ除去され，溶湯の浄化効果も付随して起きる．

（2） 濾 過 処 理

前項に述べた脱ガス処理の他，酸化物などからなる非金属介在物の除去も鋳物の材質を向上させるために重要であり，このため溶湯保持炉から注湯への過程で溶湯をセラミックス製フィルターで濾過する方法[6]も広く採用されている．

（3） 結晶粒微細化処理

一般的には鋳物の結晶粒のサイズや形に対しては，合金組成，冷却速度，温度勾配，注湯（鋳込み）温度や同速度などが，単独ないし複数重なり合って影響を与えるが，十分な結晶粒微細化を期するためにはアルミニウム合金ではTiを添加する．**図1.1.1**[7]は，種々の冷却速度の下で凝固させたAl-Ti合金のTi濃度と結晶粒サイズの関係の例を示す．Ti濃度の増加に伴う結晶粒サイズの減少は，包晶反応が生じる最小Ti濃度（～0.15 mass%）までと，約0.3 mass%Ti以上の高濃度域との2段階に分けられる[8]．包晶反応組成以上では，明らかに初晶Al_3Ti化合物がアルミニウム結晶生成のための核（包晶反応説）となると考えられる．工業的にはTi添加量は多くても0.2 mass%程度であるので，低濃度域での微細化の機構についてはTiCによる異質核作用説[9]の他，溶湯の対流や機械的攪乱の下での樹枝状結晶の溶断遊離[10]，さらには鋳型壁で核生成成長する結晶の遊離説[11]などのいわゆる結晶粒増殖説など，多くの考えが提案されている．

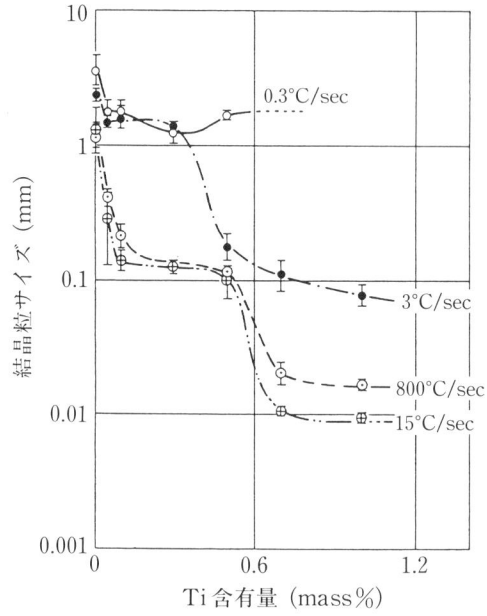

図 1.1.1 Ti の添加によるアルミニウム結晶粒サイズの変化[7].

また，Ti に加えて B を添加するとより効果的な結果が得られ，工業的には Al-5 mass%Ti-0.5 mass%B 合金が微細化材として利用されている．この場合の微細化機構は AlB_2，TiB_2 が核作用を与えるとする考え[9]と，B の添加により Al_3Ti の溶解度が低 Ti 濃度側へ変化するため，有効核はあくまでも Al_3Ti とする考え[12]も出されている．

1.1.2.3 鋳造方法

鋳造においては鋳型の材料や作り方，注湯の方法などのいわゆる鋳造方法が，鋳物の品質，精度，生産性などに大きな影響を与える．このためアルミニウムの鋳造においても多様な方法が工業的に採用されている．これら各種鋳造方法の呼称は総じて，(ア)鋳型の材料または製作方法，または(イ)鋳込み方法から由来している．ここでは，特に厳密な根拠はないが，一般的に適用される

分類例に従ってこれらの方法を整理し，それぞれの特徴を以下に述べる．

（1） 砂型鋳造法

（a） 生砂型鋳造法（Green Sand Mold Process）—（ア）：鋳造法の中で最も古くから行われてきた方法で，粘結剤の粘土（ベントナイト）と水を数%程度混ぜた珪砂を，模型（木型）が設置してある鋳枠に充填し突き固める．大量生産ではジョルト（jolt）とスクイズ（squeeze）動作をもつ造型機で突き固め鋳型を作る．高圧力で突き固める「高圧造型」と呼ばれる鋳造法もあり，鋳枠は不要である．鋳物は鋳型をくずして（型ばらし）取り出し，使用済み鋳型砂は，くり返し使用する．このため砂処理と造型の工程が他に必要である．多品種少量生産またはその逆も可能な鋳造法である．

（b） シェルモールド法（Shell-Mold Process）—（ア）：粘結剤の働きをする熱硬化性のフェノールまたはフラン系樹脂でコーティングした珪砂（コーテッドサンド：coated sands）を約300℃前後に加熱した模型（金属製）にふりかける．コーティングした樹脂は熱により一時的に軟化して砂粒子間を結合する．1，2分位経過後，未結合の砂を振り落とすとシェル（貝殻）状の鋳型ができる．さらに型全体を十分に硬化させるため炉に挿入し短時間焼成（キュア，cure）する（別称「ホットボックス法」）．これに対して，粘結剤にフェノールフォルムアルデヒドとポリイソシアネートを珪砂に配合し混練した砂を用いる方法では，トリエチルアミン（TEA）ガスを作用させて固める．加熱を要しないので「コールドボックス法」と呼ぶ．鋳型強度，製品精度は生砂型より高いが，高コストで形状やサイズに制約がある．中子の作製には多く利用される．

（c） CO_2プロセス（Carbon Dioxide Process）—（ア）：水ガラスを粘結剤に用いた珪砂を突き固めた後，炭酸ガスを通してゲル状シリカを形成し珪砂の結合を図る．鋳型強度は高いが500〜600℃以上の温度に加熱されると強度は下がり砂落としが容易である．中子作製にも利用される．

（d） フルモールド法（Full Mold Process）—（ア）：発泡ポリスチロール製の模型を乾燥した砂（粘結剤は加えない）の中に埋め鋳型とする．模型に溶湯

が触れると燃焼して消失するが，模型の燃焼速度とバランスを保ちながら溶湯を流入させることにより鋳物が作られる．製品精度は低いが型ばらし，砂落としが容易で，低コスト，量産も可能である．EPC（Evaporative Pattern Casting）とも呼ばれ，1964年，米国特許が得られている．

（e） Vプロセス（Vacuum Sealed Process）—（ア）：フルモールド法と同様，乾燥砂を材料とする鋳造法で日本で開発された．鋳枠内に設置した微細通気孔のある模型の表面を，温めて延びやすくなった薄いビニールシートで覆い，模型とシート間の空気を微細孔から吸引し大気圧によりシートを模型に密着させる．その上に乾燥した砂を詰めた後，その上部表面をシートで覆い鋳型に機密性を持たせ，鋳枠に設置してある真空系を通して鋳型内を減圧する．その結果，大気圧で砂粒相互が押付けられ鋳型の形状を保つことができ，型ばらしも容易である．平面的な形状の鋳物に限られる．

（2） 精密鋳造法

（a） インベストメント鋳造法（Investment Casting Process）—（ア）：ろうで模型を作り，その表面にエチルシリケート系の粘結剤を使った泥状の耐火性の砂粒で覆う．乾燥後，砂の種類，粒度を変えて，くり返し被覆（investment）し多層の被覆層を作る．第I層は鋳肌に影響するため耐火度の高い細かい砂粒（例えばコロイダルシリコンとジルコンフラワーの混合物）を使い，順次補強用の粗い粒子に変えていく．最後に加熱→脱ろう→焼成の工程を経て鋳型とする．模型を溶かし出すので「ロストワックス法」とも呼ばれる．フルモールド法と同様に模型は消失するので鋳型の分割は不要である．複雑な形状の鋳物を作るのに適し，製品精度も高く代表的な精密鋳造法[13]である．

（b） 石こう鋳型鋳造法（Plaster Mold Casting Process）—（ア）：石こう（α型焼石こう）に発泡剤（酒石酸＋マグネシウム）を混ぜ，水で溶かして泥状にしたものを鋳枠に流し込み作られる．模型は鋳型から取出しが容易なシリコンゴムが使われることが多い．また，ろうの模型を使えばインベストメント鋳造法と同じ造型法ともなる．冷却速度が小さいため肉厚の薄い部分でも湯の廻りが良好で，また製品精度も高く鋳肌も精緻である．生産性が低く試作品の鋳造

に用いられることが多い．

（3） 永久鋳型鋳造法

（a） 金型鋳造法（Gravity Die Casting Process）―（ア）：鋳型は工具鋼のような耐摩耗性，耐熱性の鋼を加工して作られるのが一般的で，場合によっては鋳鉄も使用される．注湯は重力による自然の流れを利用する．くり返し鋳型の使用が可能であることから永久鋳型鋳造（permanent mold casting）と呼ばれることもある．

鋳型の熱的特性から冷却速度が大きく，鋳造組織は砂型鋳物などと比べて微細であり，機械的強度も高くなる．製品精度は高いが，少量生産では高コストとなる．

（b） ダイカスト法（Pressure Die Casting Process）―（ア）/（イ）：溶湯が油圧プランジャーで強制的に鋳型（die）に送り込まれる方法．鋳型は精密に仕上げ加工された工具鋼で作られる．鋳造機には注湯形式によりホットチャンバー型とコールドチャンバー型の2種類があるが，アルミニウム合金には後者が使われるのが一般的である．日本語訳では"金型鋳造"となり上記(a)と区別がつかないが，英米では"金型鋳造"を"gravity die casting"，"ダイカスト"を"pressure die casting"と区別して呼称される．薄肉鋳物に適し製品精度も高い．冷却速度が大きく鋳造組織は微細であり，機械的性質にも優れる．溶湯は乱流ないし液滴状となって高速で鋳型に流入するので，空気の巻込みにより多孔質となる．従って熱処理合金には適さない．このため鋳型内を真空にできる「真空ダイカスト」や，酸素を富化した雰囲気に保ち，溶湯と酸素とを結合させることにより気孔の発生を防ぐ「PFダイカスト（PF: Porous Free）」が開発されている．生産性が非常に高い．

（c） 低圧鋳造法（Low Pressure Die Casting Process）―（イ）：鋳型は鋼製で，溶湯保持炉の上部に設置される．保持炉と鋳型は溶湯に侵食されにくいセラミックス製パイプで連結されており，保持炉内の雰囲気（空気または窒素）の圧力を上げることにより，溶湯はパイプを通して鋳型下部から鋳型内へ圧入される．鋳型内に鋳込まれた溶湯の凝固が完了するまで加圧を続けるので，

「押湯」*5 は不要である．ダイカスト法よりも大型で肉厚鋳物が可能で，機械的性質および製品精度ともに優れる．

（4） 特殊鋳造法

（a） 高圧鋳造法（High Pressure Die Casting Process）—（イ）：高圧下で凝固させ引け巣，気孔の発生を抑制する鋳造法．「スクイズ・キャスティング（squeeze casting）」あるいは「溶湯鍛造」[14]とも呼ばれる．雌雄に分割できる鋼製鋳型で，雌型に充填した溶湯を雄型で押付けるように行う直接押込み法と，ポンチで溶湯を鋳型空間に押込む間接押込み法がある．鍛造品に匹敵する機械的強度が得られる．この方法は，セラミックスを強化相にした複合強化鋳物（MMC：Metal Matrix Composites）の製造にも応用される．

（b） レオキャスティング法（Rheocasting Process）[15]—（イ）：「半凝固鋳造法」ともいう．溶融合金を攪拌しながら温度を下げていくと，固相率約50％前後の固液混合状態でも流動性が保持され，ダイカスト・マシンなどの機械力を使えば低い温度でも注湯が可能となる．この方法で得られた Al-Si 系合金の組織の例を**図 1.1.2**（a）[16]に示す．通常，デンドライト状に成長する初晶 α 相（同図（b））は攪拌によって球形に近い形（同図（a））になる．この方法で得られた鋳塊を固相-液相共存温度範囲へ再加熱を行うとチクソトロピックな性質*6 を示し，この性質を利用する鋳造法を「チクソキャスティング法（thixocasting process）」と呼ぶ．いずれも均質な組織が得られ機械的性質にも優れる．セラミックス粒子を強化相とする複合材料の製造にも有効で「コンポキャスティング（compocasting）」と呼ばれる．

（c） 遠心鋳造法（Centrifugal Casting Process）—（イ）：遠心力を利用して溶湯を鋳型内へ鋳込む方法であり，溶湯を回転する円筒状の鋳型に注湯することにより，大径の長い鋳鉄管の製造に利用されている．また，ロストワックス法など，比較的高強度の鋳型が得られる方法で複数作製した同形状の鋳型を，

---

*5 引け巣が鋳物本体以外に発生するように設けられる方案のひとつ．
*6 ゲルに攪拌などによりせん断力を加えると流動性を示す性質．

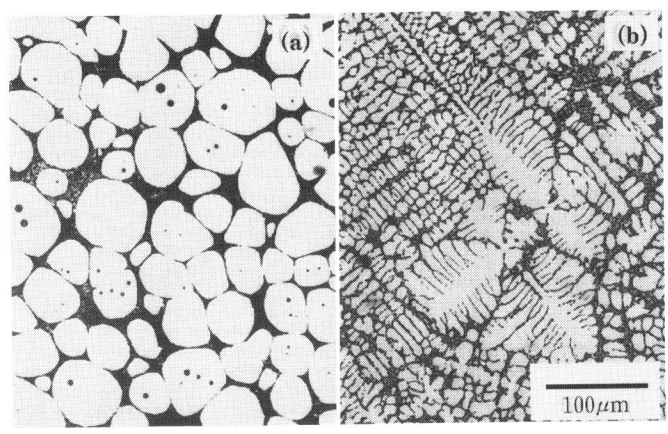

図 1.1.2 Al-7 mass%Si-0.5 mass%Mg 合金を固相-液相混合温度域で撹拌凝固（レオカスティング）させて得られた鋳造組織[16].
(a)撹拌を加えたとき，(b)撹拌を加えないとき．

湯口のまわりに軸対称に配置し，湯口を回転軸としてこれら鋳型全体を回転して得られる遠心力で鋳込む方法もある．

以上，アルミニウム合金鋳物で利用される代表的な鋳造法の概略を紹介した．なお，個々については文末の参考文献[17]に詳しく述べられている．

1.1.3 実用鋳造用合金の種類と組織

JIS 規格による鋳造用アルミニウム合金は，砂型または金型鋳造用とダイカスト用の2種類に大別され，前者は「アルミニウム合金鋳物（JIS H5202）」，後者は「アルミニウム合金ダイカスト（JIS H5302）」規格で定められている．

1.1.3.1 アルミニウム合金鋳物

規格では9種類，17の合金が定められているが，これらの主要成分とその量の違いを判別しやすくするため，規格表の数値の平均値を図 1.1.3 にグラフで示す．この図を基にして合金の分類と共通する特徴を以下に述べる．

14　1　序　説

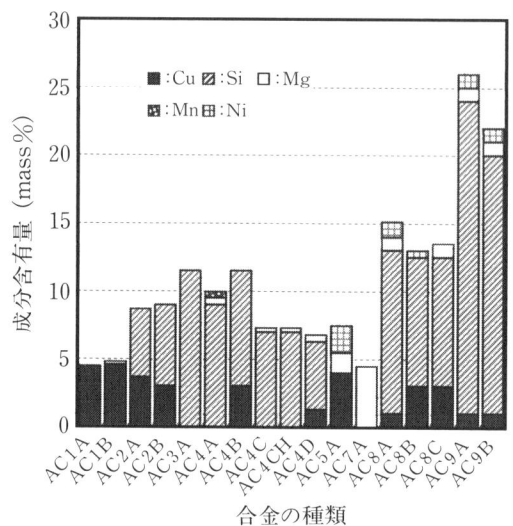

図 1.1.3　JIS 規格アルミニウム合金鋳物の種類および合金成分（平均値）．

（1）　**Al-Cu 系合金**（第 1 種：AC1A，AC1B）

Cu を 4.5%前後含むアルミニウム固溶体合金で熱処理が可能であり，析出硬化現象を示す．析出硬化は Mg を含む AC1B 合金の方が大きく，アルミニウム合金鋳物の中では最も強度の高い部類に属する．しかし，凝固温度範囲が広く，湯流れ性が劣り熱間割れも生じやすい．熱間割れ防止のため少量の Si が添加されるが，靭性の低下につながる傾向を持つ．Ti の添加により結晶粒を微細化し，熱間割れ防止と靭性の向上が図られている．

（2）　**Al-Si-Cu 系合金**（第 2 種：AC2A，AC2B，第 4 種：AC4B）

AC2A，2B は第 1 種の Al-Cu 系合金に Si を添加し鋳造性を向上させた合金であり，AC4B 合金は Al-Si 系合金（AC3A）に Cu を添加した合金で「含銅シルミン」とも呼ばれる．いずれも鋳造性に優れるとともに Cu を含有するので固溶硬化と熱処理による析出硬化を示す．組織は Cu を固溶した初晶アルミニウム・デンドライト（a 相）とそれを取り囲む Al-Si 共晶からなる．

(3) Al-Si系合金（第3種：AC3A）

共晶組成のSiを含む二元系共晶合金であり，鋳造性に優れ通称「シルミン」と呼ばれる．砂型鋳造のように冷却速度が小さいときは共晶Siが粗大となるため，脱ガス処理後の注湯直前に金属NaまたはNaF，NaCl混合物を添加し，「改良処理（modification）」[*7]を行う．図1.1.4はNa添加による共晶Siの微細化の例を示す[18]．Na添加後の溶湯保持時間が長いとNaは気化や酸化により減少するので微細化効果が失われる．SrまたはSb添加による方法もあるが，その効果は劣る．冷却速度の大きい金型鋳造と併用すれば効果が増す．亜共晶組成のAl-Si-Cu系合金の共晶Siに対しても有効である．

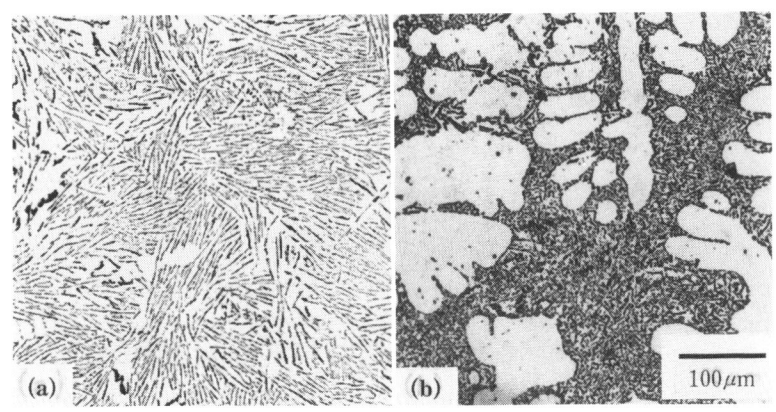

図1.1.4 砂型鋳造した共晶Al-Si合金のNa添加による共晶Siの微細化[18]．
(a) Naの添加なし，(b) Naの添加あり．

(4) Al-Si-Mg系合金（第4種：AC4A，AC4C，AC4CH）

第3種の亜共晶Al-Si合金にMgを添加し固溶硬化と析出硬化を発揮できるようにした合金で，Al-Si合金の鋳造性を犠牲にすることなく高強度の鋳物ができる．組織は初晶アルミニウム・デンドライト（α相）とAl-Si共晶からな

---

*7 A. Pacz：1920 米国特許．

るが，針状 Mg_2Si 相も分散するため延性は低下する．析出硬化は α 相中における Mg_2Si (β') 中間相の析出による．Mn を含む AC4A は耐熱性の向上を，AC4CH は AC4C の不純物量を厳しく規制し靱性の向上を図った合金である．これらは通称「γ-シルミン」と呼ばれる．

（5） **Al-Si-Mg-Cu 系合金**（第 4 種：AC4D）

AC4A 合金の Si を減らし Cu を第 4 添加元素として加えた合金で，Cu と Mg を固溶した α 相の割合が AC4C より大きく，固溶硬化と熱処理による析出硬化を期することができる．靱性の高い高強度の鋳造合金である．

（6） **Al-Cu-Mg-Ni 系合金**（第 5 種：AC5A）

軽量で強度と耐熱性が要求される航空機用レシプロエンジンの部品材料として開発され，「Y 合金」とも呼ばれる．AC1B 合金と基本成分は同じであり，気孔も形成しやすく鋳造性に劣ることと，高価な Ni を使用することから需要は衰退した．しかし，最近では良好な切削性と耐摩耗性に注目され，ビデオレコーダー・ドラムなどの精密加工摺動部品に利用される例がある．

（7） **Al-Mg 系合金**（第 7 種：AC7A）

Mg は共晶反応温度で Al に最大 15 mass% 位の溶解度を持つ．Mg 濃度が 4.5 mass%Mg である AC7A は，鋳造状態でも耐食性の劣化の原因となる Al_3Mg_2 (β) 相の偏析はなく単相の固溶体合金であり，Mg による固溶硬化とアルミニウム本来の優れた耐食性を示す．熱処理による析出硬化は得られない．通称「ヒドロナリウム」とも呼ばれる．一方，ドロスが生じやすく，広い凝固温度範囲のため湯流れ性が悪く，熱間割れやミクロポロシティも発生しやすい．生砂型では水分との反応により気孔が形成されることもある（モールド・リアクション）．しかし，適当な対応策（溶剤の選定，微量 Be 添加，押湯設計，生砂型へのフッ化アンモニウム添加など）をとることにより解決が可能である．以前は Mg が 10 mass% 程度含む合金もあったが，組織が熱的に不安定なため規格から除外されている．

（8） Al-Si-Cu-Ni-Mg 系合金（第8種：AC8A，AC8B，AC8C）

耐熱高力合金である「Y 合金」をベースにして Si を多く加え，鋳造性の改善とともに熱膨張係数の低減化[19]，耐摩耗性の向上が図られた合金で，「ローエックス（low expansion，低膨張の意味）」とも呼ばれる．組織は多元系のため複雑で，Si が亜共晶組成寄りの 8B, 8C では初晶 α 相とそれを取り囲む Al-Si 共晶，および共晶中に混在する針状ないし板状の Mg_2Si，Cu_3NiAl_6，$NiAl_3$ からなる．Ni が多くなると鋳造性が悪くなる傾向を示す．Ni の耐熱性効果を出すためには不純物の Fe を低く抑えることが必要とされる．

（9） 過共晶 Al-Si-Cu-Mg-Ni 系合金（第9種：AC9A，AC 9B）

8A, 8B 系合金の Si 量を過共晶組成まで増加した合金で，初晶 Si の分散により耐摩耗性の大幅な向上と熱膨張係数の低減化が図られ，また弾性係数も大きいのが特徴である．注湯温度を高くする必要があり，溶湯の酸化，ガス吸収，引け巣などが生じやすくなる．初晶 Si は粗大成長しやすく，このため P を添加して生成する AlP 化合物の核作用により初晶 Si を微細化する．

1.1.3.2 アルミニウム合金ダイカスト

ダイカスト鋳造は，狭い湯口をとおして薄肉で複雑な形状の金型空間に溶湯を加圧注湯するため，溶湯の流れは高速で乱流ないし液滴状となり，冷却速度（おおよそ 50〜500°C/sec）も他の鋳造方法と比べて格段に大きいのが特徴である．このため流動性，金型との耐焼付き性，耐熱間割れ性に優れた合金が必要とされる．ダイカスト用合金に共通して Fe の含有量が約 2 mass% 近くまで許容されているのは，耐焼付き性に効果があるためである．ダイカスト鋳物は空気巻込みにより多孔質であるため，熱処理を行うと「ふくれ」や形状変形が起きる．従って，鋳放し（F）状態での機械的性質も重要となる．このような条件を満たすような合金として JIS 規格ダイカスト用合金では現在 7 種類，9 つの合金が採録されており，それらの主要成分とその量をグラフにして**図 1.1.5** に示す．また，これらは以下に述べるように Al-Si，Al-Si-Mg，Al-Mg，Al-Si-Cu 系の 4 つの系に大別できる．

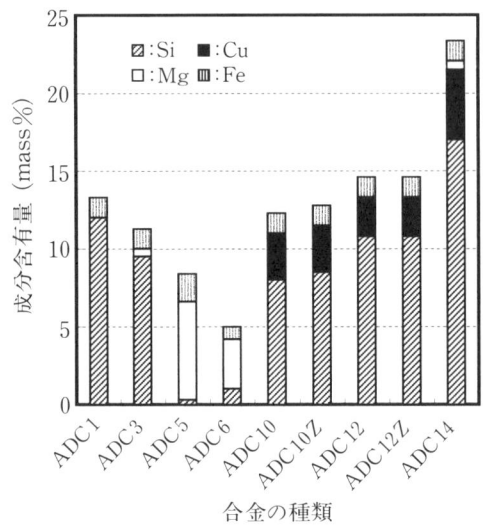

図1.1.5 JIS規格アルミニウム合金ダイカストの種類および合金成分（平均値）．

(1) **Al-Si系合金**（第1種：ADC1）

「シルミン」すなわちAC3AとSiの組成ではほぼ同じであるが，ダイカストでは冷却速度が大きいので共晶Siは微細化され，Naなどによる改良処理は行われない．鋳造性がよく薄肉複雑形状の鋳物に適する．

(2) **Al-Si-Mg系合金**（第3種：ADC3）

AC4A，4Cと同系の合金で，Mgを含むため鋳造性がADC1よりやや劣るが機械的強さは高くなっている．利用は減少傾向にある．

(3) **Al-Mg系合金**（第5，6種：ADC5，ADC6）

AC7A系合金に準じ耐食性があり，かつ固溶硬化による機械的強さもあるが凝固温度範囲が広く鋳造性に劣る．Siは湯流れ性を改善するが熱間割れの原因にもなる．Mnの添加は熱間割れの防止効果があるとされる．

（4） Al-Si-Cu系合金（第10，12種：ADC10，ADC12Z）

AC4B系合金と同系であり，共晶組成近傍のSiを含有し鋳造性に優れるとともに，Cuの添加により機械的強さも高い．Si含有量の大きいADC12系は鋳造性により優れ利用度が高い．末尾Z記号はZn許容量の大きいアメリカ規格の合金に対応することを示す．

（5） Al-Si-Cu-Mg系合金（第14種：ADC14）

過共晶Si系合金のAC9A，9BでNiを除いた合金に相当し，初晶Si，共晶Si，多元系金属間化合物の分散，Cu，Mgの固溶硬化により強化を図った合金で，耐摩耗性にも優れエンジン・ブロック用に開発された．改良処理，初晶Siの微細化処理はダイカストでは冷却速度が大きいため不要である．

1.1.4 熱処理と機械的性質
1.1.4.1 鋳物の熱処理

アルミニウム合金鋳物の熱処理は主に析出硬化を目的とし，鋳鉄などで行われるような「ひずみ取り」焼なまし（焼鈍）は精密機械加工仕上げが必要なときに行われる．析出硬化を目的にする熱処理は，均一固溶体を得るための「溶体化」，過飽和固溶体を得るための「焼入れ」，析出硬化を得るための「時効」（鋳物では「焼戻し」の表現が使われる）の処理を含む．

溶体化のための加熱温度は合金によって異なるが，約500〜525℃の範囲である．具体的な焼入れ，時効の熱処理は，1948年に米国アルミニウム協会（AA）で定められた様式（質別記号T1，T2，…，T10で表記）に準じて行われている[*8]．このうち，アルミニウム合金鋳物で採用されている熱処理を質別記号で示すと，F：鋳放し，O：焼なまし，T4：溶体化→焼入れ→室温時効，T5：鋳造→人工時効（合金の種類により約120〜250℃に加熱），T6：溶体化→焼入れ→人工時効，T7：溶体化→焼入れ→人工時効（過時効），がある．析

[*8] 詳細はJIS H0001アルミニウムおよびアルミニウム合金の質別記号を参照．

出硬化は T6 処理が最も大きい．T5 処理は，鋳込み→凝固の過程における高温状態を溶体化とみなし，溶体化のために再度加熱することを省略した熱処理法である．ここで，Cu，Si，Mg などを合金元素（溶質）とする共晶系アルミニウム合金鋳物は，これらの合金元素が結晶粒界に偏析し，母相よりも融点の低い共晶組織を形成する．

十分に拡散を伴わないまま溶体化温度を共晶反応温度まで上げると偏析部分で溶解が生じ，焼入れ時の割れや材質の劣化を招く原因となる．

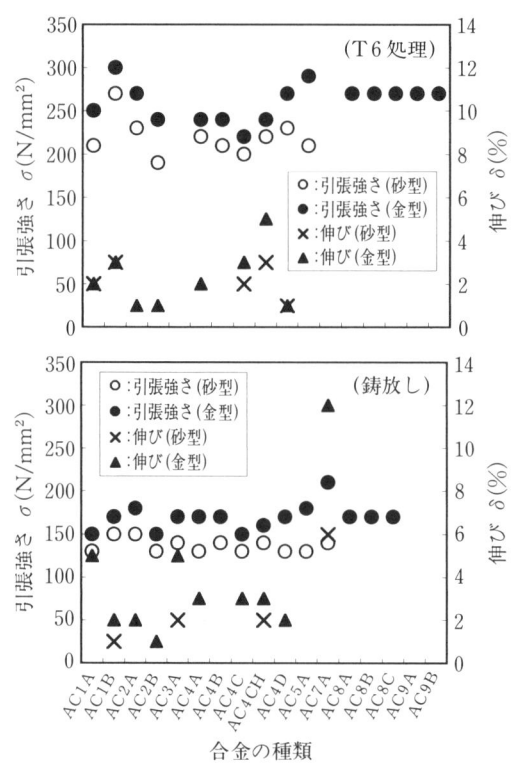

図 1.1.6　JIS 規格アルミニウム合金鋳物の引張強さ．

1.1.4.2 機械的性質

(1) アルミニウム合金鋳物

　JIS規格鋳造合金の機械的性質の評価はJIS H5202に準じて行われる．砂型および金型鋳物の引張強さ，硬さについての規格値を比較しやすくするためにグラフ化して**図1.1.6**および**図1.1.7**に示す．いずれも冷却速度が大きく微細組織となる金型鋳物（金型重力鋳造）の方が砂型鋳物（生砂型鋳造）よりも高く規定されている．また，実体鋳物から採取した試片の引張強さは規格値の75%以上（ただし鋳造性に劣るとされるAC7A，AC9A，AC9Bは65%以上），

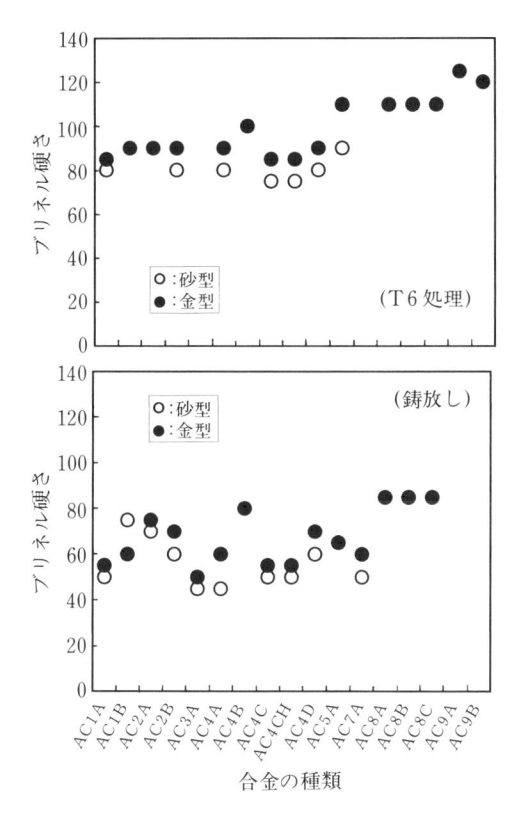

図1.1.7　JIS規格アルミニウム合金鋳物のブリネル硬さ．

伸びは25%以上を満たせばよいとされている。T6の熱処理による機械的強さの増加は，Cu，Mgを含むジュラルミン系のAC1B，AC5Aが最も著しく，約300MPa以上の引張強さが与えられている。硬さは過共晶組成のAl-Si合金のAC9A，9Bが最も高く，耐摩耗性の向上に有効であることを示唆する。

延性の目安となる「伸び」は，砂型鋳物では組織が粗く高い延性は期待できないため，鋳放しおよび熱処理のいずれの条件でも2%前後に規定されている。これに対して金型鋳物では組織が微細になるため，平均的に見て1%程度高めに規定されている。ただし，AC7Aのみほぼ単相固溶体合金であるため，砂型で6%，金型ではさらに大きく12%以上に規定されている。シルミンのAC3Aは金型で5%以上に規定され，砂型と比べ倍以上の伸び値を満たす必要がある。不純物を低く規制してある金型鋳造したAC4CH鋳物の熱処理後の伸びは5%以上を満たす必要がある。

(2) アルミニウム合金ダイカスト

ダイカスト実体鋳物の機械的性質は，鋳造条件（鋳造機，注湯圧力，注湯速度，塗型厚さなど），鋳物の形状や試片採取位置などにより大きく影響されるため，別取り試験片採取方法や試験方法は確立していない[*9]。そのため，ASTM[*10]で規定された方法により試片を鋳造し，試験して求めた値が参考として利用されており，それらをグラフ化して図1.1.8に示す。引張強さ，伸び，シャルピー衝撃値ともAl-Si系共晶合金ADC1が最も低い値を示す。ADC6までは引張強さはほぼ一定のまま，伸びと衝撃値が増加し靱性の向上が認められる。これは延性のない硬いSi相の量が減り，延性のある$α$相と固溶硬化を与えるMgが増加することによる。Al-Si-Cu系合金のADC12は，SiとCuの量を調整することによってADC10の鋳造性を改善する目的で規格化されたが，機械的性質はほぼ同一となることがわかる。なお，Znの許容量

[*9] 最近，日本ダイカスト協会で開発されたリング状試験片による方法が注目されている。

[*10] American Standard for Testing Materialsの略称。

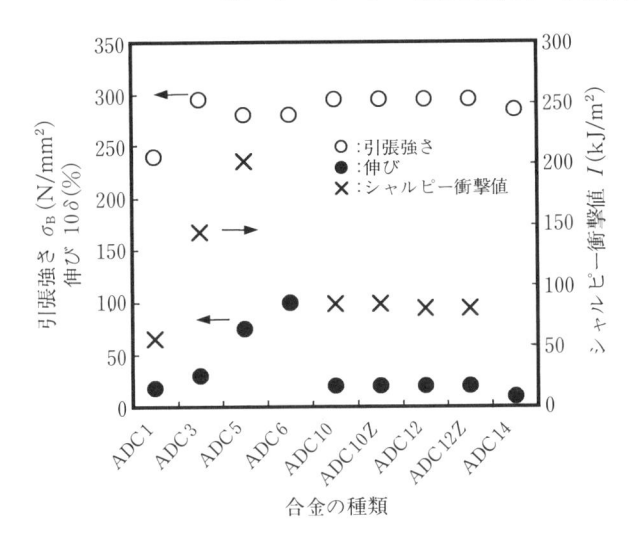

図 **1.1.8** JIS 規格アルミニウム合金ダイカストの機械的性質（試験方法は ASTM 規格に準じる）．

が大きい ADC10Z，ADC12Z は機械的性質に影響を与えないことも示される．耐摩耗性を目的とする過共晶 Al-Si-Cu-Mg 系合金の ADC14 は初晶 Si が分散しているため，伸びおよび引張強さとも上記の共晶系合金と比べてやや低下するのはやむ得ない．

参 考 文 献

1) F. King : "Aluminium and Its Alloys", Ellis Horwood Ltd. (1987), p. 37.
2) J. R. Davis : "Aluminum and Aluminum Alloys", ASM International (1993), p. 208.
3) J. L. Brandt : "Aluminum", vol. 1, ed., K. R. Van Horn, ASM (1967), p. 26.
4) 同上, p. 199 ; M. Van Lancker : "Metallurgy of Aluminum Alloys", Chapman & Hall (1967), p. 191.
5) 例えば, D. E. Groteke : Trans. AFS (1985), p. 953 ; R. E. Miller et al. : "Light Metals", Met. Soc. (1978), p. 491 ; J. Bildstein and J. M. Hichter : "Light Metals",

Met. Soc. (1985), p. 1209.
6) J. R. Davis : "Aluminum and Aluminum Alloys", ASM International (1993), p. 213.
7) T. Ohashi and R. Ichikawa : Z. Metallkde., **64** (1973), 517.
8) G. W. Delamore and R. W. Smith : Metall. Trans., **2** (1971), 1733.
9) A. Cibula : J. Inst. Metals, **76** (1949-50), 321.
10) K. A Jackson, J. D. Hunt, D. R. Uhlmann and T. P. Seward : Trnas. AIME., **236** (1966), 149.
11) A. Ohno, T. Motegi and H. Sohda : Trans. Iron and Steel Inst. Jpn., **11** (1971), 18.
12) T. G. Davies, J. M. Dennis and A. Hellawell : Metall. Trans., **1** (1970), 275.
13) 例えば, 日本鋳物協会精密鋳造部会編 : "精密鋳造", 日刊工業新聞社 (1973).
14) 鈴木鎮夫 : 鋳物, **41** (1967), 524.
15) M. C. Flemings and R. Mehrabian : Trans. AFS, **81** (1973), 81.
16) J. R. Davis : "Aluminum and Aluminum Alloys", ASM International (1993), p. 102.
17) 例えば, 日本鋳物協会編 : 鋳物便覧, 丸善(1986), 1003, 1031, 1081 ; "Metals Handbook", vol. 15, ASM International (1988), 201.
18) D. Altenpohl : "Aluminium und Aluminiumlegierungen", Springer-Verlag (1965), p. 184.
19) W. A. Dean : "Aluminum", vol. 1, Ed., K. R. Van Horn, ASM (1967), p. 172.

1.2 アルミニウム合金の金属学ー展伸材料

―――吉田　英雄―――

1.2.1 展伸材の歴史

　1886年（明治19年）にアルミニウムの精錬法であるホール-エルー法が発明された後，米国では1888年にAlcoa社の前身であるPittsburgh Reduction Companyがペンシルバニア州に発足し，アルミニウム工業の本格的な発展が始まった[1]．また，同年にスイス・アルミニウム社の前身であるアルミニウム・インダストリ社がスイスのノイハウゼンに発足し，さらにペシネー社の前身であるアレ・フロージュ・カマルグ社がフランスのフロージュに発足している．日本においては明治27年より，軍需用器物としてアルミニウムが使用され始め，明治31年より民間におけるアルミニウム板の圧延が開始され，展伸材の利用が始まった[2]．アルミニウム展伸材が製造され始めた初期の頃は器物用が主であったが，時効硬化現象が発見されてから，ジュラルミンを始めとする航空機向けの合金展伸材の需要が増加し，現在の製造技術の基礎が築かれていった．

1.2.2 展伸材の製造工程

　アルミニウム展伸材の製造工程を図1.2.1に示す[3]．アルミニウムの製造では，まず原料であるボーキサイトを苛性ソーダで溶解してアルミン酸ソーダ液をつくり，そこからアルミナ（Al_2O_3）が抽出される（バイヤー法，あるいは湿式法と呼ばれる）．そして，アルミナを溶融氷晶石の中で電気分解することにより，アルミニウム地金が製造される（ホール-エルー法）．鉄の場合には高炉での化学反応によって精錬が行われるが，アルミニウムの精錬は電気分解によって行われるため，多量の電気を必要とする．日本での精錬は1934年（昭

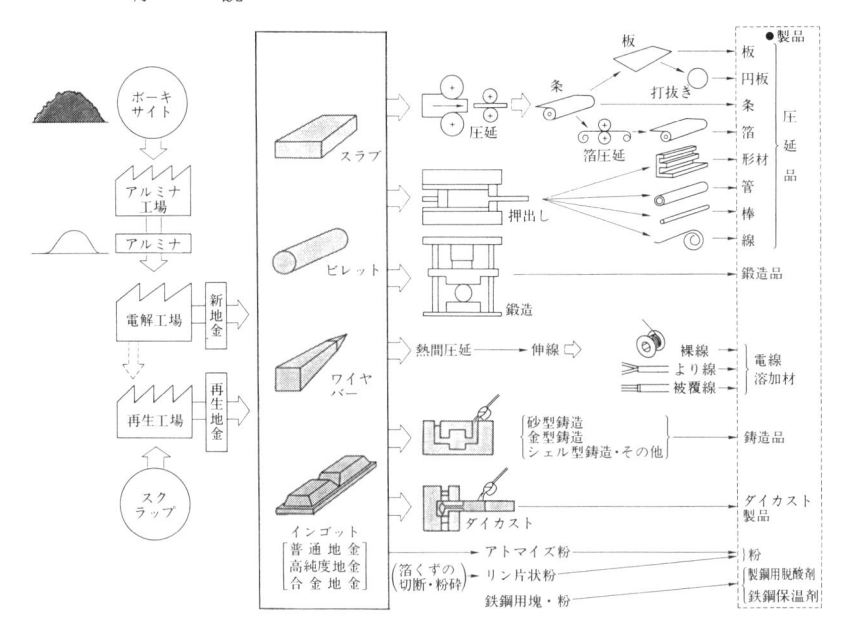

図 1.2.1 アルミニウム展伸材の製造工程模式図[3].

和9年)に開始され,1944年(昭和19年)には国内で11万トンの地金が生産された[1]. しかし,オイルショックによる電気代の高騰もあり,現在は静岡県の蒲原で精錬が行われているだけであり,ほとんどの地金が国外で生産され,日本に輸入されている.

このような地金を用いて,溶解炉で成分調整が行われ,展伸用素材としての鋳塊が製造される.アルミニウム展伸材は,圧延,押出し,あるいは鍛造といった方法で製造されるが,圧延の場合には,半連続鋳造法によって厚さ200〜600 mm程度で,2〜28トン程度の重量のスラブと呼ばれる圧延用鋳塊が製造される.また,押出しの場合には半連続鋳造法によって,ビレットと呼ばれる直径150〜600 mm程度の円柱が鋳造によって製造される.

これらの鋳塊には熱間加工前に熱処理が施されるが,この熱処理を均質化処理(homogenizing),ソーキング(soaking),あるいは予備加熱(pre-heating)と呼ぶ.これは,鋳造時の凝固によって生じた主要添加元素(Si, Cu, Mg, Zn

など)のミクロ偏析(溶質元素の濃化)を取り除いたり,過飽和固溶した元素(Fe, Mn, Cr, Zr など)を析出させたり,準安定相を平衡相へと変化させることを目的としている.この熱処理は,通常合金の融点に近い温度で数時間行われる.このようにして得られた鋳塊を用いて,熱間圧延,熱間押出し,あるいは熱間鍛造が行われる.

　板を製造する場合,まず熱間圧延によってスラブが適当な厚さ(数 mm)まで延ばされる.圧延は平行に並んだロールとロールの間に材料を通して,材料を薄くする加工法のことであり,熱間圧延によって鋳造組織が破壊され,均質な加工組織へと変化する.そして,目的に合った質別(後述)になるよう,熱処理(焼なまし(焼鈍))と冷間圧延が施される.

　棒や管,あるいは形材を製造する場合,熱間押出しによってビレットが押出される.熱間押出しは通常,400〜500℃程度の温度でビレットをダイスに高い圧力で押付け,ダイスに設けられた所定の形状の穴から押出すことによって行われる.棒や管の場合には,熱間押出しの後,焼なましおよび冷間引抜きが行われることが多い.また,形材の場合には,熱間押出しの後に焼なましが行われたり,焼入れ・焼戻しの処理が行われることが多い.

　最終製品に近い形状を製造する場合,熱間鍛造によって素材が鍛造される.鍛造は,油圧プレス,水圧プレスあるいはハンマーなどで素材が鍛錬され,数回に分けて加工される.素材としては,押出しに用いられるビレットと同様の鋳塊,もしくは押出棒などが用いられる.鍛造材は,鋳造材に比べて延性が高く,疲労強度にも優れるため,高負荷のかかる機械部品によく用いられる.

1.2.3　展伸用合金

　展伸用合金は,図 1.2.2 に示すように,強化機構によって非熱処理型合金と熱処理型合金の2種類に大別される.主要添加元素によって,1000系から7000系まで分類される.非熱処理型合金は冷間加工によって材料強度が向上するタイプであり,その質別記号は後述のように H 記号で示される.また,熱処理型合金は焼入れ・焼戻しによって材料強度が向上するものであり,質別

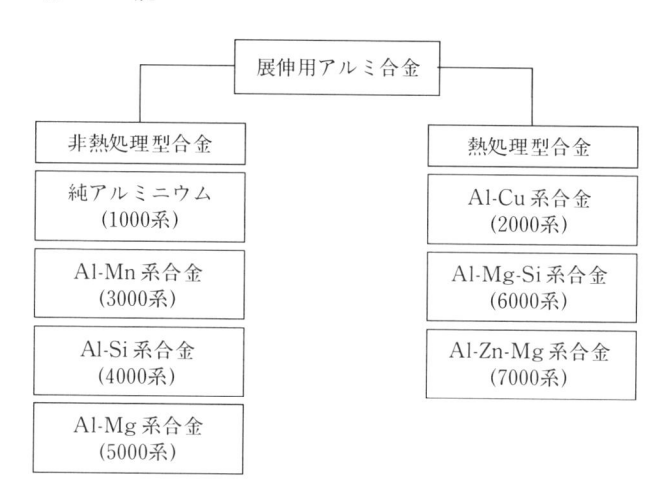

```
                    ┌─────────────────┐
                    │ 展伸用アルミ合金 │
                    └────────┬────────┘
              ┌──────────────┴──────────────┐
     ┌────────┴────────┐           ┌────────┴────────┐
     │  非熱処理型合金  │           │   熱処理型合金   │
     └────────┬────────┘           └────────┬────────┘
     ┌────────┴────────┐           ┌────────┴────────┐
     │  純アルミニウム  │           │   Al-Cu 系合金   │
     │   (1000系)      │           │    (2000系)      │
     └────────┬────────┘           └────────┬────────┘
     ┌────────┴────────┐           ┌────────┴────────┐
     │  Al-Mn 系合金   │           │  Al-Mg-Si 系合金 │
     │   (3000系)      │           │    (6000系)      │
     └────────┬────────┘           └────────┬────────┘
     ┌────────┴────────┐           ┌────────┴────────┐
     │  Al-Si 系合金   │           │  Al-Zn-Mg 系合金 │
     │   (4000系)      │           │    (7000系)      │
     └────────┬────────┘           └─────────────────┘
     ┌────────┴────────┐
     │  Al-Mg 系合金   │
     │   (5000系)      │
     └─────────────────┘
```

図 1.2.2　展伸用アルミニウム合金の分類．

は T 記号で示される．各合金系の代表的な実用合金を**表 1.2.1** に示す．

1000 系合金は純アルミニウムであり，微量の Si と Fe を含有し，国内で生産される展伸材の約 20% を占める．強度は最も低いが，耐食性，加工性，溶接性，導電性，熱伝導などに優れるため，反射板，装飾品，導電材，器物，印刷板などに使用されている．

2000 系合金は，Cu を主要元素として含有し，ジュラルミン（2017 合金）や超ジュラルミン（2024 合金）が代表的なものである．切削性に優れ，静的強度，疲労強度および高温強度にも優れるが，耐食性は悪い．そのため，耐食性が要求される用途では，耐食性に優れた純アルミニウムやアルミニウム合金で被覆して用いる場合がある．航空機，油圧部品，ピストン，機械部品，構造材などに使用されている．

3000 系合金は，Mn を主要元素として含有しており，3003 合金および 3004 合金が代表的なものである．3004 合金は Mn 以外に Mg も 0.8～1.3% 含有している．本系合金は，純アルミニウムよりも強度が高く，耐食性は同等であり，適度な成形性を有する．アルミ缶などの容器をはじめ，配管材，日用品，建材，複写機ドラムなどに用いられている．

1.2 アルミニウム合金の金属学―展伸材料　29

表 1.2.1 代表的な展伸用アルミニウム合金の化学成分（mass%）．

種類 (JIS 呼称)	化学成分				
	Si	Fe	Cu	Mn	Mg
1080	0.15	0.15	0.03	0.02	0.02
1070	0.20	0.25	0.04	0.03	0.03
1050	0.25	0.40	0.05	0.05	0.05
1100	1.0		0.05〜0.20	0.05	—
1200	1.0		0.05	0.05	—
2014	0.50〜1.2	0.7	3.9〜5.0	0.40〜1.2	0.20〜0.8
2017	0.20〜0.8	0.7	3.5〜4.5	0.40〜1.0	0.40〜0.8
2024	0.50	0.50	3.8〜4.9	0.30〜0.9	1.2〜1.8
3003	0.6	0.7	0.05〜0.20	1.0〜1.5	—
3203	0.6	0.7	0.05	1.0〜1.5	—
3004	0.30	0.7	0.25	1.0〜1.5	0.8〜1.3
3105	0.6	0.7	0.30	0.30〜0.8	0.20〜0.8
4032	11.0〜13.5	1.0	0.50〜1.3		
4043	4.5〜6.0	0.8	0.30	0.05	0.05
5005	0.30	0.70	0.20	0.20	0.50〜1.1
5052	0.25	0.40	0.10	0.10	2.2〜2.8
5154	0.45		0.10	0.10	3.1〜3.9
5056	0.30	0.40	0.10	0.05〜0.20	4.5〜5.6
5082	0.20	0.35	0.15	0.15	4.0〜5.0
5083	0.40	0.40	0.10	0.40〜1.0	4.0〜4.9
5086	0.40	0.50	0.10	0.20〜0.7	3.5〜4.5
5N01	0.15	0.25	0.20	0.20	0.20〜0.6
6111	0.6〜1.1	0.40	0.50〜0.9	0.10〜0.45	0.50〜1.0
6016	1.0〜1.5	0.50	0.20	0.20	0.25〜0.6
6060	0.30〜0.6	0.10〜0.30	0.10	0.10	0.35〜0.6
6061	0.40〜0.8	0.7	0.15〜0.40	0.15	0.8〜1.2
6N01	0.40〜0.9	0.35	0.35	0.50	0.40〜0.8
6063	0.20〜0.6	0.35	0.10	0.10	0.45〜0.9
7003	0.30	0.35	0.20	0.30	0.50〜1.0
7N01	0.30	0.35	0.20	0.20〜0.7	1.0〜2.0
7050	0.12	0.15	2.0〜2.6	0.10	1.9〜2.6
7055	0.10	0.15	2.0〜2.6	0.05	1.8〜2.3
7075	0.40	0.50	1.2〜2.0	0.30	2.1〜2.9
8021	0.15	1.2〜1.7	0.05	—	—
8079	0.05〜0.30	0.7〜1.3	0.05	—	—
8090	0.20	0.30	1.0〜1.6	0.10	0.6〜1.3

表 1.2.1 （続き）

化学成分				
Cr	Zn	Ti		Al
—	0.03	0.03		99.80 以上
—	0.04	0.03		99.70 以上
—	0.05	0.03		99.50 以上
—	0.10	—		99.00 以上
—	0.10	0.05		99.00 以上
0.10	0.25	—	Zr+Ti 0.20	残部
0.10	0.25	—	Zr+Ti 0.20	残部
0.10	0.25	—	Zr+Ti 0.20	残部
—	0.10	—		残部
—	0.10	—		残部
—	0.25	—		残部
0.20	0.40	0.10		残部
0.10	0.25	—	Ni 0.50～1.3	残部
—	0.10	0.20		残部
0.10	0.25	—		残部
0.15～0.35	0.10	—		残部
0.15～0.35	0.20	0.20		残部
0.05～0.20	0.10	—		残部
0.15	0.25	0.10		残部
0.05～0.25	0.25	0.15		残部
0.05～0.25	0.25	0.15		残部
—	0.03	—		残部
0.10	0.15	0.10		残部
0.10	0.20	0.15		残部
0.05	0.15	0.10		残部
0.04～0.35	0.25	0.15		残部
0.30	0.25	0.10	Mn+Cr 0.50	残部
0.10	0.10	0.10		残部
0.20	5.0～6.5	0.20	Zr 0.05～0.25	残部
0.30	4.0～5.0	0.20	Zr 0.25, V 0.10	残部
0.04	5.7～6.7	0.06	Zr 0.08～0.15	残部
0.04	7.6～8.4	0.06	Zr 0.08～0.25	残部
0.18～0.28	5.1～5.6	0.20	Zr+Ti 0.25	残部
—	—	—		残部
—	0.10	—		残部
0.10	0.25	0.10	Zr 0.04～0.16, Li 2.2～2.7	残部

4000系合金は，Siを主要元素として含有しており，4032合金および4043合金が代表的なものである．4032合金は熱処理型の耐熱，耐摩耗合金であり，鍛造ピストンなどに用いられる．また，4043合金は硫酸陽極酸化処理によってグレーに自然発色することから，建築パネルとして用いられたり，融点が低いことから溶加材やろう材としても用いられる．

5000系合金は，Mgを主要元素として含有している．本系合金は，適度の強度を有し，耐食性，成形性，溶接性に優れることから，幅広い用途に用いられる．代表的な合金は，5N01，5052，5182，5083合金などであり，Mg含有量の少ないもの（0.5～1.1%）は装飾材や器物などに用いられ，多いもの（2.2～5%）は缶蓋材や圧力容器，車両，船舶の構造材などに用いられる．また，近年では自動車のボディシートに4.5～5.5% Mg合金が適用されている．

6000系合金は，MgおよびSiを主要元素として含有しており，6063合金，6N01合金および6061合金が代表的なものである．国内の展伸材では，最も高いシェアを占める合金系であり，そのほとんどは押出加工によって製造される．押出性，焼入れ性に優れ，適度な強度および耐食性を有する．中でも，6063合金や6060合金は最も押出性に優れ，サッシュなどの建材や高欄，装飾品などに多用され，自動車のスペースフレームやオートバイのフレームにも適用されている．6N01合金は鉄道車両用に開発された合金であり，大型薄肉形材などに多用される．6061合金はCuを微量添加して強度を向上させた合金であり，車両や陸上構造物などに広く用いられる．また，近年では塗装焼付け硬化性を有する自動車外板用合金として6111合金や6016合金などが開発され，一部の車種に採用されており，圧延材としての用途も広がりつつある．

7000系合金は，ZnおよびMgを主要元素として含有する溶接構造用の三元合金と，さらにCuを含有する高力合金の2系統がある．溶接構造用としては，7003合金や7N01合金が代表的なものであり，その多くは押出加工によって製造される．溶体化処理温度が低く，焼入れ感受性が鈍感であるために溶接性に優れ，接合継手効率は90%にも達する．1944年に三元合金の原形であるHD合金が日本で開発され，1961年に鉄道車両用としての実用化が検討され，現在の合金が開発された[1]．三元合金は新幹線をはじめとする車両用構造

材や，二輪車フレーム材などに用いられ，引張強さは最高360MPa程度である．また，Cuを含有する高力合金は，我が国で開発され，零戦に用いられたESD（超々ジュラルミン）に端を発しており，現在では7075合金，7050合金および7055合金が代表的なものである．これらは実用アルミニウム合金の中で最高強度を有し，引張強さで650MPa程度にも達する．しかし，耐食性が悪いため，腐食環境下での適用が制限されたり，2000系合金と同様，耐食性に優れた純アルミニウムやアルミニウム合金で被覆して用いる場合がある．航空機構造材や二輪車の構造部品，スポーツ用具類や金型などに用いられる．

　8000系合金は，1000系から7000系に分類されない合金が登録される．8090合金はLi，Cu，Mgを主要元素として含有する合金であり，航空機の構造部材として開発された．Liを含有することによって，ヤング率が通常のアルミニウム合金に比べて10％弱高く，さらに密度が10％弱小さい特徴を有する．しかし，Liが非常に活性な元素であるため，その溶湯は水と激しく反応して爆発を起こす．そのため，溶解鋳造が非常に難しいという欠点がある．8090合金以外では，Feを純アルミニウムよりも多く含有した合金が登録されている．8021合金および8079合金は高強度の箔材に用いられる．また，これに類似した合金で，硫酸陽極酸化処理によってグレーに自然発色することから，ビル外板などの装飾パネルなどに用いられているものもある．さらに，Snを含有した軸受合金やAl-Fe系急冷凝固粉末冶金合金なども，8000系合金として登録されている．

1.2.4　展伸用合金の質別

　前述のように，展伸材は非熱処理型と熱処理型に大別され，それぞれ質別記号が異なる．基本記号を表1.2.2に示す．F，H112，O（オー）は非熱処理型と熱処理型の両方で用いられるが，Hは非熱処理型，Tは熱処理型でそれぞれ用いられる．FとH112はどちらも製造のままの状態ではあるが，Fは機械的性質を保証しないものであるのに対し，H112は機械的性質が規格で決まっており，それを満足するものに付与される．Oは焼なましによって最も軟らかい

表 1.2.2 質別の基本記号.

記号	定 義	意 味
F	製造のままのもの.	特に調質に指定なく製造された状態を示し, 押出しのままで調質を受けない材料がこれにあたる. また, 展伸材では機械的性質を規定しない.
H	加工硬化したもの.	追加熱処理の有無にかかわらず, 加工硬化によって強さを増したもの.
H112	展伸材においては積極的な加工硬化を加えずに, 製造されたままの状態で機械的性質の保証されたもの.	
T	熱処理によって F, O, H 以外の安定な質別にしたもの.	追加加工硬化の有無にかかわらず, 熱処理によって安定な質別にしたもの.
O	焼なましした もの.	展伸材については, 最も軟らかい状態を得るように焼なましたもの. 鋳物については, 伸びの増加または寸法安定化のために焼なましたもの.
W	溶体化処理したもの.	溶体化処理後常温で自然時効する合金だけに適用する不安定な質別.

状態になったものであり, 機械的性質の経時変化は起こらない.

　非熱処理型の場合には, 加工硬化によって強度を上昇させるが, 加工硬化の度合や, 強度安定化のための熱処理などによって, H 記号に続いて付与される 2 桁の番号で「H34」などのように分類される. **表 1.2.3** にその分類を示す. H1n は加工硬化だけを行ったものであり, 加工後に熱処理は行わない. H2n は加工硬化後に適度の軟化処理を行ったものであり, 所定の強度よりも高い強度に加工硬化させた後, 目標の強度になるよう熱処理で軟化させたものである. H1n と H2n で引張強さを同じにした場合, H2n の方が耐力がやや低く, 伸びが若干高い値を示す. H1n に比べて成形加工性が向上するため, 成形性が重視される場合には, H2n が使用されることが多い. H3n は加工硬化後に強度を安定化させるため, 熱処理を行ったものである. H2n も H3n も加工硬化後に熱処理を行って強度を低下させるという点では, 同じ工程のようにみえるが, その目的や意義は全く異なり, H3n は加工硬化した Al-Mg 合金の時効軟化の抑制がその目的である. Al-Mg 合金は, Mg 含有量が多いほど, また加工硬化量が大きいほど, 室温での経時変化が起こりやすくなり, 時間の経

表 1.2.3　H を頭文字とした質別の細分記号およびその意味．

記号	意　味
H1n	加工硬化だけのもの
H2n	加工硬化後，適度に軟化処理したもの
H3n	加工硬化後，安定化処理したもの
H4n	加工硬化後塗装したもの
H_1	引張強さが O と H_2 の中間のもの
H_2	引張強さが O と H_4 の中間のもの
H_3	引張強さが H_2 と H_4 の中間のもの
H_4	引張強さが O と H_8 の中間のもの
H_5	引張強さが H_4 と H_6 の中間のもの
H_6	引張強さが H_4 と H_8 の中間のもの
H_7	引張強さが H_6 と H_8 の中間のもの
H_8	通常の加工で得られる最大引張強さのもの
H_9	引張強さの最小規格値が H_8 より 10 MPa 以上超えるもの

過とともに強度が低下していく．これを時効軟化と呼ぶ．この時効軟化は加工ひずみ（タングルした転位やすべり線）上に Al-Mg の化合物（β 相）が析出し，ひずみが開放されることによって起こると考えられている．工業的には時効軟化を防止することは重要であり，加工硬化後に 120～175℃で熱処理を行うことにより，あらかじめ人為的に時効軟化を起こさせ，その後の室温での時効軟化を抑制する．時効軟化は Mg 元素が関与した現象であるため，H3n は Mg 元素を含有した合金にのみ適用される．H4n は加工硬化後塗装したものであり，自動車外板のように，プレス加工後塗装焼付け処理によって部分焼なましされたものをさす．

HXn の n は加工硬化の度合を示し，数字が大きいほど強度は高い．通常の冷間加工で得られる最大引張強さのものを硬質材と呼び，H18 と表す．また，O 材と H18 の中間の強度を有する調質を H14 と呼ぶ．さらに，O 材と H14 の中間が H12 であり，H14 と H18 の中間が H16 である．また，H19 は引張強さの最小規格値が H18 より 10 MPa 以上高いものであり，特硬質と呼ばれる．図 1.2.3 に 1100 合金の焼なまし軟化特性，加工硬化特性と O, H1n, H2n の引張強さの規格範囲の関係を示す[4]．

熱処理型合金の場合には，焼入れ，焼戻し，冷間加工の組合せによって，

T1～T9 まで分類され，さらに T6511 などのように細分化される．**表 1.2.4** にその分類を示す．T1 は高温加工から冷却後自然時効させたものであり，T1（ただし，自然時効の程度は問わない）を冷間加工したものが T2，T1 を人工

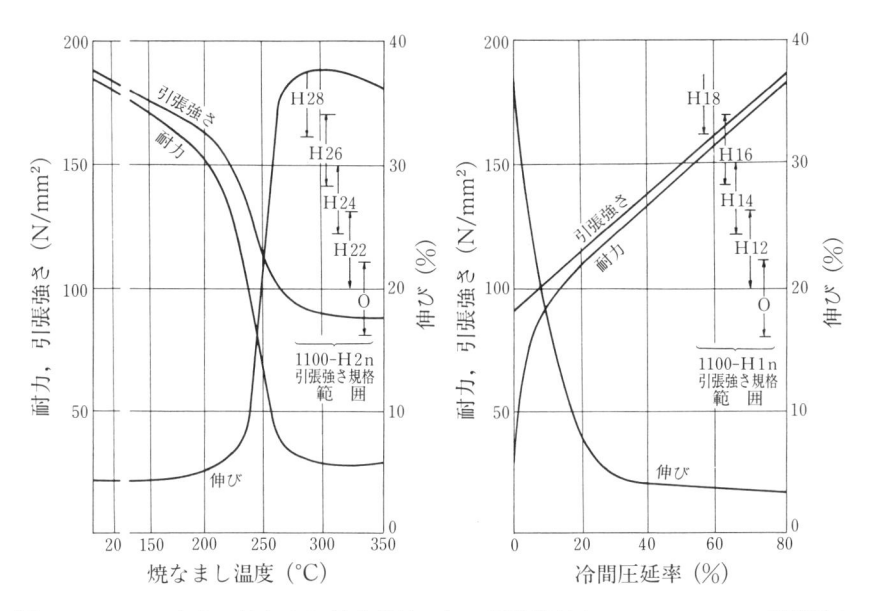

図 1.2.3 1100 合金の焼なまし軟化特性，加工硬化特性と O, H1n, H2n の引張強さの規格範囲の関係[4]．

表 1.2.4 T を頭文字とした質別の細分記号およびその意味．

記号	意　　味
T1	高温加工から冷却後自然時効させたもの
T2	高温加工から冷却後冷間加工を行い自然時効させたもの
T3	溶体化処理後焼入れし，冷間加工を行いさらに自然時効させたもの
T4	溶体化処理後焼入れし，自然時効させたもの
T5	高温加工から冷却後人工時効硬化処理したもの
T6	溶体化処理後焼入れし，人工時効硬化処理したもの
T7	溶体化処理後焼入れし，過時効処理したもの
T8	溶体化処理後焼入れし冷間加工を行い，さらに人工時効硬化処理したもの
T9	溶体化処理後焼入れし人工時効硬化処理を行い，さらに冷間加工したもの
T10	高温加工から冷却後冷間加工を行い，さらに人工時効硬化処理したもの

表 1.2.5　T を頭文字とする質別の残留応力除去方法とその細分記号．

記号	適用製品	方法	加工度（%）	矯正*
T_51	プレート 圧延，引抜棒 型，リング鍛造	引張 引張 引張	1.5～3 1～3 1～3	なし なし なし
T_510	押出棒，形材，管 引抜棒	引張 引張	1～3 0.5～3	なし なし
T_511	押出棒，形材，管 引抜棒	引張 引張	1～3 0.5～3	可 可
T_52	―	圧縮	1～5	―
T_54	型鍛造	仕上げの型により再度冷間鍛造		

* 残留応力除去後の矯正を示す．―：規定なし．

時効処理したものが T5，さらに T2 を人工時効処理したものが T10 となる．また，T4 は溶体化処理後自然時効させたものであり，T4（ただし，自然時効の程度は問わない）を冷間加工したものが T3，T4 を人工時効処理したものが T6，さらに T6 を過時効にしたものが T7，T3 を人工時効処理したものが T8，T6 を冷間加工したものが T9 となる．

また，高温加工後や溶体化処理後に焼入れを行った材料には，ひずみや残留応力が生じる．このため，残留応力除去の方法が**表 1.2.5**に示す質別記号で規定されている．例えば，残留応力除去が行われた場合，T351，T6510，T73511 等の質別記号として示される．

なお，2000 系合金では O，T3，T4，T6，6000 系合金では O，T4，T5，T6，T8，7000 系合金では O，T6，T7 が一般によく用いられる．T7 は過時効処理することで，耐剝離腐食性や耐応力腐食割れ性の向上を目的として行う調質であるが，T6 に比べ強度が低下する．T7 は T73，T74，T76 にさらに細分化される．T73 は耐応力腐食割れ性向上を目的とした調質であるが，強度は T6 に比べ 10～15% 低下する．T76 は耐剝離腐食性向上を目的とした調質で，強度は 5～10% 低下する．T74 は鍛造材に用いられる調質である．強度と調質の関係を**図 1.2.4**に示す[5]．

これらの実用合金の引張特性を**表 1.2.6**に示す[4]．

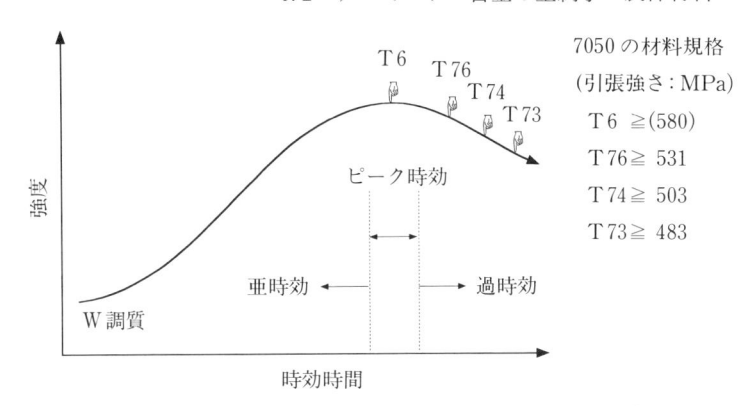

1.2 アルミニウム合金の金属学―展伸材料　37

図 1.2.4　7000系合金の人工時効による強度と調質の関係[5].

7050の材料規格
（引張強さ：MPa）
T6　≧(580)
T76≧ 531
T74≧ 503
T73≧ 483

表 1.2.6　実用合金の標準的引張性質[4].

材質	調質	引張強さ (MPa)	耐力 (MPa)	伸び (%) 板 (1.6 mm 厚)	伸び (%) 丸棒 (12.5 mm 径)
1100	O	90	35	35	42
	H12	110	105	12	22
	H14	125	115	9	18
	H16	145	140	6	15
	H18	165	150	5	13
2017	O	180	70	—	20
	T4, T451	425	275	—	20
2024	O	185	75	20	20
	T3	485	345	18	—
	T4, T351	470	325	20	17
	T361	495	395	13	—
3003	O	110	40	30	37
	H12	130	125	10	18
	H14	150	145	8	14
	H16	175	170	5	12
	H18	200	185	4	9
3004	O	180	70	20	22
	H32	215	170	10	15
	H34	240	200	9	10
	H36	260	230	5	8
	H38	285	250	5	5

表 1.2.6 (続き)

材質	調質	引張強さ (MPa)	耐力 (MPa)	伸び (%) 板 (1.6 mm 厚)	伸び (%) 丸棒 (12.5 mm 径)
4032	T6	380	315	—	8
5052	O	195	90	25	27
	H32	230	195	12	16
	H34	260	215	10	12
	H36	275	240	8	9
	H38	290	255	7	7
5056	O	290	150	—	32
	H18	435	405	—	9
	H38	415	345	—	13
5083	O	290	145	—	20
	H321, H116	315	230	—	14
5086	O	260	115	22	—
	H32, H116	290	205	12	—
	H34	325	255	10	—
	H112	270	130	14	—
6061	O	125	55	25	27
	T4, T451	240	145	22	22
	T6, T651	310	275	12	15
6063	O	90	50	—	—
	T1	150	90	20	—
	T4	170	90	22	—
	T5	185	145	12	—
	T6	240	215	12	—
	T83	255	240	9	—
6N01	O	100	55	—	25
	T5	270	225	—	12
	T6	285	255	—	12
7075	O	230	105	17	14
	T6, T651	570	505	11	9
7N01	T4	355	220	16	—
	T5	345	290	15	—
	T6	360	295	15	—

1.2.5 展伸材の熱処理
1.2.5.1 焼入れ・焼戻し処理,時効処理

熱処理型合金では,焼入れ・焼戻しが行われる。焼入れの際には,添加元素の固溶温度域で材料を一定時間保持する溶体化処理を行った後,水焼入れや強制空冷などの急速冷却が行われる。溶体化処理温度は添加成分やその量によって変わる。代表的な実用合金の溶体化処理温度と溶融温度範囲を**表1.2.7**[6]に示す。焼入れに必要な冷却速度は,素材の焼入れ感受性によって変化する。6063合金や7000系の三元合金(Cuを含まないもの)は,比較的焼入れ感受性が低いので空冷でも十分に焼きが入るが,6063合金に比べMgやSiの多い6061合金,2000系合金,Cuを含有した7000系合金では,水焼入れなどで十分な冷却速度を確保する必要がある。また,炉内から材料を取出し,焼入れを開始するまでの間に材料温度が低下すると,焼入れ遅れを起こし,強度低下を招く場合もあるため,冷却速度と併せて注意が必要である。なお,厚肉材などを焼入れする場合,**図1.2.5**に示すように,冷却速度が高いと大きな残留応力が発生し,応力腐食割れや切削の際の寸法精度の低下を招く場合がある[7]。この場合には,冷却媒として温水,油,PVA(ポバール),PEG(ポリエチレ

表1.2.7 実用合金の溶体化処理温度と溶融温度範囲[6].

材質	溶体化処理温度(℃)	溶融温度範囲(℃)*
2011	525	535〜641
2014	500	507〜638
2017	500	513〜641
2024	495	502〜638
2219	535	543〜643
6061	530	582〜652
6063	520	616〜654
6262	540	582〜652
7003	450	615〜650
7050	475	488〜635
7075	480	532〜635
7475	515	538〜635

*展伸材の溶融温度範囲

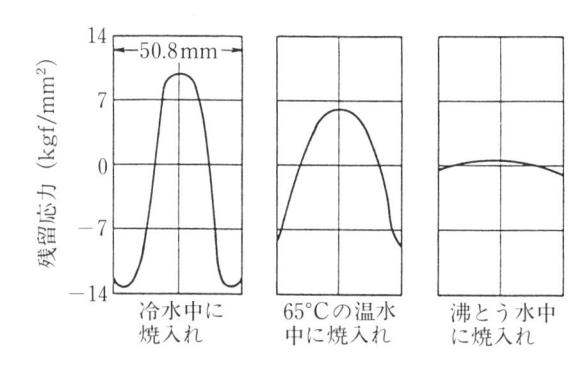

図 1.2.5 7075-T6 厚板（50.8 mm）の焼入れ時における冷却水温の残留応力におよぼす影響[7].

ングリコール），PAG（ポリアルキレングリコール）などの水溶液を用いて冷却速度を制御することが行われる．また残留応力を除去するため押出材では数％の引張矯正を行う．

室温で放置したり（自然時効，室温時効），100～200℃の高温で焼戻し処理（人工時効，高温時効）すると，GP ゾーンや準安定相などの母相と整合界面を有する析出物により強度が上昇する（1.3 章で詳細に述べる）．焼戻し処理では，通常，最大強度が得られるような温度と時間で焼戻し処理されることが多い．場合によっては亜時効（ピークよりも低温あるいは短時間処理）や過時効（ピークよりも高温あるいは長時間処理）処理が行われる．亜時効の場合にはピーク時効よりも強度は低いが，伸びが大きくなるため，焼戻しを行ってから曲げなどの加工を行う際には有利である．**図 1.2.6** は Al-Mg-Si 系合金の高温時効後の析出状態を示す．針状の GP ゾーンや準安定相が析出し，高温になるほど粗大化し，強度が低下する．過時効処理は主に 7000 系合金で用いられ，その目的は剥離腐食や応力腐食割れなどの抑制であるが，素材の静的強度も低下する．そこで，近年では T6 と同等の強度で，T73 と同等の耐応力腐食割れ性を得ることを目的として，RRA 処理（Retrogression and Re-Aging）が開発され，T77 という調質で，航空機を中心とした一部の用途で実用化されている．この処理は**図 1.2.7** に示すように，T6 処理後 200℃近傍で短時間の熱

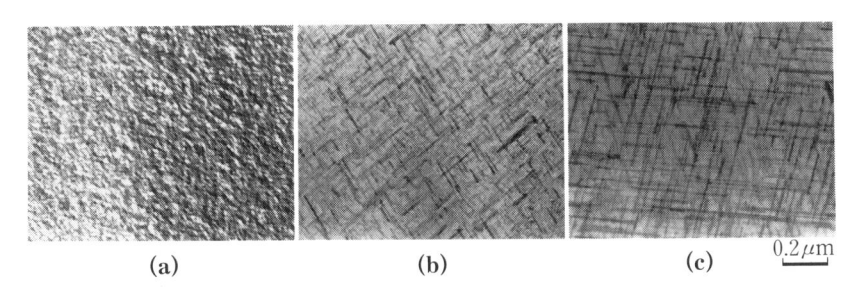

図 1.2.6　Al-1.2%Si-0.5%Mg 合金の時効温度と析出組織[5].
（a）170℃-8h，（b）200℃-8h，（c）225℃-4h.

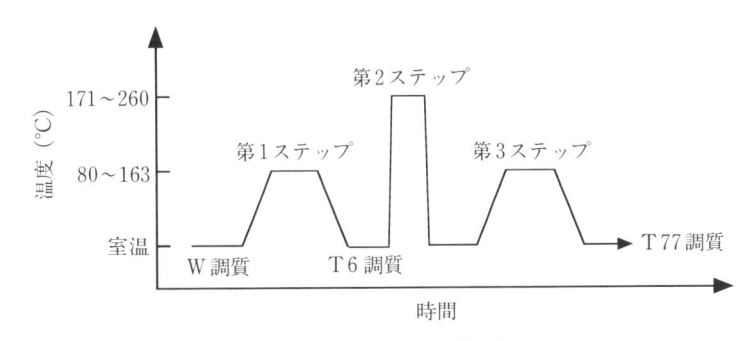

図 1.2.7　RRA 処理の概要[5].

処理を行い，その後さらに T6 と同じ条件で時効処理を行うものである．この処理を行うことで，粒界は高温短時間処理で過時効と同じ析出状態になり，粒内は，いったん高温加熱で溶体化処理直後の状態，いわゆる復元が生じるが，最後の時効で T6 と同等の強度が得られる[5].

1.2.5.2　焼なまし処理，軟化処理

展伸材の焼なまし（O 材処理）は，熱処理型，非熱処理型の両方で行われる．非熱処理型合金の場合，成形性の向上をはかるために冷間加工材を軟化処理するが，回復によって転位が消滅し，強度低下と伸びの上昇が起こる．また，再結晶も同時に起こることが多い．空気炉を用いる場合には，350℃前後

の温度で焼なましが行われることが多い．また，工業的には連続焼なまし炉（CAL：Continuous Annealing Line）で板材の軟化処理が行われることもあるが，昇温から冷却までが数十秒～数分の短時間で行われるため，350℃よりもさらに高い温度で処理される．高純度 Al-4.5% Mg 合金の焼なまし中のミクロ組織変化を**図 1.2.8** に示す[8]．280℃では元の結晶粒界から再結晶粒が生成している．320～340℃で再結晶が完了し，380℃では二次再結晶が生じている．

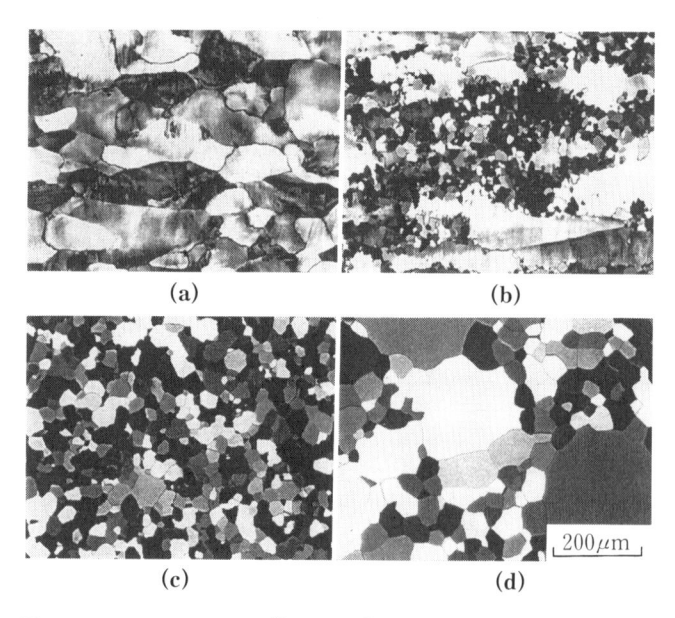

図 1.2.8 Al-4.5%Mg の焼なまし中の組織変化[8]．
(a) 圧延のまま，(b) 280℃，(c) 320℃，(d) 380℃．

微量 Mn が添加された実用合金 5182 合金冷間圧延材の焼なまし過程を電子顕微鏡で観察したのが**図 1.2.9** である[5]．冷間圧延で転位のタングルした組織が亜結晶粒，さらには完全な再結晶粒へと移行する様子がわかる．

熱処理型合金では，焼入れ・焼戻し処理で硬くなった材料を軟化処理する．時効過程で生成した GP ゾーンや準安定相などが，高温の軟化処理で粗大な安定相に成長し最も過時効された状態になる．通常，軟化処理は 350～420℃付

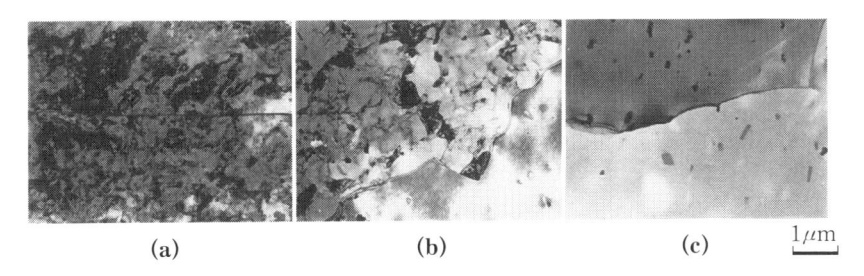

図 1.2.9　5182合金の再結晶前後におけるTEM組織[5].
　　　　（a）冷間圧延後（80%），（b）再結晶開始時（300℃-1h），（c）再結晶終了後（350℃-1h）.

近で行われるが，合金系によっては固溶した成分が冷却中にさらに析出してくる場合があり，焼きが入らないよう，炉内で約260℃以下になるまで30℃/h以下の十分遅い速度で冷却することが必要になる[4].

1.2.6　展伸材の組織制御

　アルミニウム合金展伸材では，使用目的に合わせて結晶粒の制御が行われる．一例として，押出しによって得られた3003合金の再結晶組織と繊維状組織を図 1.2.10 に示す．繊維状組織は多くの亜結晶粒界で構成され，高い強度が得られる．結晶粒制御は，材料の強度，靭性，疲労強度，耐応力腐食割れ性を向上させるために重要である．熱処理型合金の場合には，高温で溶体化処理が行われることから，溶体化処理時に再結晶が起こることが多い．そのため，遷移元素の添加によって結晶粒微細化が検討されてきた．アルミニウム合金の場合には，Mn，Cr，Zr などが実用合金で添加されている．遷移元素による結晶粒微細化は，鋳造後の均質化処理によって遷移元素とアルミニウム原子や主要元素との第2相粒子（金属間化合物）を析出させ，分散させることで熱間加工時の転位の移動を遅らせ，再結晶を抑制する[8]．この分散粒子は微細であるほど，結晶粒の微細化に効果を発揮しやすいことから，より微細な分散粒子が求められてきた．特に，Zr はマトリックスと整合性を持つ $L1_2$ 構造の準安定

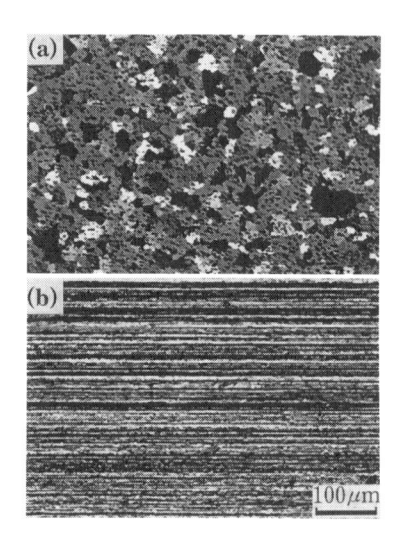

図 1.2.10　3003合金押出材の断面ミクロ組織.
(a)再結晶組織, (b)繊維状組織.

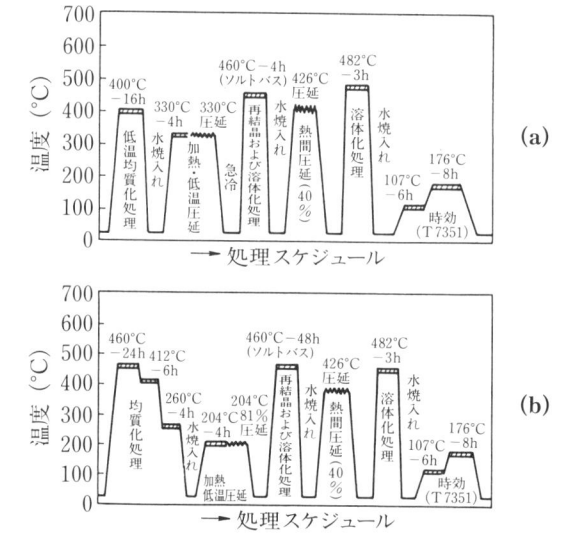

図 1.2.11　7075合金厚板の中間加工熱処理行程[11].
(a)ISML-ITMT, (b)FA-ITMT.

相 Al_3Zr を析出するために微細化の効果が大きいので，よく用いられる．最近では Sc が，同じく $L1_2$ 構造を有する Al_3Sc を晶出あるいは析出させ，非常に微細で母相とのミスフィットがわずかに約 1.5% と小さいことから[9]，結晶粒微細化や強度向上の研究が盛んになってきている．

実際の組織制御においては，これら遷移元素による分散粒子の他，固溶成分や成分偏析なども影響しており[10]，加工条件と併せると影響は複雑である．加工による結晶粒微細化では，図 1.2.11 に示すような FA-ITMT や ISML-ITMT と呼ばれる加工熱処理法（TMT: Thermomechanical Treatment）が航空機用アルミニウム合金では実用化されている[11~14]．これは加工条件と熱処理を適度に組合せることによって，鋳造組織を壊して結晶粒微細化を行い，靱

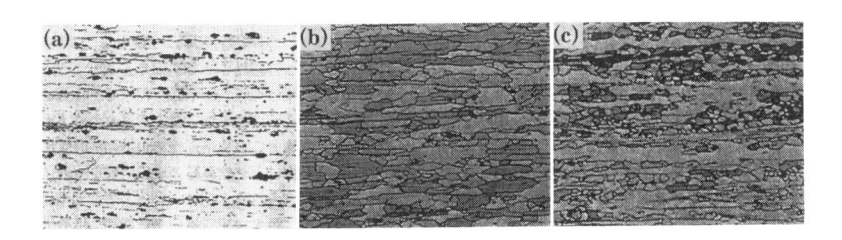

図 1.2.12 厚板の断面ミクロ組織におよぼす加工プロセスの影響[14]．
(a) 従来法，(b) FA-ITMT，(c) ISML-ITMT．

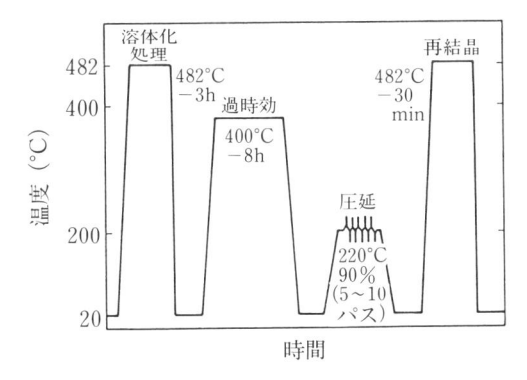

図 1.2.13 Rockwell International 社の結晶粒微細化プロセス[15]．

性や延性の向上を図るものであり，図1.2.12に示すような組織が得られる[13]．また，図1.2.13に示すような温間圧延を利用した結晶粒微細化プロセスも提唱され，超塑性材の製造に利用されている[15]．さらに最近では，ECAP (Equal-Channel Angular Pressing) と呼ばれる手法も研究されており[16]，実用化が期待されている．

参考文献

1) 小林藤次郎：アルミニウムのおはなし，日本規格協会 (1985)．
2) 竹内勝治：アルミニウム合金展伸材―その誕生からの半世紀―，軽金属溶接構造協会 (1986)．
3) アルミニウムとは，軽金属協会 (1995)．
4) アルミニウムハンドブック(第5版)，軽金属協会 (1994)．
5) 吉田英雄, 内田秀俊：軽金属, **45**, (1995), 41.
6) Metals Handbook (9th ed.), Vol. 2, ASM (19798), 3.
7) R. S. Barker and J. G. Sutton : Aluminum, Vol. 3, ASM (1967), 355.
8) 土田信, 吉田英雄：軽金属, **39** (1989), 587.
9) 藤川辰一郎：軽金属, **49** (1999), 128.
10) 箕田正, 吉田英雄：軽金属, **47** (1997), 691.
11) 吉田英雄：塑性と加工, **34** (1993), 764.
12) E. di Russo, M. Conserva, M. Butatti and F. Gatto : Mater. Sci. Eng., **14** (1974), 23.
13) J. Waldman, H. Sulinski and H. Markus : Met. Trans., **5** (1974), 573.
14) J. Waldman, H. Sulinski and H. Markus : "Aluminum Alloys in the Aircraft Industry" AIM and ISML, Technocopy Limited (1978), p. 105., Met. Trans., **5** (1974), 573.
15) J. A. Wert : "Microstructural Control in Aluminum Alloys", Ed. by E. H. Chia and H. J. McQueen, TMS (1986), p. 67.
16) 堀田善治, 古川稔, T. G. Langdon, 根本實：まてりあ, **37** (1998), 767.

1.3 アルミニウム合金の時効析出と強度

――里　達雄――

1.3.1　アルミニウム合金の時効析出現象

　1906年，ドイツの A. Wilm によって時効硬化現象が初めて発見され，ジュラルミン（Al-Cu-Mg系合金）が開発されて以来，時効析出挙動，析出物の構造，析出速度について多くの基礎研究や開発研究が行われ，高強度合金として Al-Zn-Mg-Cu 合金（7000系合金）が，さらに，最近の Al-Cu-Li-Mg-Ag 合金（Weldalite 合金，引張強さ 700 MPa 以上）などの合金が開発されてきた．

　時効硬化現象は，基本的には時効熱処理により母相中に微細な析出物が形成されることによる析出強化である．一般に，合金の過飽和固溶体から新しく別の固相（固溶体，金属間化合物相など）が形成される現象を析出と呼んでいる．析出は溶質原子の固体内拡散によって進行する拡散相変態であり，合金状態図ならびにギブズエネルギー変化に基づいて理解される．過飽和固溶体からの析出様式には連続析出と不連続析出があり，連続析出にはさらに核生成・成長過程によるものとスピノーダル分解過程によるものとがある．これらの析出様式は合金組成や時効温度に依存して変化する．また，析出相としては安定相のみでなく，種々の準安定相が形成され，特に時効硬化性アルミニウム合金では，後述するように時効初期に GP ゾーンや中間相などの準安定相が微細に形成される．これらの準安定相は整合ひずみを引き起こすことが多く，転位移動に対して大きな抵抗力となり，合金が強化される．以下において，析出現象の一般的概略を述べ，次いで，アルミニウム合金に関する析出強化について概説する．

1.3.1.1 連続析出

（1） 核生成・成長

過飽和固溶体中に溶質原子濃度の熱的ゆらぎが生じ，これによって新しい相が空間的にランダムに形成される場合を均一核生成という．この現象は古典的核生成理論[1]により説明され，温度 T における核生成速度（核生成頻度）I は，原子の拡散の活性化エネルギー（ΔG_d）と障壁エネルギー（ΔG_hom^*）から次式により求めることができる．

$$I = I_0 \exp\left(-\frac{\Delta G_\mathrm{d}}{RT}\right) \cdot \exp\left(-\frac{\Delta G_\mathrm{hom}^*}{RT}\right) \tag{1.3.1}$$

ただし，I_0：定数，R：ガス定数である．I は式(1.3.1)により温度依存性があり，ΔG_d に関する項は高温ほど大きくなり，ΔG_hom^* に関する項は逆に高温ほど小さくなることから，両項の兼ね合いで，ある特定の温度で核生成速度 I が最大となる．従って，析出の開始時間（あるいは，ある一定量の析出が起こる時間）は，そのような特定の温度で最も短くなり，それより高温でも低温でも時間は長くなる．すなわち，温度と時間の関係が C 字型の曲線となる．これは C 曲線（または TTT 曲線）と呼ばれ，最も早く析出が起こる温度をノーズ温度と呼ぶ．

一方，核生成が格子欠陥，結晶粒界，介在物，異相界面などで起こる場合を不均一核生成という．不均一核生成の場合の核生成速度は式(1.3.1) の ΔG_hom^* を不均一核生成の障壁エネルギー ΔG_het^* で置き換えればよい．ここで，ΔG_het^* は ΔG_hom^* に比べて小さいため，不均一析出は均一析出よりも常に優先的に起こる．すなわち，格子欠陥上や結晶粒界上などに析出が起こりやすい．

（2） スピノーダル分解

スピノーダル分解では濃度ゆらぎ（濃度波）が時間とともに連続的に発達し，相分解が起こる．この場合は，核生成のときのような障壁エネルギーは存在せず，原子の拡散により相分解が自発的に進行する．また，このときの原子の拡散は核生成の場合とは異なり，溶質濃度の低い領域から高い領域に向かっ

て起こる．すなわち，逆拡散が起こる．濃度ゆらぎは，ある特定の波長で成長速度が最も大きい（振幅拡大係数が最大となる）ため，極めて微細な変調構造組織が形成されることが多い．状態図においてスピノーダル領域は核生成領域の内側にあるため，スピノーダル分解は高濃度・低温の場合に起こる．

1.3.1.2 不連続析出

連続析出は結晶粒内や粒界上に均一または不均一に核生成し，そのまま成長する場合であり，母相濃度は連続的に減少するのに対して，不連続析出では結晶粒界上や粒界近傍でまず優先的な析出が起こり，続いて粒界移動を伴って成長するものであり，析出の前後で母相濃度は不連続的に減少する．不連続析出では特徴としてパーライト状のノジュールが形成されるため，ノジュラー析出あるいはセル状析出などとも呼ばれる．合金組成や時効温度に依存して不連続析出は起こる．

1.3.1.3 析出反応速度

析出の反応率（析出量の割合）の時間依存性は一般にJohnson-Mehl-Avramiの式[2,3]によって記述される場合が多い．すなわち，析出の反応率をf（$0 \leq f \leq 1$），時間をtとすると，Johnson-Mehl-Avramiの式は，

$$f = 1 - \exp(-Kt^n) \tag{1.3.2}$$

で与えられる．これはS字形の曲線となり，析出の潜伏期および飽和域での反応の減速が再現される．ここで，nは時間指数で1～4程度の範囲で変化する．また，Kは反応速度定数で温度に依存する．これらのnおよびKより，析出機構や析出の活性化エネルギーが評価できる．

1.3.1.4 アルミニウム合金の時効析出

時効析出現象はアルミニウム合金を高強度化する最も有効な手法であり，時効硬化する合金は熱処理型合金と呼ばれ，非熱処理型合金と区別されている．展伸材では，Al-Cu-Mg系合金（2000系），Al-Mg-Si系合金（6000系），Al-Zn-Mg(-Cu)系合金（7000系），Al-Li-Cu-Mg系合金（2000系，8000系）

などがあり，鋳造材では Al-Cu-Si 系合金（AC2A，AC2B），Al-Cu-Mg 系合金（AC1A，AC1B），Al-Si-Mg 系合金（AC4A，AC4C，AC4CH，ADC3）など多くの合金がある．以下に，時効過程と析出組織について述べる．

（1） 時効初期過程

時効硬化型合金の一例として，Al-Zn 二元系平衡状態図および準安定溶解度線（ソルバス）を**図 1.3.1** に示す．図 1.3.1 には，種々報告されている準安定溶解度線あるいは溶解度ギャップを示すが，破線曲線がほぼ妥当なものである．この曲線の内側領域で GP ゾーンが形成される．アルミニウム合金の時効処理は，通常まず溶体化処理を行い，続いて焼入れをし，その後時効処理を施す過程をとる．各処理の主な狙いは以下のようである．

溶体化処理：合金を高温に加熱し，α 単相領域に保持し，溶質原子が一様に分布する固溶体とする（図 1.3.1 参照）．また，加工組織などもこの処理で通常消失し，回復・再結晶が起こる．

焼入れ：溶体化処理した合金を水，アルコール，油，空気などに投入し，急冷する．これにより，溶質原子が過飽和に固溶する過飽和固溶体が得られる．ま

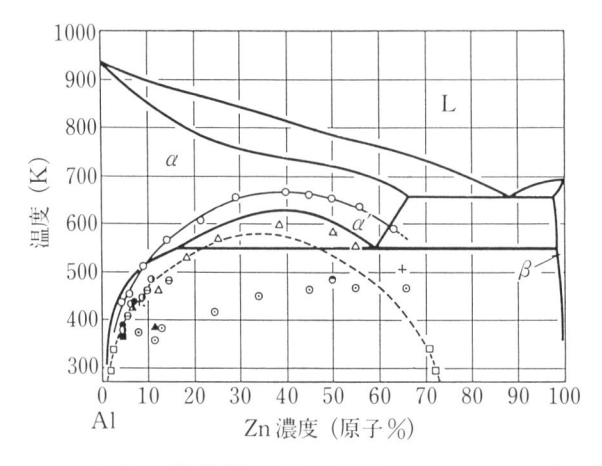

図 1.3.1 Al-Zn 二元系の平衡状態図（太い実線）および準安定溶解度ギャップ（破線）．

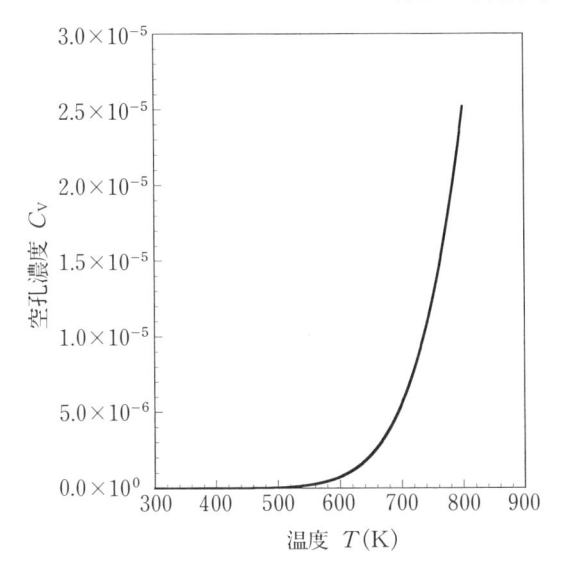

図 **1.3.2** アルミニウム中の熱平衡空孔濃度の温度依存性.

た，溶体化時に多量に導入される空孔が焼入れと同時に凍結され，凍結過剰空孔が得られる．空孔濃度 C_V（熱平衡空孔濃度）は

$$C_V = A \cdot \exp\left(-\frac{Q_f}{RT}\right) \tag{1.3.3}$$

で与えられ，アルミニウムについて $A=1$，$Q_f=0.76$ eV をあてはめて C_V の温度依存性を調べると**図 1.3.2** のようになる．温度が上がると空孔濃度は急速に増加する．凍結過剰空孔濃度は〜10^{-4} 程度となり，熱平衡の空孔濃度に比べると 10^5〜10^8 倍も多い．

時効処理：常温あるいはやや高い温度（423〜473 K 程度）で保持すると，時間とともに過飽和固溶体は相分解する．このときの原子の拡散は過剰空孔により著しく促進されている（fast-reaction）．常温で時効する場合を自然時効，やや高温で時効する場合を人工時効という．時効硬化型アルミニウム合金では，微細な溶質クラスタ，GP ゾーン，中間相などが形成される．**図 1.3.3** に過飽和固溶体からクラスタや GP ゾーンが形成される様子を示す．これは，相分解

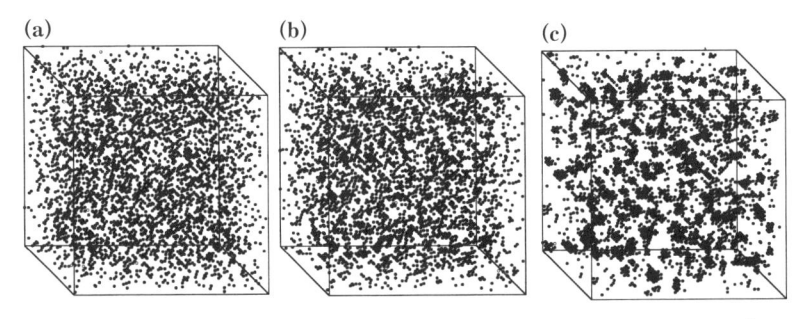

図 1.3.3　モンテカルロシミュレーションによる溶質クラスタあるいは GP ゾーンの生成過程（MCS：モンテカルロステップ）.
（a）焼入れ直後，（b）2.5×10^5 MCS，（c）5.0×10^6 MCS.

過程の計算機シミュレーションの結果であり，黒点はすべて溶質原子を表し，Al 原子は示していない．時効時間（ここではモンテカルロステップ(MCS)数）とともにクラスタが均一に核生成する挙動が観察される．

上述の時効熱処理により，種々の相の析出現象が生ずる．例としていくつかのアルミニウム合金の析出過程を以下に示す．また，GP ゾーン，中間相，安定相の形状や構造等をまとめて**表 1.3.1** に示す．

- Al–Cu：過飽和 $\alpha\to$ GP(1) ゾーン $\to$ GP(2) ゾーン（または θ''）$\to\theta'\to\theta$
- Al–Cu–Mg：過飽和 $\alpha\to$ GPB(1) ゾーン $\to$ GPB(2) ゾーン $\to S'\to S$
- Al–Mg–Si：過飽和 $\alpha\to$ GP ゾーン $\to\beta''\to\beta'\to\beta$
- Al–Zn：過飽和 $\alpha\to$ GP ゾーン $\to\alpha_R'\to\alpha_{FCC}'\to$ Zn
- Al–Zn–Mg：過飽和 $\alpha\to$ GP ゾーン $\to\begin{bmatrix}\eta'\to\eta\\ T'\to T\end{bmatrix}$
- Al–Li：過飽和 $\alpha\to$ 規則構造 $\to\delta'\to\delta$
- Al–Li–Cu：過飽和 $\alpha\to$ GP(1) ゾーン，$\delta'\to$ GP(2) ゾーン，θ'，$T_1\to\theta$，T_1

典型的な時効硬化曲線を**図 1.3.4** に模式的に描く．時効とともに硬さは増大し，続いて最高硬さ（ピーク硬さ）をとり，その後，軟化する．ここで，GP ゾーンの形成段階を時効初期，中間相および安定相の形成段階を時効中期および後期と呼ぶこととする．時効初期の GP ゾーンの生成温度や GP ゾーン中の溶質濃度，また，復元の起こる状況など多くの基本的現象は準安定溶解度

表 1.3.1 各合金における GP ゾーン，中間相および安定相の特徴．

合金系	GP ゾーン	中間相	安定相
Al–Cu	GP(1)ゾーン：Cu の 1 原子層の円板状．GP(2)ゾーン(θ'')：Al3 原子層を Cu2 原子層がはさむ板状．いずれも，{100}面上に整合に生成．	θ'：Al$_2$Cu の正方晶．{100}面上に半整合に析出．	θ：Al$_2$Cu の正方晶．非整合で塊状．
Al–Cu–Mg	GPB ゾーン：Cu, Mg を含み，⟨100⟩方向に針状に整合に生成．GPB(1), GPB(2)ゾーンに分けられることもある．	S'：Al$_2$CuMg の斜方晶．{210}面上に⟨100⟩方向にラス上に析出．半整合．	S：Al$_2$CuMg の斜方晶で非整合に析出．
Al–Mg–Si	GP ゾーン：Mg, Si を含む{100}面上に生成．構造・形態ははっきりしない．針状 GP ゾーン(β'')：Mg, Si を含み，⟨100⟩方向に針状に生成．	β'：Mg$_2$Si の六方晶．⟨100⟩方向に棒状に半整合に析出．過剰 Si 合金では，β'と異なる中間相あり．	β：Mg$_2$Si の立方晶．{100}面上に板状に析出．非整合．
Al–Zn–Mg	GP ゾーン：Mg, Zn を含み球状に生成．整合．	η'：MgZn$_2$ の六方晶．球状または塊状．T'：Mg$_{32}$(Al,Zn)$_{49}$ の六方晶．Mg/Zn 比が高い組成の場合に析出．	η：MgZn$_2$ の六方晶，非整合．T：Mg$_{32}$(Al,Zn)$_{49}$ の立方晶．
Al–Li	L1$_2$ 型の規則構造．	δ'：Al$_3$Li の L1$_2$ 型規則構造．整合で球状に析出．	δ：AlLi の立方晶．塊状で粒界に析出しやすい．非整合．

ギャップにより説明できる．また，GP ゾーンの生成よりも前の段階あるいは焼入れ時にクラスタ（溶質集合体）が生成することも知られている．

　クラスタあるいは GP ゾーンは基本的には溶質原子の集合体であり，大きさは通常 2～20 nm 程度となっている．従って，FCC 格子を組んでおり，母相とは完全に整合になっている．GP ゾーン内の原子配置は通常ランダムになっ

54　1　序　説

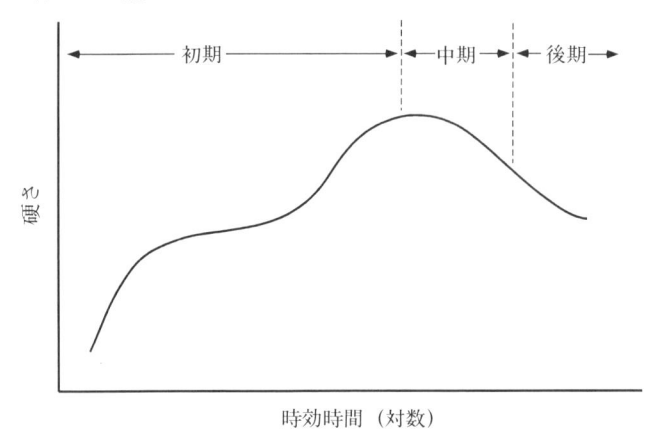

図 1.3.4　時効硬化曲線の模式図．

ているが，規則構造をとる場合もある（Al-Mg 合金，Al-Ag 合金など）．また，クラスタや GP ゾーン中には空孔が多く含まれることもあると考えられている．時効硬化に最も大きく寄与する段階の GP ゾーンあるいは中間相を透過電顕で観察した例を**図 1.3.5** および**図 1.3.6** に示す．図 1.3.5 は Al-Cu 合金

図 1.3.5　Al-4 mass%Cu 合金中の（a）GP(1) ゾーンおよび（b）GP(2) ゾーンの透過電顕写真．

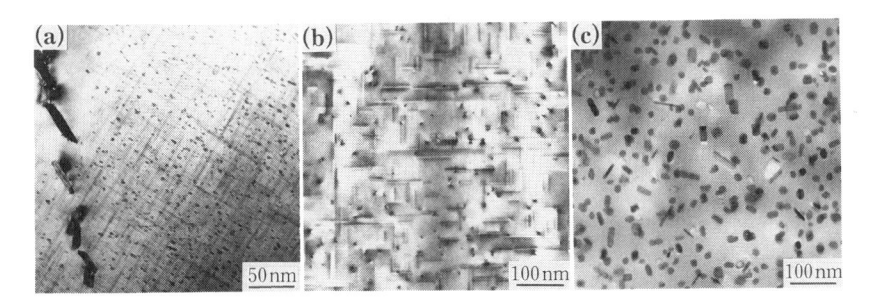

1.3 アルミニウム合金の時効析出と強度

図 1.3.6 各準安定相の透過電顕組織.
(a) Al-Cu-Mg 合金の GPB(2) ゾーン, (b) Al-Mg-Si 合金の β'' 相, (c) Al-Zn-Mg 合金の η' 相.

の (a) GP(1) ゾーンおよび (b) GP(2) ゾーンを,図 1.3.6 は (a) Al-Cu-Mg 合金の GPB(2) ゾーン,(b) Al-Mg-Si 合金の針状ゾーン,(c) Al-Zn-Mg 合金の η' 相を示す.各合金の GP ゾーンの形状は,Al-Cu:円板状,Al-Cu-Mg:棒状,Al-Mg-Si:板状または棒状,Al-Zn-Mg:球状となっている.このように合金系によって形状が異なるのは界面エネルギーとミスフィット(溶質・溶媒原子サイズ差)に起因するものである.図 1.3.7 に示すように,ひずみエネルギーの点からは板状が最も小さく,棒状,球状の順に大きくなる[4].一方,界面エネルギーは球状が最も小さくなるため,ミスフィット

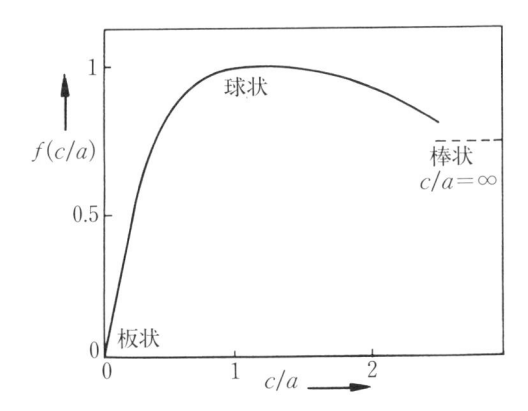

図 1.3.7 析出物の形状と整合ひずみの大きさの比較.

の小さい合金では球状の，ミスフィットの大きい合金では板状のGPゾーンが生成する．このときに発生する整合ひずみは合金強化の点から重要である．

GPゾーンは高温に保持すると母相中に固溶・消滅する．この現象は復元と呼ばれる．復元の起こりやすさや復元量などは基本的には溶解度ギャップに支配されている．ただし，復元時のGPゾーンの熱的安定性はサイズに依存し，サイズの大きい安定なGPゾーンは次の段階の構造に遷移する．すなわち，GPゾーンは中間相に対するいわば異質核生成サイトの役割を演じており，組織制御の点から重要である．

（2） 時効中期および後期

時効が進行すると中間相，さらには安定相が析出する．GPゾーンのソルバス温度以上の温度で時効する場合は，中間相が母相から直接析出するが，ソルバス温度以下ではGPゾーンがあらかじめ存在するため，GPゾーンを異質核生成サイトとして中間相が形成され，微細均一に分布する．中間相は，母相との整合性を失い，部分整合となっている．また，安定相は通常，中間相とは結晶構造や組成はほぼ同一で，格子定数のみが異なっている．安定相は母相とは非整合関係にある（表1.3.1参照）．

時効中期以降は母相濃度はほぼ一定に到達し，析出物の体積率もほぼ一定となり，析出物はオストワルド成長により競合しながら粗大化する．図1.3.8にAl-Li合金における球状析出物δ'相の時効に伴う成長・粗大化の様子を示す．粗大化の機構は合金の種類や析出物の構造，体積率等によって種々異なるが，体積率が大きくないときは基本的にはLSW（Lifshitz-Slyozov-Wagner）理論[5,6]によって記述できることが知られている．時間tが0およびtのときの析出粒子の平均半径をr_0およびrとすると，

$$r^3 - r_0^3 = Kt \qquad (1.3.4)$$

となる．ただし，

$$K = \frac{8\gamma D C_e V_m^2}{9RT} \qquad (1.3.5)$$

である．ここで，γ：析出相/母相界面エネルギー，D：拡散係数，C_e：平衡

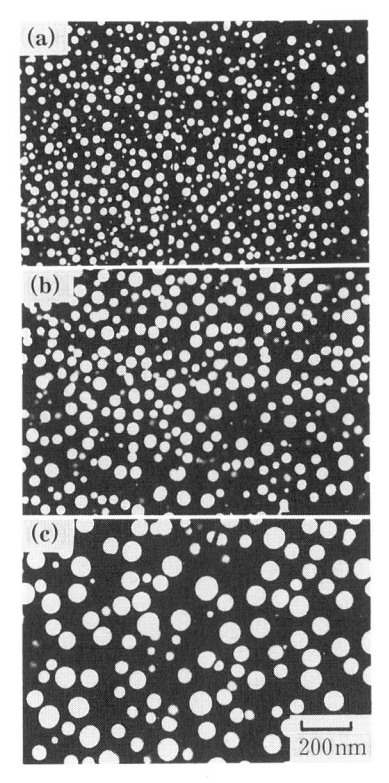

図 **1.3.8** Al–2.7 mass%Li 合金中の δ' 相の成長・粗大化（453K）．

固溶度，V_m：モル体積，R：ガス定数，T：絶対温度を示す．式(1.3.5)より拡散係数や界面エネルギーが求められる．

1.3.2　ミクロ組織と力学的性質

　種々の構造物や建造物を構成する材料の力学的状況を弾性論的あるいは弾塑性論的に記述する材料力学では，必ずしも個々の材料のミクロ組織や構造に立ち入って議論することはあまりしない．一方，材料のミクロ組織・構造がマクロ的材料特性とどのように関連しているのかは必ずしも定量的に関連づけて理解されているわけではない．図 **1.3.9** に大きさのスケールをもとに材料組織

58　1　序　説

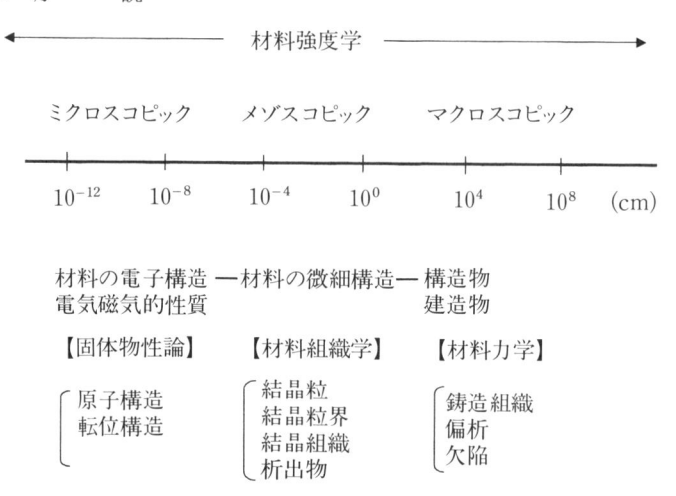

```
←――――――――― 材料強度学 ―――――――――→

     ミクロスコピック    メゾスコピック    マクロスコピック
  ─┼─────┼─────┼─────┼─────┼─────┼──
   $10^{-12}$   $10^{-8}$   $10^{-4}$   $10^0$   $10^4$   $10^8$　(cm)
```

材料の電子構造 ―材料の微細構造― 構造物
電気磁気的性質　　　　　　　　　 建造物
【固体物性論】　【材料組織学】　　【材料力学】

⎰ 原子構造　　⎰ 結晶粒　　　　　⎰ 鋳造組織
⎱ 転位構造　　⎟ 結晶粒界　　　　⎟ 偏析
　　　　　　　⎟ 結晶組織　　　　⎱ 欠陥
　　　　　　　⎱ 析出物

図 1.3.9　材料強度学と材料組織学の位置づけ．

学および材料力学の位置づけを示す．材料の力学的状況を材料の本質に立ち入って理解するには材料のミクロ構造の解明が必要であり，一方，ミクロ構造を材料特性と結びつけるには，応力条件や応答を十分に理解する必要がある．これらの融合領域が材料強度学として位置づけられる．

1.3.2.1　ミクロ組織

　ミクロ組織を光顕から電子顕微鏡の観察範囲で見えるスケールのものと考えるとミクロ組織構成要素には，結晶粒，亜結晶粒（サブグレイン），粒界，加工・変形領域，回復再結晶領域，分散粒子（晶出物，析出相，複合材強化相，PFZ（無析出帯）），アモルファス相などが考えられる．これらの構成要素の種類，形状，空間分布（大きさや分布状態）が直接材料特性と関連している．ミクロ組織の中で，特に析出組織を対象とした場合，粒内析出，粒界析出，PFZ，不連続析出などが直接関与することになる．

1.3.2.2　ミクロ組織と力学的性質

　種々のミクロ組織と力学的性質，特に材料強度の関係について，具体的なデ

1.3 アルミニウム合金の時効析出と強度

ータに基づいて整理してみる．材料強度としては，引張強さ，疲労強度，破壊靱性，高温強度（クリープ強度），極低温強度，環境強度（耐食性）など多岐の特性が考えられる．ここでは主に引張試験により得られる強度・延性特性について考える．合金強化の代表的なものとしては結晶粒の微細化強化，加工強化（転位強化），固溶強化，析出強化，規則化強化，分散強化，複合強化などがある．以下に，種々のミクロ組織要素と強度とを結びつける関係について示す．

（1） 強度の結晶粒径依存性

種々の Mg 組成の Al-Mg 合金について，結晶粒径 d と降伏応力（耐力）の関係を**図 1.3.10** に示す[7]．ここで耐力はひずみ量 1.7% での応力 $\sigma_{1.7\%}$ をとって示している．この図より応力は $d^{-1/2}$ と直線関係にあることがわかる．これよ

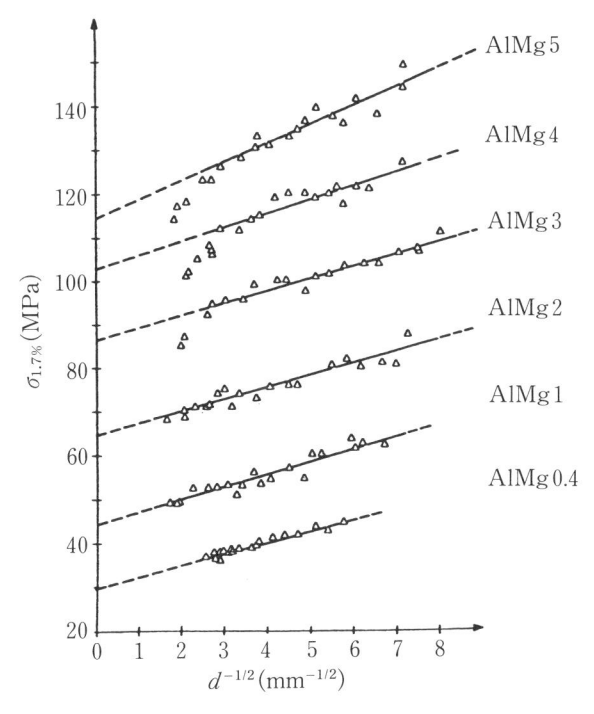

図 1.3.10 Al-Mg 合金中の結晶粒径と耐力の関係．

り

$$\sigma_y = \sigma_0 + k_y d^{-1/2} \qquad (1.3.6)$$

となる．ここで，σ_0：単結晶の変形応力，k_y：定数である．これは Hall-Petch の関係式と呼ばれ，広く知られている．図1.3.10ではMg濃度によらず直線はおおむね平行（k_yは同一）になっている．

（2） 強度の転位密度依存性

銅の単結晶で単一すべりや多重すべりが生ずる場合，ならびに多結晶材について，それぞれ転位密度と分解せん断応力の関係を**図1.3.11**に示す[8]．これより分解せん断応力τと転位密度ρとは

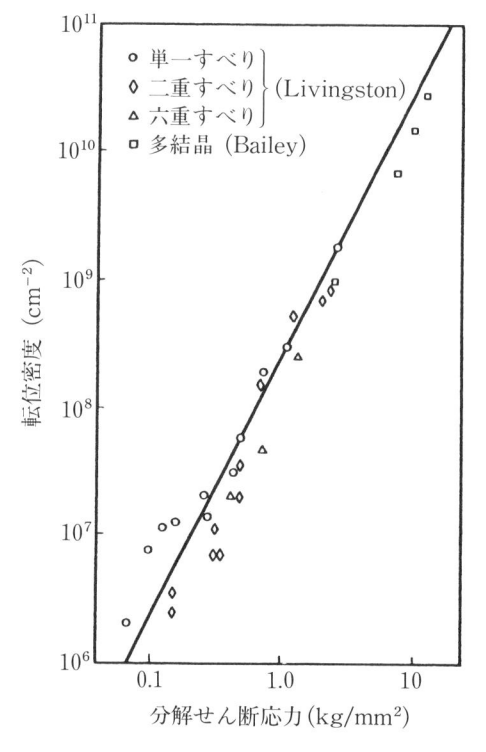

図1.3.11 分解せん断応力と転位密度の関係（銅）．

1.3 アルミニウム合金の時効析出と強度 61

$$\tau = \tau_0 + \alpha G b \rho^{1/2} \tag{1.3.7}$$

の関係があることがわかる．ここで，τ_0：摩擦応力，α：定数($0.3 \sim 0.6$ の値)，G：剛性率，b：バーガースベクトルである．

(3) 析出組織

析出強化は合金を強化する最も有効な手段である．これは1.3.1で述べたように，時効硬化現象としてアルミニウム合金において初めて見出された．**図1.3.12**にAl-4 mass%Cu合金を室温〜453 Kの各温度で時効したときの時効硬化曲線を示す．これより硬化は合金組成や時効温度に依存して異なることがわかる．例えば，4.0%Cu合金の423 Kの時効硬化曲線では初期の急速な硬化はGP(1)ゾーンの形成に，続いての大きな硬化はGP(2)ゾーンの形成に起因し，最高硬さ付近ではGP(2)ゾーンが大部分を占め，わずかに不均一析出した微細なθ'相が存在する．さらに時効が進行するとGP(2)ゾーンは消失してθ'相のみとなり，成長・粗大化とともに硬さは減少する．すなわち，時効の進行とともに亜時効，ピーク時効，過時効の段階が存在する．この特徴的な時効硬化曲線は**図1.3.13**に模式的に示すように亜時効段階では析出粒子が転位によりせん断され，過時効段階ではせん断されず，Orowanのバイパス機構により転位が移動することによる．これらの析出強化を粒子サイズをもとに

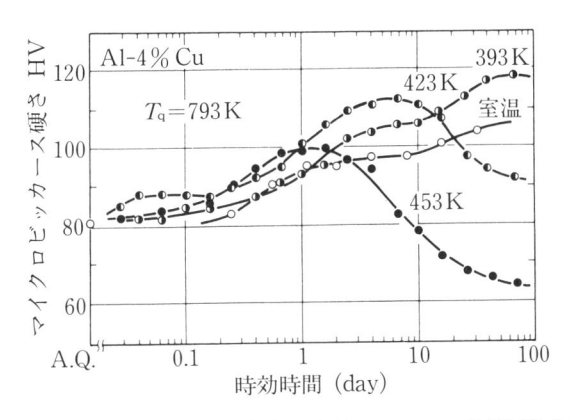

図1.3.12 Al-4 mass%Cu合金の室温〜453 Kの時効硬化曲線．

62   1 序　説

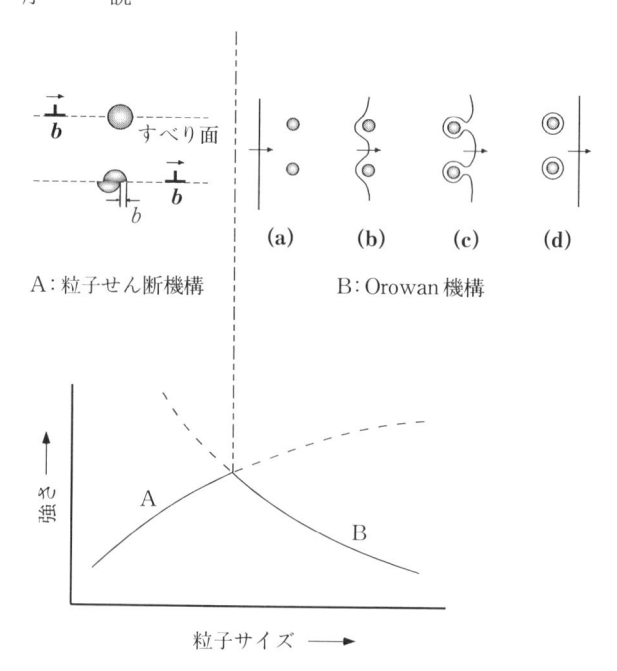

図 1.3.13　時効硬化曲線と析出粒子-転位間の相互作用の関係．

整理すると，

亜時効段階（粒子せん断）　　　$\Delta\tau_{\text{cut}} \cong \alpha\varepsilon^{3/2}f^{1/2}r^{1/2}$　　　(1.3.8)

過時効段階（粒子バイパス）　　$\Delta\tau_{\text{oro}} \cong \dfrac{Gb}{\sqrt{2}}f^{1/2}r^{-1}$　　　(1.3.9)

　　$\Delta\tau$：せん断応力増加分，f：析出粒子体積率，r：析出粒子半径，
　　ε：整合ひずみ，α：定数，G：剛性率，b：バーガースベクトル

図 1.3.14 に Al-Zn-Mg 合金について，$\Delta R_{\text{p0.2}}/f^{1/2}$ の値を r に対してプロットしてある[9]．ただし，$\Delta R_{\text{p0.2}}$：0.2%耐力の増加分である．粒径 r に依存して強化への寄与が異なることがわかる．GP ゾーンは極めて微細であり，粒径とともに強化への寄与は大きくなるが η' 相は成長して粒子間隔が広がるため，粒径とともに強化への寄与は減少する．また，Al-Zn および Al-Zn-Mg 合金について，類似の Gerold-Harberkorn の式[10]

1.3 アルミニウム合金の時効析出と強度

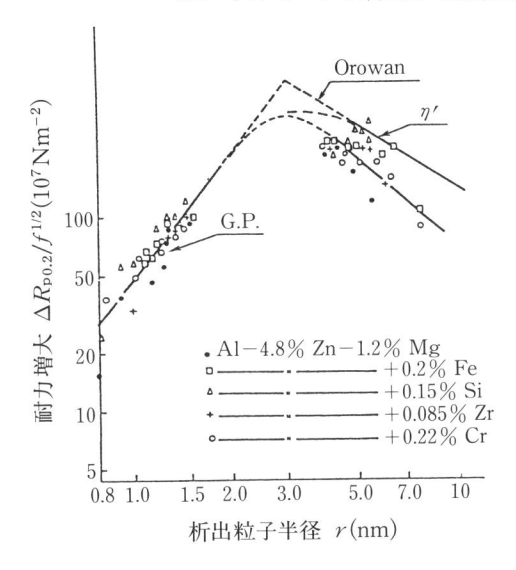

図1.3.14 添加元素の異なる Al-Zn-Mg 合金の析出粒子半径と耐力増加分の関係.

$$\tau = 3MGb^{-1/2}\varepsilon^{3/2}f^{1/2}r^{1/2} \qquad (1.3.10)$$

が当てはまることも報告されている（**図1.3.15**[11]）．ε が大きいものほど強度は大となる．また，Al-Cu 合金単結晶中の θ 相の粒子間隔と臨界せん断応力との関係も**図1.3.16**のように報告されており[12]，粒子間隔の逆数に比例して臨界せん断応力が大きくなることを示している．この場合

$$\tau = \tau_0 + \frac{2Gb}{l} \qquad (1.3.11)$$

となる．ただし，τ_0：析出粒子がない場合の臨界せん断応力,
　　　　　　　l：粒子間隔
である．なお，分散粒子による分散強化の場合も，基本的には式(1.3.11)で記述できる．式(1.3.11)より粒子間隔 l が小さいものほど τ は大となる．ただし，l が小さくなると粒子はせん断される可能性もある．ここで，析出組織において粒子は一様に分布していると仮定しているが，実際には無析出帯（PFZ）や粒界上析出物も強度・延性特性に大きく影響する．

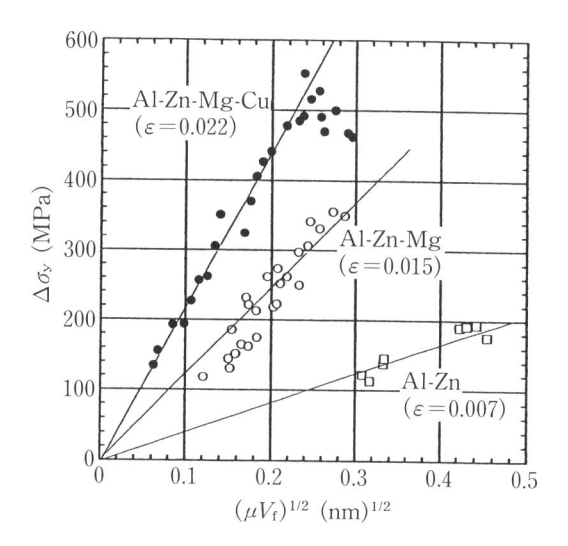

図 1.3.15 Al-Zn および Al-Zn-Mg 系合金の析出強化.
耐力増加 $\Delta\sigma_y$ と $(\mu V_f)^{1/2}$ の関係（μ：析出粒子平均半径，V_f：体積率）．

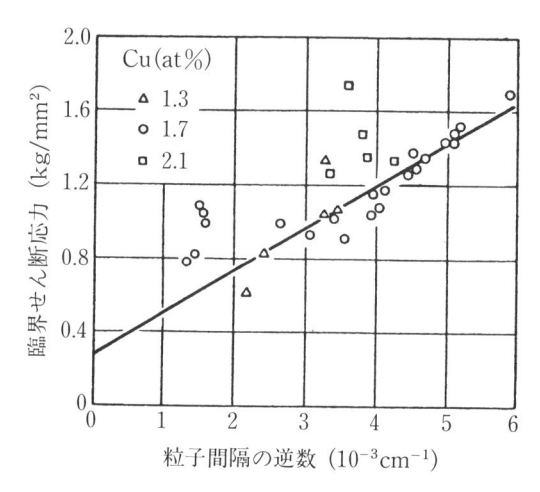

図 1.3.16 Al-Cu 合金単結晶における析出粒子間隔と臨界せん断応力の関係．

マルチスケール塑性場の理論入門
FTMP でひもとく現代塑性論

長谷部 忠司 著

A5・248 頁・ISBN978-4-7536-5507-6　定価 4290 円(本体 3900 円+税 10%)

本書は材料のマルチスケールモデリングに関する最新の議論を提供する書.

これまでの議論の基礎を簡潔に述べたうえで,従来の連続体モデルとは異なるアプローチから,変形によって引き起こされる不均一性と複数のスケールでのそれらの相互作用に対処することを試みる.

多くのさまざまな適用例と,著者が工夫を凝らした図版により理解が深まるよう工夫されている.

自然科学書出版
内田老鶴圃

〒112-0012　東京都文京区大塚 3-34-3
TEL 03-3945-6781・FAX 03-3945-6782
https://www.ROKAKUHO.co.jp/

目次

序論
- 塑性論のポテンシャル
- 応力関数と諸概念・偏差応力テンソル関数,流れ則の Drucker 流の導出/異方性/非連合流れ則への拡張・移動硬化

1章 これまでの結晶塑性論
- 考え方・方法・望ましい形式・数学について・変形過程/微視的過程/硬化発展則・連続体視的構成式
- 従来の FTMP 理論が必要とされる背景と認識

概要
- mathematics / constitutive
- 客観性-有限
- 無差別性 difference
- 理論および分解せん断と結晶塑性構成式

2章 ??? についての ???
- 検知への導入
- ??? 配布の具体
- ??? テンソル/不??? ??? ???

4章 FTMP 場の理論の適用例
―基本的記述能力

- 4.1 FTMP を用いた結晶塑性有限要素法 (CP-FEM)
- 4.2 多結晶モデルの場合
- 4.3 より精緻なモデルを用いた場合
- 4.4 改めて多結晶モデルへの適用例
- 4.5 FTMP の適用例　七つの代表的な研究課題/FTMP に基づく評価例

5章 微分幾何学的場の理論
―非リーマン塑性論

はじめに　重力理論(一般相対論)について

- 5.1 微分幾何学の基礎　曲がった空間の表現―曲率テンソルの定義/曲がった空間での微分―共変微分の定義/曲率テンソルの具体的表現/計量テンソルとひずみの測度/転位密度テンソルと不適合度テンソル/純回転/純変形成分と各種バリエーション/Einstein テンソルと不適合度テンソルの等価性
- 5.2 ひずみ空間 vs 応力(関数)空間
- 5.3 相互作用場の理論
- 5.4 4次元時空への拡張と Flow-Evolutionary 仮説

6章 新しい塑性論により描ける新たな風景

はじめに　改めて現代塑性論としての FTMP について

- 6.1 FTMP における不適合度テンソル概念の拡張　三つの拡張について/不適合度変化率の満たす関係式について/不適合度テンソル速度関係式とその応用例
- 6.2 FTMP に基づく新しい"風景"
- 6.3 さらに新たな展開
- 6.4 Di-CAP コンセプトについて
- 6.5 改めて"曲率"について　概要/定義式等による確認と具体的描像について

7章 FTMP 場の理論の適用例 1
―七つの代表的な研究課題

はじめに　七つの代表的な研究課題

- 7.1(A)　ラス・マルテンサイト階層組織のモデル化とクリープ破断　旧γ23 粒埋め込み型モデルの作成/旧γ23 粒埋め込み型モデルのクリープ変形解析
- 7.2(B)　疲労き裂発生過程のシミュレーション
- 7.3(C)　多結晶金属における Bauschinger 挙動の予測
- 7.4(D)　マイクロピラー圧縮における材料応答の予測
- 7.5(E)　双晶およびキンク形成・強化機構の解明
- 7.6(F)　Finsler 空間への理論の拡張とポリマモデリングおよび SAM への応用
- 7.7(G)　FTMP 実装 3D 汎用化の試みとセル組織形成　初期の解析結果について/新しい動的回復モデルの導入と進行波の発見について/転位密度テンソルの各要素の回復

8章 FTMP 場の理論の適用例 2
―物理シミュレーション結果(離散系)の評価に対する応用

はじめに　物理シミュレーション結果の評価に対する FTMP の応用

- 8.1 不適合度テンソルによる表現について―転位密度テンソルによる描像との比較
- 8.2 種々の転位壁に対する解析および評価
- 8.3(H) 崩壊する転位壁の不安定性評価
- 8.4(I) 見かけの弾性定数の低下
- 8.5(J) PSB ラダー壁における転位挙動
- 8.6(K) 幾何学的に必要な転位壁 (GNBs) の安定/不安定評価
- 8.7(L) 混合転位壁/ラス壁の安定/不安定評価
- 8.8(M) セル壁を含む 2D 的転位壁間の双対線図評価
- 8.9 転位壁のまとめ

付録 A　テンソル超入門
- A.1 直感的理解について
- A.2 積演算について
- A.3 微分演算について
- A.4 微分関連の積分定理について
- A.5 テンソルの厳密な定義について
- A.6 Einstein の総和規約

付録 B　物質時間導関数
- B.1 物質表示(Lagrange 流)と空間表示(Euler 流)
- B.2 物質時間導関数
- B.3 積分形で与えられた物理量の物質時間導関数

付録 C　物理基本法則

結晶塑性論
多彩な塑性現象を転位論で読み解く
竹内　伸　著
A5・300 頁・ISBN978-4-7536-5090-3
定価 5280 円（本体 4800 円＋税 10%）

結晶と力学的性質／塑性変形の原子過程／転位という概念の誕生／転位の弾性論／結晶の降伏／単結晶と多結晶のすべり／パイエルス応力とパイエルス機構／転位間相互作用と加工硬化／析出・分散硬化／固溶体硬化／高温転位クリープ／特殊塑性現象(I)／特殊塑性現象(II)

結晶・準結晶・アモルファス
改訂新版
竹内　伸・枝川圭一　著
A5・192 頁・ISBN978-4-7536-5903-6
定価 3960 円（本体 3600 円＋税 10%）

稠密六方晶金属の変形双晶
マグネシウムを中心として
吉永日出男　著
A5・164 頁・ISBN978-4-7536-5098-9
定価 4180 円（本体 3800 円＋税 10%）

材料強度解析学
基礎から複合材料の強度解析まで
東郷敬一郎　著
A5・336 頁・ISBN978-4-7536-5132-0
定価 6600 円（本体 6000 円＋税 10%）

マテリアルの力学的信頼性
安全設計のための弾性力学
榎　　学　著
A5・144 頁・ISBN978-4-7536-5627-1
定価 3080 円（本体 2800 円＋税 10%）

金属疲労の基礎とメカニクス
結晶学と力学から読み解く金属の疲労
兼子佳久・田中啓介・髙橋可昌
澄川貴志・平方寛之・梅野宜崇　著
A5・248 頁・ISBN978-4-7536-5506-9
定価 4840 円（本体 4400 円＋税 10%）

鉄鋼の組織制御
その原理と方法
牧　正志　著
A5・312 頁・ISBN978-4-
定価 4840 円（本体 4400 円

高温強度の材料科
クリープ理論と実用材
丸山公一　編著／中島
A5・352 頁・ISBN978-4-
定価 7700 円（本体 7000 円

最適材料の選択
材料データ・知識から
八木晃一　著
A5・228 頁・ISBN978-4-
定価 3960 円（本体 3600 円

ハイエントロピー
カクテル効果が生み出
乾　晴行　編著
A5・296 頁・ISBN978-4-
定価 5280 円（本体 4800 円

計算状態図入門
ギブスエネルギーと状態
阿部太一　著
A5・232 頁・ISBN978-4-
定価 4180 円（本体 3800 円

材料設計計算工
計算熱力学編
CALPHAD 法による熱力
阿部太一　著
A5・224 頁・ISBN978-4-
定価 3850 円（本体 3500 円

材料設計計算工
計算組織学編
フェーズフィールド法に
小山敏幸　著
A5・188 頁・ISBN978-
定価 3520 円（本体 3200

目

1章　古典・近代
はじめに
古典・近代・現代
1.1　古典塑性論
シャル塑性論"の考え方／
念／不変量につい
ンソルの不変量と
則の具体形を得る
の仮説／弾塑性構
方性降伏関数につ
れ則について／有
について／実践的
モデルについて
1.2　近代塑性論
性論　結晶塑性論
的構成式について
とは／転位運動の
／転位運動の熱活
的構成式の具体形
展則について／物
を用いる必然性に
1.3　現代塑性論と
概要／何故新たな
なるのか――Scale A

2章　連続体力学
はじめに
2.1　準備　運動学
動力学 kinetics／構
equation
2.2　弾塑性分解と
変形への拡張
2.3　客観性 or 標
Objectivity or Frame
2.4　有限変形弾
近代塑性論への展
断応力の算出／弾
格子の回転／弾-結
の定式化について

3章　現代塑性論
FTMP 場の理論
はじめに　現代塑性
FTMP とは
3.1　材料は"賢い
3.2　"違和感"に
と自然選択
3.3　材料は"違和
て対処している？
3.4　"不適合度"
3.5　構成式の硬化
法について　ひずみ
形について／転位密
適合度テンソルの投影

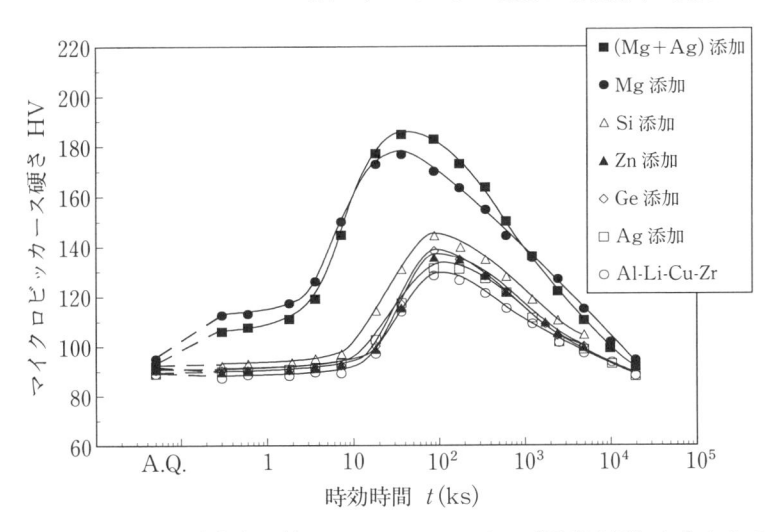

1.3 アルミニウム合金の時効析出と強度　67

図 1.3.19　Al-Li-Cu 系合金に種々のマイクロアロイング元素を添加したときの 463 K での時効硬化曲線.

図 1.3.20　T_1 相の透過電顕写真. 母相の (111) 面に板状析出.

(3) 無析出帯（PFZ）幅の制御

図 1.3.21 に Al-Zn-Mg 合金における無析出帯（PFZ）幅と破断ひずみの関係を示す[13]．PFZ 幅が 0.1～0.3 μm で延性は最低となり，それより大きい場合は延性が向上し，また，それより小さい場合も延性はやや向上する傾向にある．ただし，PFZ と機械的性質との関係の詳細はさらに検討を要する．

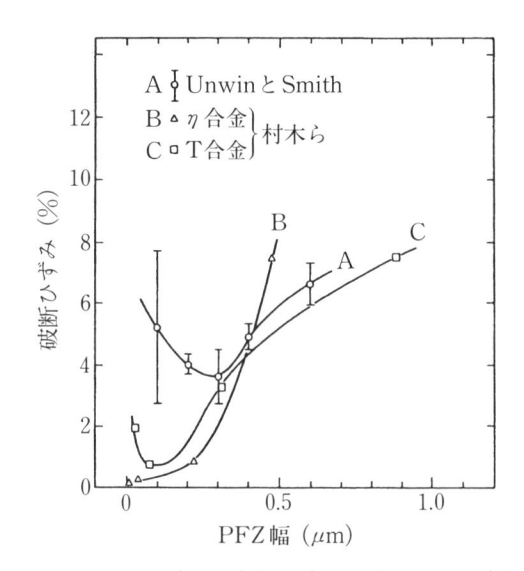

図 1.3.21 Al-Zn-Mg 系三元合金の破断ひずみと PFZ 幅の関係．

(4) 複相析出組織

均一な分散組織を作ることは重要であるが，一方では，分散相あるいは析出相の種類や分布を部位に応じて最適化・不均一化する組織制御技術も重要である．これにより複数の機能性・材料特性を有する材料創製が可能となり，また，材料損傷の分散，破壊箇所の分散，応力集中の分散などを図ることができ，力学的特性を新たに向上させることが可能であろう．

材料創製プロセス制御技術として，材料学的手法とプロセス技術手法とがあり，前者には合金組成の最適化，マイクロアロイング元素有効活用などがあり，後者には加工（強加工など）法，多段熱処理法，急冷非平衡凝固法などが

考えられるであろう．表1.3.2に組織制御因子と関連事項をまとめて示す．表1.3.2には析出組織以外の組織についても示してある．

表1.3.2 組織制御因子およびその関連事項．

組織制御因子	関連事項
合金成分・組成	平衡状態図 非平衡状態図
微量添加元素 （マイクロアロイング元素）	異質核生成 相互作用パラメータ
凝固条件 （温度勾配，冷却速度）	結晶成長 核生成・成長
均質化条件 溶体化条件 （昇温速度，温度，時間）	拡散
焼入れ速度 時効条件 （温度，時間）	非平衡状態図 格子欠陥（転位，空孔） 核生成・成長 界面エネルギー スピノーダル分解
加工条件 （加工度，温度） 焼なまし条件 （温度，時間）	すべり系 積層欠陥エネルギー

1.3.4 材料学と力学の融合

1.3.4.1 強度と破壊の確率的性質

材料強度や破壊現象には確率的性質があり，特性は大なり小なり本質的にばらつく．ばらつく原因には実験誤差に起因するものもあるが，材料組織中の欠陥やミクロ組織構成要素に関連して材料強度は確率統計的にふるまう．材料強度分布は最弱リンクモデルで記述され，ワイブル分布に従う場合が多い[14]．このような確率的事象にミクロ組織が密接に関与している．従って特性のばらつきの小さな信頼性の高い材料とするには，確率論的現象を考慮したミクロ組織の制御が重要となる．

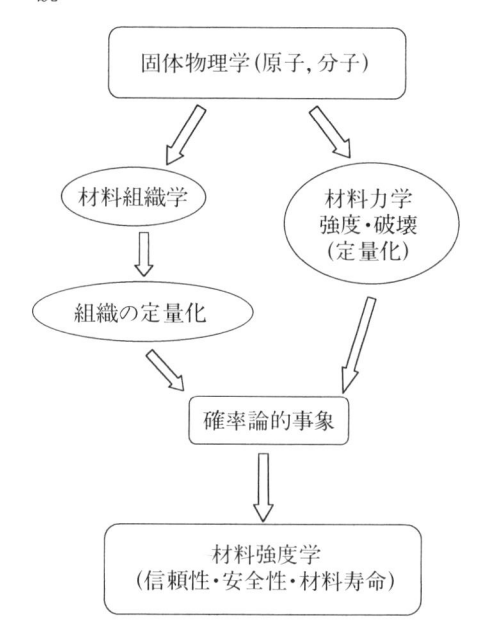

図 1.3.22　金属材料における材料組織学と材料力学の融合および材料強度学.

材料強度学をナノスケールに立脚した構成として整理すると**図 1.3.22** のようなことが考えられる．すなわち，原子や分子のスケールの固体物理学から出発して，一方は，材料力学により強度や破壊を定量的に取扱うことが行われており，材料組織学においては，組織の定量化を行う必要がある．その上で，両者を確率論的事象として結合させ，これをもとに材料強度学が構築される必要があるであろう．材料強度学には，信頼性，安定性，材料寿命予測の手法の確立が課題であり，このような観点からの取組みが今後必要となる．

参 考 文 献

1) M. Volmer and A. Weber : Z. Phys. Chem., **119**（1925），277.
2) W. Q. Johnson and R. F. Mehl : Trans AIME, **135**（1939），416.

3) M. Avrami : J. Chem. Phys., **7** (1939), 1103.
4) F. R. N. Nabarro : Proc. Phys. Soc., **52** (1940), 90.
5) I. M. Lifshitz and V. V. Slyozov : J. Phys. Chem. Solids, **19** (1961), 35.
6) C. Wagner : Z. Elektrochem., **65** (1961), 581.
7) J. Hirsch : Proc. ICAA-5, Part 4 (1996), 33.
8) 井形直弘：材料強度学, 培風館 (1983), p. 118.
9) I. Kovacs, J. Lendvai, T. Ungar, G. Groma and J. Lakner : Acta metall., 28 (1980), 1621.
10) V. Gerold and H. Harberkorn : Phys. Stat. Sol., **16** (1966), 675.
11) K. Osamura, K. Kohno, H. Okuda, S. Ochiai, J. Kusui, K. Fujii, K. Yokoe, T. Yokote and K. Hono : Proc. ICAA-5 (1996), 1829.
12) 辛島誠一：金属・合金の強度, 日本金属学会 (1972), p. 104.
13) 川畑武：軽金属, **33** (1983), 38.
14) 西島敏, 城野政弘：材料, **31** (1982), 100.

1.4 アルミニウム合金の強度と破壊

――――――――――――――――――小林　俊郎――

1.4.1 アルミニウム合金における強度と破壊の特徴
1.4.1.1 ミクロ組織と破壊機構

　アルミニウム合金の強度と破壊の研究は，航空機産業，輸送機産業等とも関連して今までにもかなり行われてきている[1]．主な破壊形態である延性破壊は，ボイドの生成-成長-合体のプロセスをとるが，ミクロ組織との関連において考察することが，新しい合金設計の立場からも重要である．

　本合金では，BCC（体心立方晶）金属で見られる低温脆性は通常見られないといわれている．降伏強さを増したときに，いかに延性破壊抵抗を保つかが大切である．過時効材の靱性は亜時効（不完全時効）材に比べると劣るし，強度を上げると不安定破壊傾向が増すのが一般である．これは大型構造物になるほど大きな問題となる．

　近年自動車工業におけるアルミニウム化の推進，建設分野への進出等により，このような所に用いられる材料の力学特性が大いに注目されている．鋳物の使用も増えてきている．このため，このような広範なアルミニウム系材料の強度と破壊の問題に関して，特にミクロ組織との関連において以下に概括する．

　この合金では多くの第2相粒子を含むこともあって，破壊は主にディンプル形成型の延性破壊である．ディンプルの形成が，第2相粒子自体の割れによるか，界面での剥離によるかは，粒子性状，形状，体積率，界面の状態等によって決まる．工業用アルミニウム合金中に存在する第2相粒子としては，一般に次のようなものが考えられている[2]．

　（1）　0.1～10μmオーダの鋳造時に形成される非金属介在物で，主にFe-，Cu-，Si-系のもの．Cu-系のものは時効硬化の目的で添加されたもの

によるが,他は不純物元素である.
(2) 0.05～0.5 μm オーダの中間介在物粒子(dispersoid と一般に呼ぶ)で,再結晶をコントロールするために添加される Cu-, Mn-, または Zr-系のもので,やはり鋳造時に形成される.
(3) 0.01～0.5 μm オーダの析出物等である.

延性破壊はボイドの生成-成長-合体のプロセスによって生じる.**図 1.4.1** はボイド形成の種々の様式を模式的に示している[3]. ボイドの核は介在物,分散物,析出物等の粒子である.チタン合金ではこのような介在物粒子は存在せず,すべり帯と結晶粒界の相互干渉等によって生じると考えられている(図 1.4.1(d),(e)).

ボイドが生成すると,これは成長するが,そのとき応力三軸度パラメータ($\sigma_m/\bar{\sigma}$:σ_m は引張静水圧成分,$\bar{\sigma}$ は σ_m の有効応力)が重要となる.これは Bridgeman の式から引張試験によって求められる[4,5].

$$\frac{\sigma_m}{\bar{\sigma}} = \frac{1}{3} + \ln\left(\frac{a}{2R}+1\right) \tag{1.4.1}$$

ここで,a はボイド成長が起こるときの引張試験片の最小半径,R は投影曲率

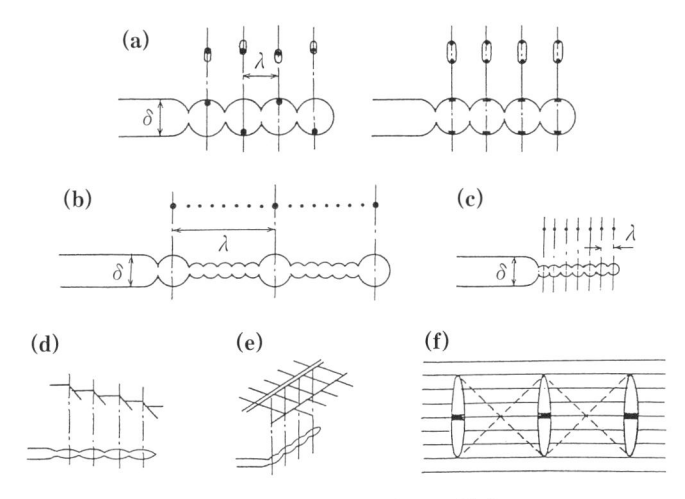

図 **1.4.1** ボイド形成の種々の様式[2,8].

半径である．

Rice と Tracey は鋼のボイド成長速度 R_V を応力三軸度との関係で次のように与えている[6]．

$$\frac{dR_V}{R_V} = 0.28 \, d\bar{\varepsilon}_P \exp\left(\frac{1.5\sigma_m}{\bar{\sigma}}\right) \qquad (1.4.2)$$

ここで，$\bar{\varepsilon}_P$ は有効塑性ひずみである．**図 1.4.2** は，7075 合金系でこの関係を調べた結果である[5]．Zr 添加量を変え，第 2 相粒子数を変化させている．ボイド成長速度は明らかに応力三軸度の上昇により速くなるが，係数 0.28 一定とはならないことがわかる．ボイドは生成核の存在とは関係なく，応力三軸度の上昇によって成長・伝播することを示している．

ボイドの合体については必ずしも明確にされておらず，かなり不安定的に急速に起こると考えられる．McClintock[7] は，隣接するボイドが成長して合体すると考えている．一方，より微小なボイドが合体を支援する場合もある（図

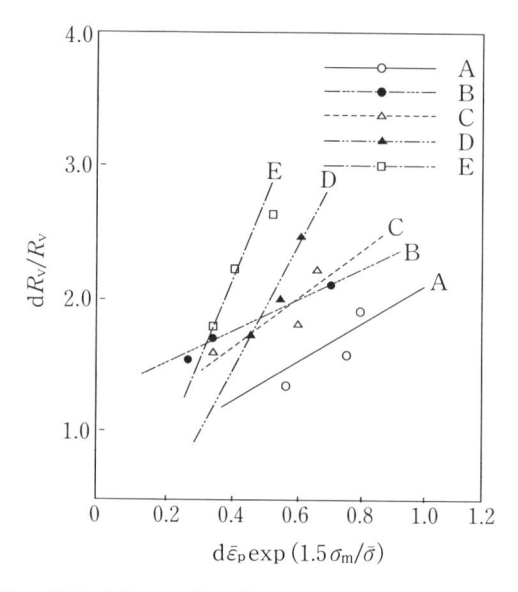

図 1.4.2 ボイドの成長速度と応力三軸度の関係．7075 系 Al 合金で，A→E に従って添加 Zr 量が増えている（Zr 量 A：<0.01 mass%，B：0.06%，C：0.08%，D：0.16%，E：0.30%）．

1.4.1(b))．また以前より，局部ひずみの集中によるせん断が関与する場合（ボイドシートの形成）も図1.4.1(f)のように考えられており，ボイドの深さがボイド間距離に等しくなったとき，ボイド頂点間がせん断によって連結するというモデルが考えられている[8]．

図 1.4.3 は，時効硬化型合金の変形モデルを示したものである[9]．時効性アルミニウム合金では，析出粒子（0.02～0.1 μm）は転位によって切断される．この場合粗大すべりを生じ，脆化する（A）．Bの場合は，PFZを形成し，粒界には粗大粒子が析出するので，粒界破壊が容易となる．後述するAl-Li合金では，このAおよびB型の破壊様式が見られる．特にAの場合には，マクロなせん断破壊にもつながりやすい．ある程度の大きさを持つ分散粒子が存在するCの場合には，転位の堆積が分散されるのでむしろ靭性は改善される．B型の場合，基地とPFZ（粒界近傍の無析出物帯）の強度を σ_M，$\bar{\sigma}_{PFZ}$ とすると，この差が大きいほどPFZでのひずみが集中して粒界破壊しやすくなると考えられている．しかし最も重要なのは，粗大粒子でのボイド生成とその後の粒界に沿うき裂成長である．

このようなボイド形成型破壊について，Garettら[10]は，主き裂先端でのひずみが限界値 ε_f^* に達したときに破壊が生じるとして次式を与えている．

$$K_{IC} \approx \left(2CE\varepsilon_f^* \cdot \sigma_y \frac{n^2}{1-\nu^2}\right)^{1/2} \quad (1.4.3)$$

ここで，Cは定数（＝1/40），σ_y は降伏応力，n は加工硬化指数，ν はポアソ

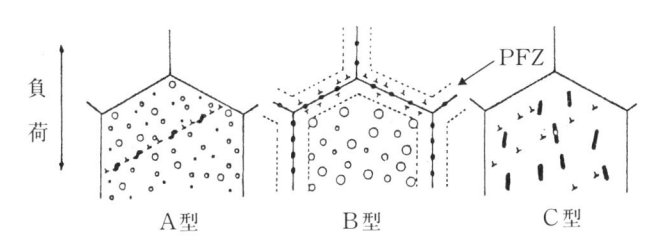

図 1.4.3 時効硬化型合金における変形と破壊のモデル．
A型：すべり帯での破壊，B型：PFZでの破壊，C型：介在物での割れによるボイド（ディンプル）型[9]．

ン比である.

一方,Ritchieら[11]はひずみ支配型破壊の場合に,主き裂先端のひずみが限界破壊ひずみ $\bar{\varepsilon}_f^*(\sigma_m/\bar{\sigma})$ をある特性距離 l_0^*(プロセスゾーン寸法のオーダ≒CTOD)に渡って越えていなければ破壊しないとしている.前述した7075合金E材(図1.4.2)についての3点曲げ試験で,主き裂先端よりの距離 x とCTOD$_{IC}$(δ_{IC})および局部的な有効塑性ひずみ $\bar{\varepsilon}_P$ の関係を調べた結果を,**図1.4.4**に示す.$\bar{\varepsilon}_P$ が $\bar{\varepsilon}_f^*(\sigma_m/\bar{\sigma})$ と交切する点(x_1)は,最初にボイドが生成する第2相粒子間距離 λ と対応しており,上述の理論を裏付ける結果となっている[5].

ボイドの幅と深さをそれぞれ w, h とすると,破面粗さは $M = h/w$,$\varepsilon_f^* = \ln(M^2/3f)/3$ および $J_{IC} = \sigma_0 \bar{\varepsilon}_f^* l_0^*$ と考えることができる(f:第2相体積率,σ_0:流動応力).これより,

$$J_{IC} \approx \frac{\sigma_0}{3} \cdot \ln\left(\frac{M^2}{3f}\right) \cdot l_0^* \tag{1.4.4}$$

一方,Hahnら[2]によれば,第2相粒子がプロセスゾーン内に包含されると

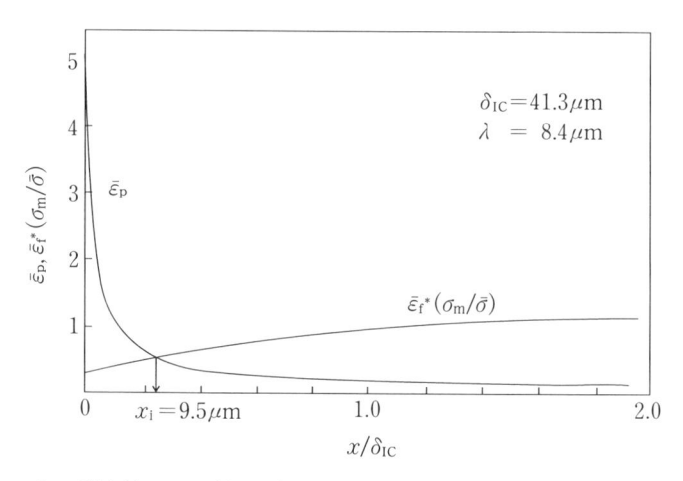

図 **1.4.4** 主き裂先端での塑性ひずみ($\bar{\varepsilon}_P$)と応力三軸度の関数としての限界破壊ひずみ($\bar{\varepsilon}_f^*(\sigma_m/\bar{\sigma})$)の分布.$x$ は主き裂端よりの距離,x_1 は最初のボイド発生位置を示す(7075系アルミ合金).

き破壊が起こると考えて，次式を与えている．

$$K_{\mathrm{IC}} \approx \left[2\sigma_y E\left(\frac{\pi}{6}\right)^{1/3} d\right]^{1/2} f^{-1/6} \qquad (1.4.5)$$

ここで，E はヤング率，d は第2相粒子径である．この式は実験値とよく一致することが報告されているが，K_{IC} が $d^{1/2}$ や $\sigma_y^{1/2}$ に比例して上昇することの矛盾を指摘する向きもある．ある限定された条件内で成立するものと考えておくべきと思われる．

1.4.1.2 低温特性

FCC（面心立方晶）型結晶構造を有するアルミニウム合金では，一般に低温脆性を示さないものとして，低温タンク類を始め各種の低温用途に利用されている．従来，低温構造用アルミニウム合金としては，5000系の Al-Mg 系合金 O 材（代表的なものとして 5083 合金）が主に使われており，溶接性，靱性に優れるといわれている．一方，Al-Zn-Mg 合金（JIS 7N01）は，強度的に優れているのみならず，溶接部が自然時効硬化性を有するため溶接部の劣化が

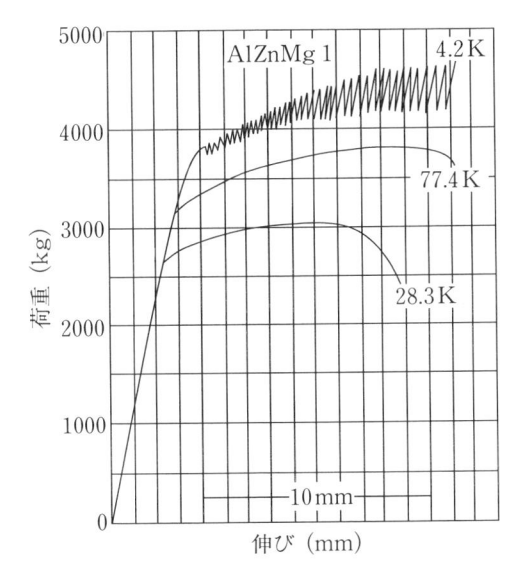

図 1.4.5 Al-Zn-Mg 合金の極低温下引張試験における荷重-伸び線図．

ないという大きな利点を有しており，車両用構造部材などに採用され軽量化に役立てられている．

図1.4.5には，Al-Zn-Mg合金の液体ヘリウム温度下での荷重-伸び線図を示した[12]．単に引張試験の結果から判断すれば，十分極低温下でも利用可能と考えられる．なお，図で見られる極低温下におけるジグザグ挙動は，塑性変形に伴う熱的変化が断熱的に生じることと関係がある．Al-Zn-Mg合金は，低温で使用された例もあり，またASME規格で低温用として承認されているにもかかわらず，溶接部の時効が進むほど，低温になるとシャルピー衝撃値が低下することがあるため，特に極低温での利用には疑点があるとされている．

いま，Al-Zn-Mg，Al-Mg合金溶接部の衝撃試験の例を**図1.4.6**に示すが，低温での靱性低下は顕著である[13]．この理由は，アルミ合金は一般に低温では粒界破壊傾向となるためで，定性的には**図1.4.7**に模式的に説明するように，すべり→粒界破壊型に遷移するのが原因と考えられる．母材自体も溶接部ほど

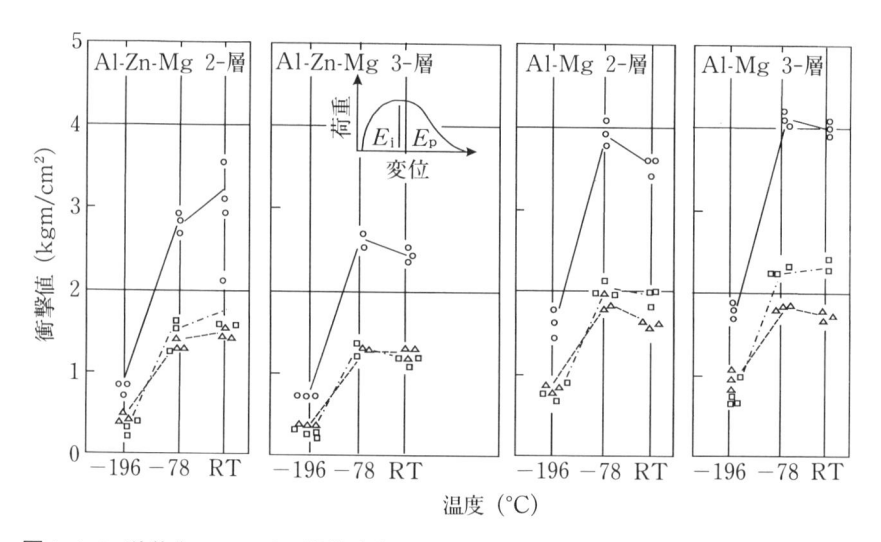

図1.4.6 計装化シャルピー衝撃試験による各種アルミニウム合金溶接部の低温衝撃破壊挙動．○：全吸収エネルギー，△：き裂発生エネルギー(E_i)，□：き裂伝播エネルギー(E_p)．

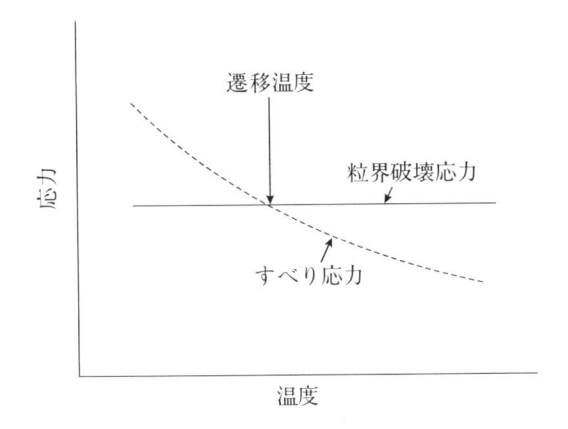

図 1.4.7 アルミニウム合金に見られた低温脆化機構説明図.

ではないが，低温で靭性が低下する．本来のアルミ合金の特性である，低温靭性に優れる高力型の合金の開発が望まれている．

1.4.2 展伸用アルミニウム合金における強度と破壊
1.4.2.1 高強度化の追究

図 1.4.8 は，従来の航空機に用いられてきた各アルミニウム合金の耐力と年代による変遷を示している[14]．ボーイング社の 777 型機に，Al-Li 系合金は採用されず，7055 合金（Zn 7.0〜8.4, Mg 1.8〜2.3, Cu 2.0〜2.6, Fe<0.15, Si<0.10, Zr 0.05〜0.25 各 mass%）を復元再時効（RRA）処理によって，強度と耐食性を改善した T77 材が主に用いられている．Zn が ESD（Extra Super Duralumin：超々ジュラルミン）並に多いが，T77 処理によって SCC（Stress Corrosion Cracking：応力腐食割れ）特性が改善されるので問題がないといわれる．Al-Li 系合金については 1.4.2.2 で述べる．

一方，長村らは P/M（粉末冶金）法によって，Al-Zn-Mg-Cu-Mn-Ag-Zr 合金で 919 MPa の引張強さを達成しているが，伸びは 0.6% と極めて低いレベルにある[15]．著者らは新しい電子論に基づく合金設計法によって，実用アル

ミニウム合金で高強度化を計る方法を検討している[16]. 従来のアルミニウム合金では超々ジュラルミンでもせいぜい550 MPa程度のレベルにあり, 前述の図1.4.8での7055合金でも650 MPaが限界になっている. コストや製造面での制約の少ない通常のインゴット (I/M) 法で, どこまで実用アルミニウム合金の強度向上が計れるかに挑戦しようとするものである.

森永ら[17]はDV-Xαクラスタ法により, 合金元素周りの局所的な電子状態をシミュレートしている. アルミニウムのようなS, P金属では, S軸道エネルギーレベルが最も適当なパラメータとなることを示し, Mkレベルと呼んでいる. Mkレベルは, 古典的な原子間の化学結合を示すパラメータである電気陰性度や原子半径と相関性がある. **表1.4.1**は, 各元素のアルミニウム中で

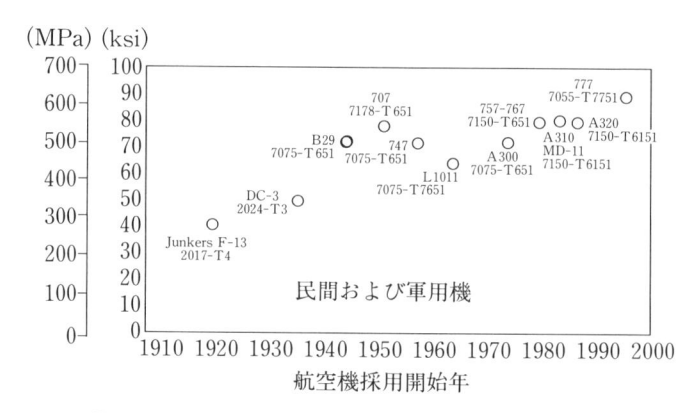

図1.4.8 航空機と使用上翼スキン材合金の変遷[14].

表1.4.1 アルミニウム中の各元素の Mk レベル.

元素	Mk (eV)	元素	Mk (eV)	元素	Mk (eV)
Li	5.096	Sc	5.200	Cu	4.037
Be	3.650	Ti	5.009	Zn	3.290
Na	5.036	V	4.782	Ca	3.013
Mg	4.136	Cr	4.601	Ge	2.614
Al	3.344	Mn	4.443	Zr	5.433
Si	2.680	Fe	4.328	Nb	5.227
K	6.196	Co	4.314	Mo	5.079
Ca	5.550	Ni	4.248		

の Mk レベルを示している.母金属(Al)と各元素間の Mk 値の差を総和した ΔMk と降伏強さとの関係を,図 1.4.9 に示す.各合金の強度レベルがこの図でよく整理されるのがわかる.

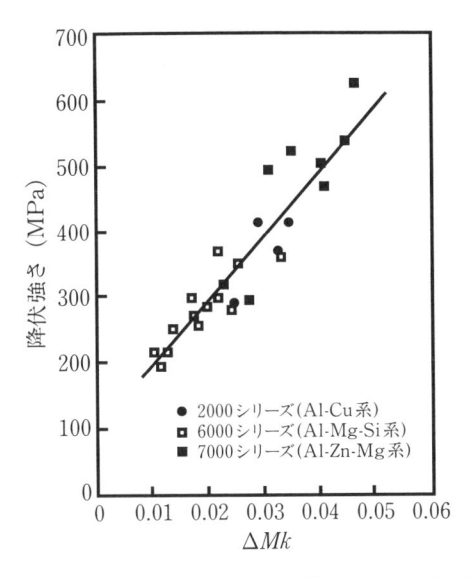

図 1.4.9 アルミニウム合金 T6 材の降伏強さと $\Delta \overline{Mk}$ の関係.

このような手法を用い,既存の高強度合金である Weldalite 2095,7475 合金,7055 合金をベースに設計し,試作試験した結果,最も有望と考えられたのは 7055 合金をベースにしたものであった.7055 合金をベースにして設計した合金で,引張強さ 710 MPa,伸び約 7%を T8(6%冷間圧延)状態で得ている[16].これはあくまでも通常の I/M(インゴット)法によっており,P/M(粉末冶金)法では 800 MPa,伸び 2% 位が可能なことも確認している.さらに詳細な検討を加えているが,非平衡第 2 相である介在物の存在等がキーポイントになっている.今後の発展を期待できるものと考えている.

さらに著者らは最近 Al–20%Nb 強加工線材で,1000 MPa を越える強度を達成することに成功している[18].界面に金属間化合物を生成させないように P/M 法を用い冷間で加工している.FCC 中の BCC 金属の変形は平面ひずみ状

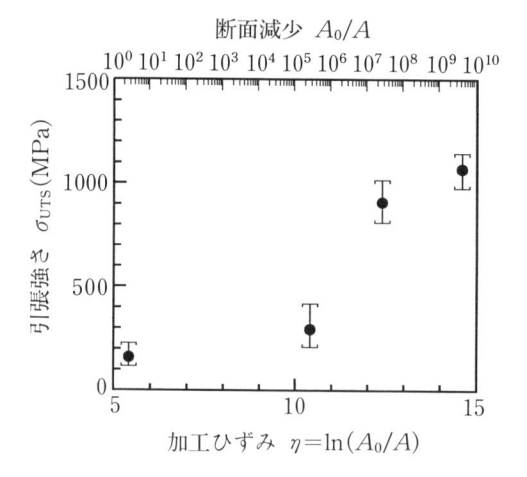

図 1.4.10　加工ひずみによる引張強さの変化（Al-20%Nb 線材）．

態となるため，加工ひずみ η（$=\ln(A_0/A)$，A_0 は原断面積，A は加工後の断面積）が 14.6 になると，図 1.4.10 に示すように 1000 MPa に達し，Nb 相は薄片状（厚さ 100 nm 以下）となり，しかも折りたたまれた形で分布する（間隔約 140 nm 以下）．このため転位の移動を有効に抑制し高強度が発現したものと考えられ，原理的にはより安価な Al-Fe や Al-Cr 系でも実現可能と思われ，さらに研究を進めている．

なお増本らは，ナノ結晶分散アモルファス合金で 1550 MPa を実現しているが，これについては後述する．

1.4.2.2　Al-Li 系合金

Li は比重 0.53 で金属元素中最も軽く，アルミニウム合金において 1 mass% の添加で重量が 3% 減少，剛性率が 6% 上昇する．このため，航空宇宙分野で軽量材料として注目されている．しかし，Li は活性であるため，通常のインゴット（I/M）法では鋳造性の問題等から 3% が添加限度となっている．

この合金系では，次のような析出過程によって時効硬化が起こる．

SS 固溶体→（GP ゾーン）→中間相 δ'（Al_3Li）→平衡相 δ（AlLi）

つまり GP ゾーンではなく，球状でマトリックスに整合な δ' 相（$L1_2$ 型規則構造）の析出が主に硬化に寄与する．しかしこの δ' 相は転位によって切断されやすく，転位の粒界への堆積を促進させやすい．つまり局所的なせん断変形が容易に起こりやすいのが特徴で，すべり面での分離や粒界破壊の可能性が大きい．さらにこの合金では水素ガスの吸収が起こりやすく，また Li 地金より混入する Na，K 等による液体脆化の問題もあるため，低靭性である点が大きな障害になっている[19]．

しかし，この合金は Ni 基超耐熱合金等で見られる強度の正の温度依存性を示すといわれ，高温強度に優れている．さらに低温下での靭性にも優れ，スペースシャトルの燃料タンクへの適用も行われている．**図 1.4.11** はこのような低温靭性向上の例を示している[19]．これは圧延による繊維状組織に起因する層状割れ（delamination）と関連しており，異方性の影響が大きいものと考えられる（**図 1.4.12** 参照）．このような外生的要因が低温靭性向上の主因とする Ritchie ら[25] の主張に対し，Morris, Jr. らは内生的要因により低温下では加工硬化率が上昇するためだとしている[21]．つまり低温下では局所粗大平面すべりから，より均一なすべり変形モードに変化するためだとしており，Welpmann ら[22] もこれを支持している．

ところで著者らは，2091 合金について HRR 応力特異場と Eshelby の介在物モデルを用いて，SEM 内その場観察の結果から介在物自体の強度を求めてい

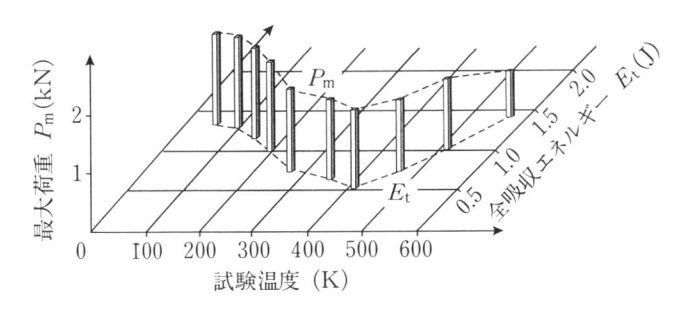

図 1.4.11 Al-Li-Cu-Mg-Zr 合金（T6）の計装化シャルピー衝撃試験における最大荷重（P_m）および全吸収エネルギー（E_t）の温度依存性．

84　1　序　説

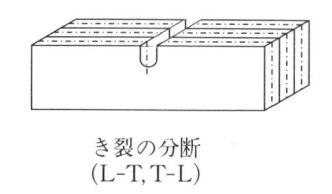

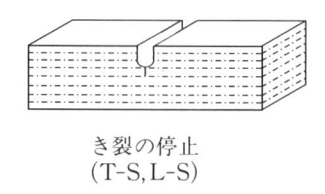

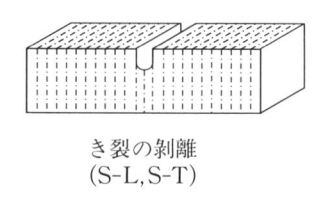

き裂の分断
(L-T, T-L)

き裂の停止
(T-S, L-S)

き裂の剥離
(S-L, S-T)

図 1.4.12　き裂伝播方向と圧延繊維組織による破壊形態の変化[25].

る．これによれば $CuAl_2$ や Al_2CuMg など鋳造時に形成されると考えられる粗大介在物（5〜8 μm）の強度は約 710 MPa 程度と考えられ，粒径の増大に伴い低下することを明らかにした（図 1.4.13）[23]．一方，粒界が剥離して層状割れを生成する応力レベルは，110 MPa 程度と極めて低レベルであることも明らかとなった（図 1.4.14）[24]．このため，層状割れが主き裂先端で容易に生成されることがわかった．外生的要因を支持する結果となっている．このような結果は Al-Li 合金に限らず，今後の合金開発等に大きな示唆を与えるものと思われる．

　一方，この合金の疲労特性は 2000 系，7000 系合金と比べても遜色がなく，むしろ優れていると考えられている．しかし異方性の影響が大きく，ST（板厚）方向に応力が負荷されたときはかなり劣る結果となり，き裂進展速度に 4

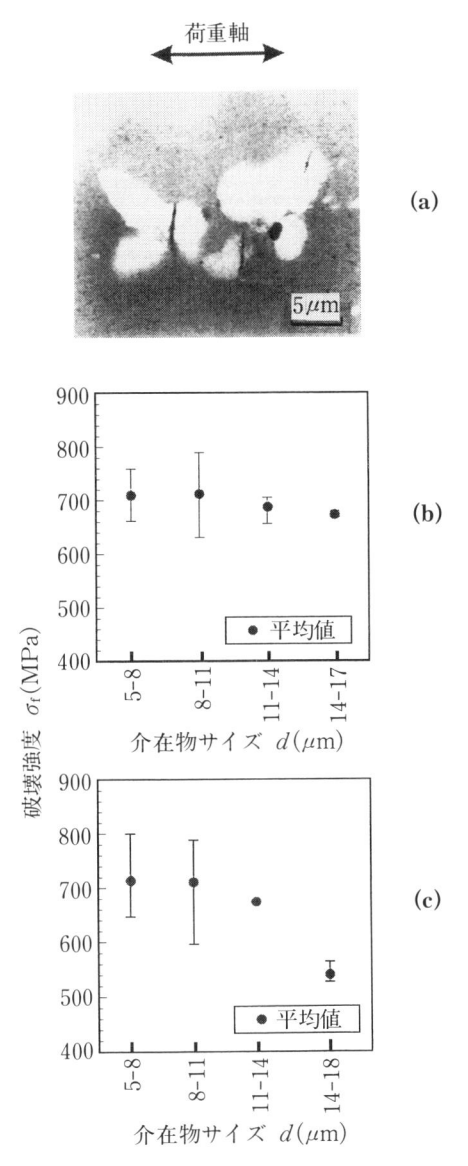

1.4 アルミニウム合金の強度と破壊　85

図 1.4.13　CuAl$_2$ および Al$_2$CuMg 粒子の予測強度の寸法依存性（2091 合金）．（a）主き裂先端で破断した介在物粒子の SEM 写真，（b）CuAl$_2$，（c）Al$_2$CuMg．

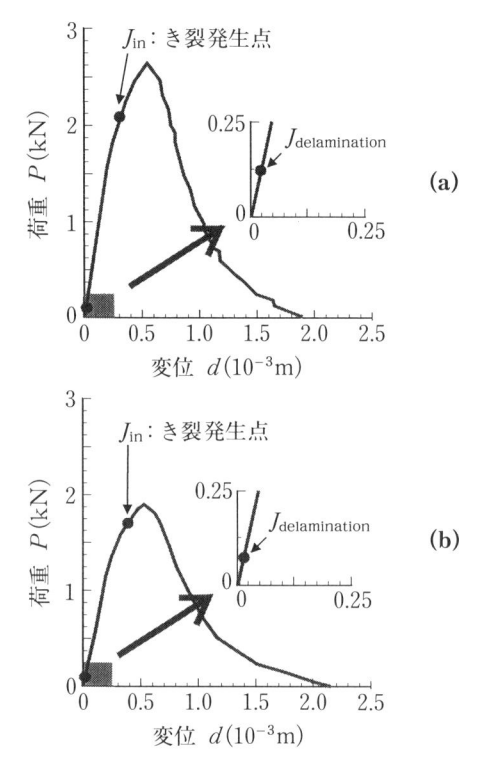

図 1.4.14 2091 合金の破壊靭性試験における荷重-変位曲線と層状剝離開始レベル ($J_{\text{delamination}}$).
(a)液体ヘリウム温度(Lq. He), (b)室温(R. T.).

桁におよぶ差が現れるといわれる[25]. 5 mm 以上の long crack の場合, これらは, き裂先端での緩和効果(き裂の分岐や屈曲, あるいは破面粗さによるき裂閉口等)と関連している.

1 mm 以上の short crack の場合, これらの緩和効果がないため, ΔK_{th} 以下でも long crack に比べ高速(1 から 3 桁以上)のき裂進展が起こるといわれ問題になっている. **図 1.4.15** はこのような結果を, 2090(Al-Li-Cu-Zr)合金について示している[25]. long と short crack の差は, ΔK_{eff} で整理するとなくなるといわれている.

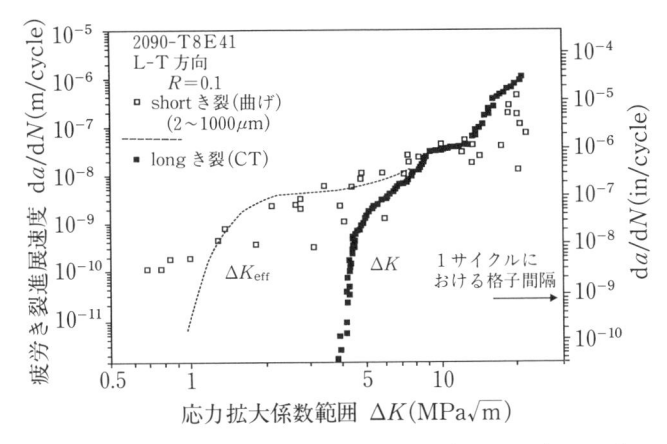

1.4 アルミニウム合金の強度と破壊　87

図 1.4.15　2090-T8E41 合金における long（>5 mm）および short（2〜1000 μm）き裂の進展速度と公称 ΔK および有効 ΔK_{eff} の関係[25]．

　この系の合金としては，最近マルチンマリエッタ社より溶接可能な高強度合金（Weldalite-049；Al-1%Li-5%Cu-5%Mg-0.5%Ag）が発表されている．700 MPa の強度が報告されており，注目されている．

1.4.2.3　その他の展伸合金

　Al-Mg-Si（A6061）合金はその優れた押出性もあって，広く用いられている．自動車用としても，Al-Mg 系合金よりも，リサイクルの統一を計る目的で，6000 系合金に焦点が絞られる可能性が大きい．この合金の溶体化後の冷却速度（PFZ 幅の変化が起こる）が，破壊靱性特性におよぼす影響を図 1.4.16 に示す．靱性（発生抵抗としての J_{Ic} と伝播抵抗としてのテアリングモジュラス T_{mat}）は，明らかに冷却速度の低下により劣化を示している．SEM 内その場観察によれば，粗大 Mg_2Si 粒子は主き裂先端数 100 μm の所で破断または剝離を示し，数 μm 径の場合の粒子強度は約 700 MPa 程度でしかない[26]．

　本合金の一層の強靱化や成形性の問題が，今後注目されるところである．

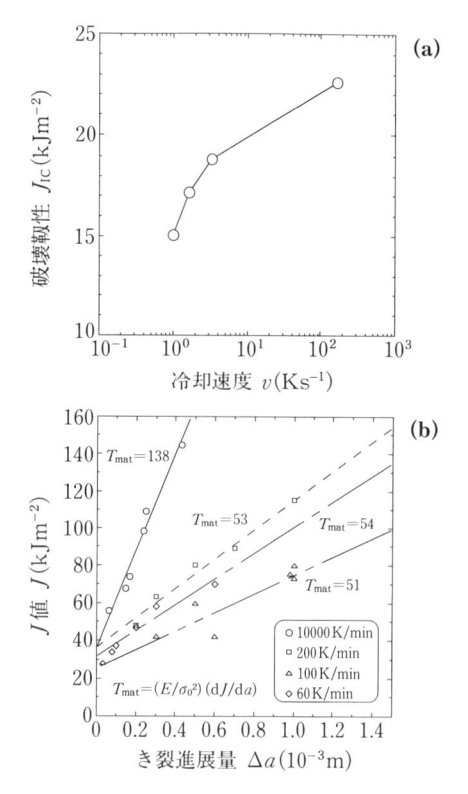

図 1.4.16 6061-T6 合金の溶体化時の冷却速度が破壊靱性パラメータにおよぼす影響．

1.4.2.4 急冷凝固と合金開発

　急冷凝固を利用してデンドライトを微細化し，鋳造組織，粉末性状を向上させる技術の進歩は，近年著しいものがある[27]．粉末冶金（P/M）法は，通常のI/M 法に比較して，（1）より多くの合金元素の添加が可能，（2）晶出物の均一・微細分散が可能，（3）他の粉末や短繊維との混合・分散が容易，等の特徴を有している．特に I/M 法に比べ優れた性能を得ることが可能なのである．この合金の強化機構は分散強化であると考えられ，古典的な Orowan の by-

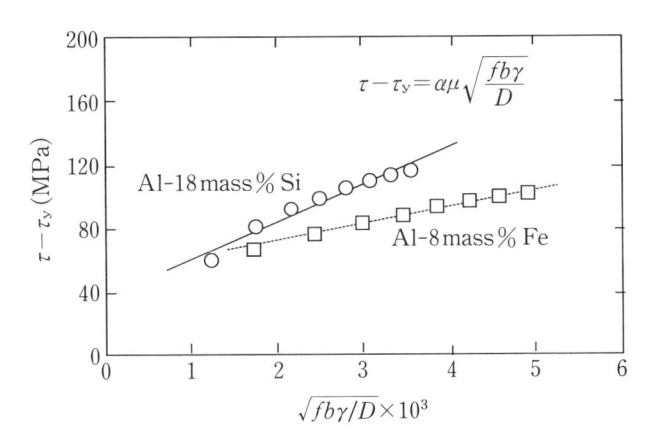

図 1.4.17　P/M 合金における高ひずみ域での加工硬化の理論式の検証.

pass 機構によって説明できると思われる．図 1.4.17 は高ひずみ域での加工硬化に対する解析結果であるが，Al-18%Si（空気アトマイズ法による），Al-8%Fe（He ガスアトマイズ法による）両合金について，Orowan ループによる応力集中と粒子近傍での塑性緩和を考慮した次式の成立が確認されている．

$$\tau = \tau_y + \alpha\mu\left(\frac{f \cdot b \cdot \gamma}{D}\right)^{1/2} \quad (1.4.6)$$

　　α：定数（0.2〜0.4），D：分散粒径，b：バーガースベクトル，f：
　　分散粒子体積率，μ：母相の剛性率，γ：塑性ひずみ

ここで，τ は γ における応力，τ_y はせん断降伏応力である．

図 1.4.18 は，予き裂付き計装化シャルピー試験で求めた各吸収エネルギー（E_i：公称き裂発生エネルギー，E_p：公称き裂伝播エネルギー）と，破壊靱性特性値（J_d，T_{mat}）を示している．Al-8%Fe 合金の優位性が認められるが（Al-18%Si で f は 19.0%，平均粒径 D は 0.90 μm；Al-8%Fe で $f=7.97\%$，$D=0.49$ μm），粒子の性状，体積率は異なっている．き裂経路は粒子サイズに大きく影響を受け，ある臨界サイズ以上の粒子になると，マトリックスから界面を通過する傾向となるのを認めている．

ところで，増本ら[28]は，軽合金に特殊な元素を添加し超急冷によってアモ

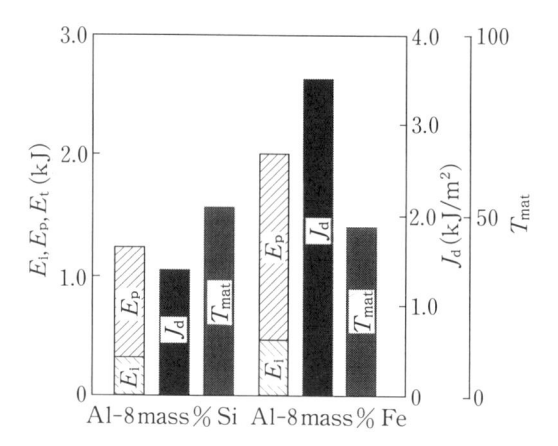

図 1.4.18 P/M 合金の予き裂付き計装化シャルピー試験における各吸収エネルギー値と破壊靭性特性値．

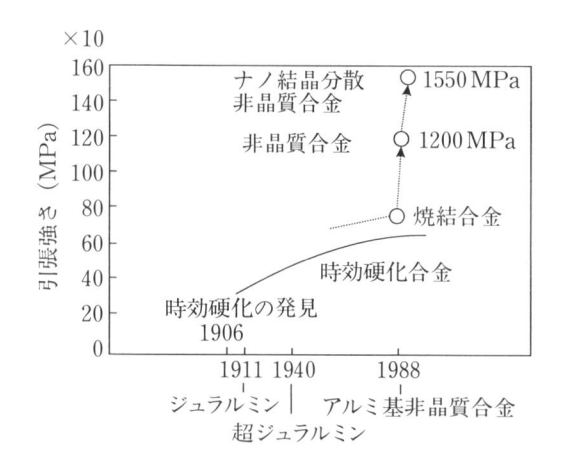

図 1.4.19 ジュラルミン以後のアルミ合金における高強度発現の歴史．

ルファス化することで，従来にない特性が得られることを多数報告している．**図 1.4.19** はその例で，アモルファス（非晶質）合金（$Al_{85}Ni_5Y_{10}$）で 1200 MPa，一部ナノ結晶が分散析出した合金（$Al_{88}Ni_{10}Y_2$）では，1550 MPa におよぶ強度が得られている．後者は超急冷後，焼なまし時に 2〜5 nm 径のナノ

結晶相が約 20%位，間隔 7 nm 位で析出することによるといわれている．アモルファス状態を実現する臨界の冷却速度が問題となるが，臨界冷却速度の小さい合金系もあり，$Zr_{65}Cu_{17.5}Ni_{10}Al_{7.5}$ 合金では $1.5ks^{-1}$ で可能といわれる．今後大いにその発展が期待できるものといえよう．

1.4.3　鋳造用アルミニウム合金における強度と破壊
1.4.3.1　アルミニウム合金鋳物のミクロ組織と機械的性質

　Al-Si 系鋳造合金は広く普及しているが，近年特に自動車工業での利用が増している．しかしこのような鋳造合金の機械的性質についてのデータは不足しており，早急な整備が必要と思われる．

　一般に鋳造合金では，凝固時にデンドライトを形成する．破壊は共晶 Si 粒子や介在物を起点にボイドを形成して延性的に破壊する[29]．強度と伸び，特に伸びは第 2 相粒子体積率の減少により大幅に改善される．実用の Al-Si 系合金の機械的性質は，共晶 Si の性状（寸法や形態）および共晶 Si 粒子間距離で大きく支配される．

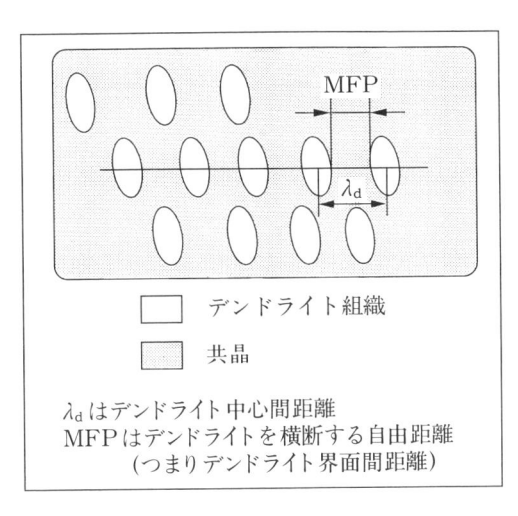

図 1.4.20　亜共晶アルミ合金鋳物でのミクロ組織上のパラメータの模式的説明．

一方,鋳造合金の機械的性質は,デンドライトアーム間隔やセルサイズに依存することもよく知られている。デンドライトセルサイズが減少すると,引張強さや伸びが上昇する。例えば,Al-0.5%Fe鋳造合金の靱性は結晶粒よりはデンドライトセルサイズによって支配され,これが微細化すると高靱性が得られることが知られている[30]。しかし最近の研究によれば,機械的性質は実質的には共晶部分の分散状態に支配されていると考えられている(これはデンドライトアーム間隔と相関してはいるが)。このため,組織上のパラメータ ϕ が提唱された(**図1.4.20**)[31]。動的破壊靱性とデンドライトアーム間隔($\lambda_d = \lambda_2$)の関係を図1.4.21(a)に示す。図1.4.21(b)は,組織パラメータ ϕ (MFP/λ_2) で整理したもので,この方がより明瞭な相関性を示している。実

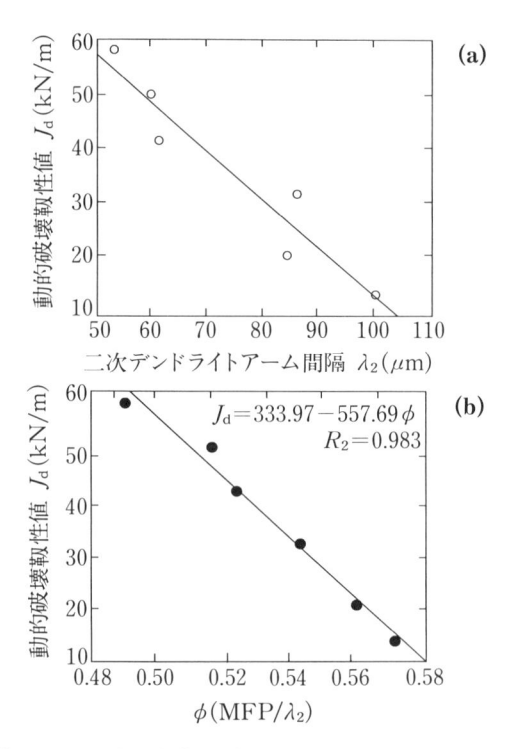

図1.4.21 高純度Al-8%Si合金鋳物の破壊靱性値と二次デンドライトアーム間隔(λ_2)および ϕ 因子との関係.

質的な破壊が，共晶部で主に起こる結果を反映したものと思われる．少なくとも亜共晶 Al-Si 合金の機械的性質については，このような視点からの解析が大切なものと考える．

過共晶 Al-Si 合金の初晶 Si の改良は，P 添加によってなされる．一般に靭性を改善するには，Si 粒子は微細化され，球状化される必要がある．従来亜共晶合金では，共晶 Si の改良に Na が用いられてきた．しかしこの Na にも色々な問題があり，近年では Sr や Sb も用いられている．AC4CH（Al-Si-Mg）-T6 合金の場合，Sr 処理で J_c や J_d 値が大幅に改善されること，一層の共晶 Si の微細化や粒子径の減少が計れることが報告されている[32]．

1.4.3.2 アルミニウム合金鋳物の破壊特性

アルミ鋳造合金で最もやっかいな不純物元素は Fe であり，これは主に Fe-Al 系の針状の金属間化合物を生成して破壊靭性を低下させる．例えばリサイクルによって Fe 含量は増えるので，機械的性質や破壊靭性の立場から極めて有害となる．Fe 含量が動的破壊靭性 J_d およびテアリングモジュラス（動的き裂進展抵抗）T_mat におよぼす影響を，Al-Si-Cu 系合金（AC2B-T6）の場合について，図 1.4.22 に示す．明らかに J_d や T_mat が低下を示している．しかし，著者らの研究によれば，Ca を添加することでその有害性がかなり改善される

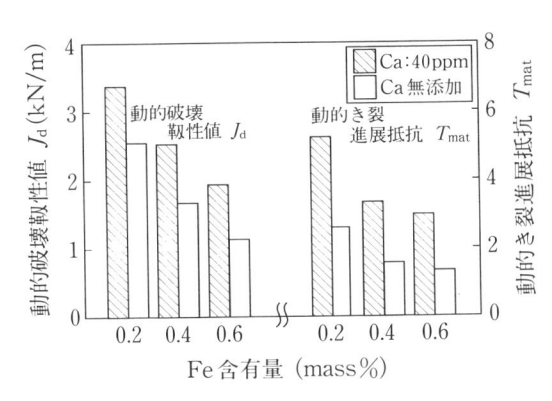

図 1.4.22 AC2B-T6 アルミニウム合金鋳物の動的破壊靭性値とき裂進展抵抗．

のを認めている[33]．良好な靱性を達成するには，共晶 Si，針状 Fe-Al，Fe-Al-Si 系の金属間化合物の形状に関する改良や熱処理が不可欠といえる．

さらに鋳物では，本質的に鋳造欠陥（収縮孔やガス気孔）を含むのが普通である．図 1.4.23 は故意にこのような欠陥を変化させて，J_{Ic} 値におよぼす影響を調べた例である．最大欠陥面積の対数と J_{Ic} の間に直線的な相関が認められている[32]．

一方，重要な疲労特性に関して，疲労き裂伝播速度 da/dN と応力拡大係数範囲 ΔK の関係を特別に溶製した Al-Si 系二元合金鋳物について図 1.4.24 に示す．Si の増加により ΔK_{th} は上昇するが，Al-20%Si 合金のき裂伝播速度が高 ΔK 域では一番速くなっている．これに溶体化を施すと，共晶 Si が粒状化し，ΔK_{th} の差は少なくなるが，高 ΔK 域での差はより明瞭となり，高 Si 材では高速伝播となる．一方，き裂閉口挙動を除いた有効応力拡大係数範囲 $\Delta K_{eff,th}$ は，Si 含量が増加すると，鋳造のまま材および溶体化まま材両者で向上を示すのを認めている．

一般にアルミニウム合金鋳物の疲労き裂伝播特性では，改良処理による組織

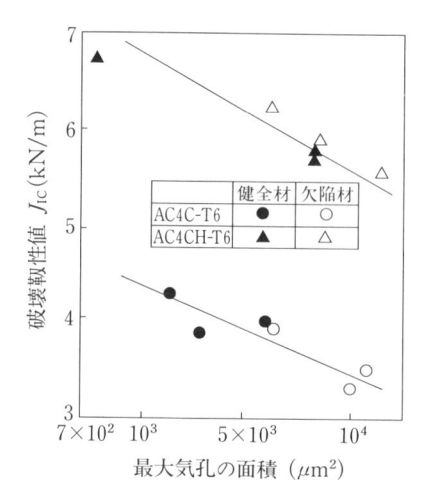

図 1.4.23　AC4C-T6 および AC4CH-T6 アルミニウム合金鋳物における破壊靱性値と最大気孔の面積との関係．

1.4 アルミニウム合金の強度と破壊　95

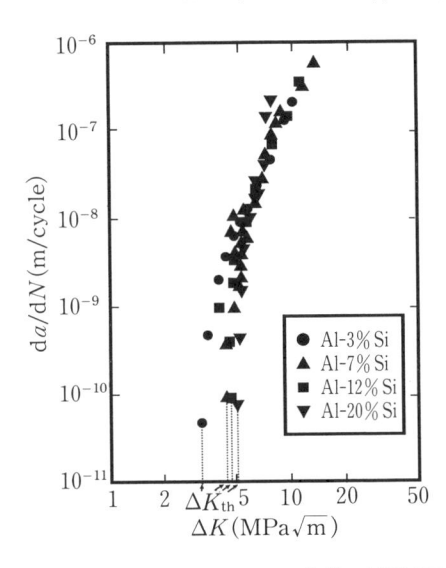

図 1.4.24　Al-Si 二元合金（鋳造のまま材）での疲労き裂進展速度（da/dN）と応力拡大係数範囲（ΔK）の関係．

微細化効果は，き裂進展経路が直線的になるため，微細化しない試料の破面粗さ誘起閉口効果と相殺して，差が顕著には現れないといわれる[34]．主に初期欠陥寸法により疲労寿命が左右される傾向があることに，注意を払う必要があるだろう．

参考文献

1) 小林俊郎：軽金属, **32**（1982）, 539.
2) G. T. Hahn and A. R. Rosenfield : Met. Trans., **6A**（1975）, 653.
3) K. H. Schwalbe : Eng. Frac. Mech., **9**（1977）, 795.
4) H. J. Kim, T. Kobayashi, M. Niinomi, T. Hagiwara and T. Sakamoto : Mat. Sci. Forum, Vol. **217-222**（1996）, 1499.
5) T. Kobayashi and M. Niinomi : MRS Int. Mtg. on Adv. Mat., **5**（1989）, 379.
6) J. R. Rice and D. M. Tracey : J. Mech. Phys. Solids, **17**（1969）, 201.
7) F. A. McClintock : J. Appl. Mech., **35**（1968）, 363.

8) L. M. Brown and J. D. Embury : Proc. 3rd Int. Conf. Strength of Metals and Alloys (1975, ISIJ, London), 161.
9) K. Welpmann, A. Gysler and G. Luetjering : Z. Metallk., **71** (1980), 7.
10) G. G. Garett and J. F. Knott : Met. Trans., **9A** (1978), 1187.
11) R. O. Ritchie and A. W. Thompson : Met. Trans., **16A** (1985), 233.
12) 安藤良夫：軽金属溶接, **87** (1970), 93.
13) 小林俊郎, 石田未重：軽金属, **22** (1972), 555.
14) F. H. Froes : Mat. Sci. Eng., **A184** (1994), 119.
15) K. Osamura et al. : Met. Trans., **26A** (1995), 1597.
16) 森永正彦, 小林俊郎他：未発表データ.
17) 二宮隆二, 湯川宏, 森永正彦：軽金属, **44** (1994), 171.
18) T. Kobayashi and H. Toda : Proc. ICAA7, Mat. Sci. Forum, Vol. **331**-**337** (2000), 1133.
19) 小林俊郎, 青木繁：材料, **39** (1990), 639.
20) K. T. Venkateswara Rao, W. Yu and R. O. Ritchie : Met. Trans., **20A** (1989), 485.
21) J. Glazer, S. L. Verzasconi, R. R. Sawtell and J. W. Morris, Jr. : Met. Trans., **18A** (1987), 1695.
22) K. Welpmann, Y. T. Lee and M. Peters : Mat. Sci. Eng., **A129** (1990), 21.
23) H. Toda, T. Kobayashi and A. Takahashi : Alum. Trans., **1** (1999), 109.
24) 高橋明宏, 小林俊郎, 戸田裕之：軽金属, **49** (1999), 249.
25) K. T. Venkateswara Rao, W. Yu and R. O. Ritchie : Met. Trans., **19A** (1988), 549, 563.
26) 小林俊郎, 戸田裕之, 星山中, 高橋明宏：軽金属, **51** (2001), 113.
27) G. J. Hildeman and M. J. Koczak : Aluminum Alloys-Contemporary Res. & Appl. (Academic Press, 1989), 323.
28) T. Masumoto : Mat. Sci. Eng., **A179/A180** (1994), 8.
29) T. Kobayashi : Proc. ICAA6, 1 (1998), 127.
30) 西成基, 小林俊郎, 野々山忠男：日本金属学会誌, **41** (1977), 319.
31) M. F. Hafiz and T. Kobayashi : Script. Met., **30** (1994), 475.
32) 軽金属協会：アルミニウム合金鋳物の鋳造欠陥と破壊靱性 (1992).
33) T. Kobayashi, H. J. Kim and M. Niinomi : Mat. Sci. Techn., **13** (1997), 472.
34) 小林俊郎, 伊藤利明, 金憲珠, 北岡山治：軽金属, **46** (1996), 437.

破壊の特徴と評価

2.1 静的破壊と破壊靱性

――東郷敬一郎――

2.1.1 破壊の様相

図2.1.1は，金属材料でできた丸棒試験片の単調引張負荷による公称応力-公称ひずみ関係と破壊の様子を模式的に示したものである．純金属のような軟らかい高延性材料の基本的な変形・破壊特性は応力-ひずみ曲線dで表される．まず線形の弾性変形に続いて塑性変形を示し，最大荷重点近傍で局部くびれが開始する．さらに変形を与えると，くびれの進行とともに徐々に応力は低下し，くびれ部の断面積が0になるとともに応力も0になり，試験片は分離する．このように変形のみで分離する破壊をチゼルポイント破壊と呼ぶ．ところが，実用的な材料では，合金化，熱処理等の種々の強化機構により降伏強さが

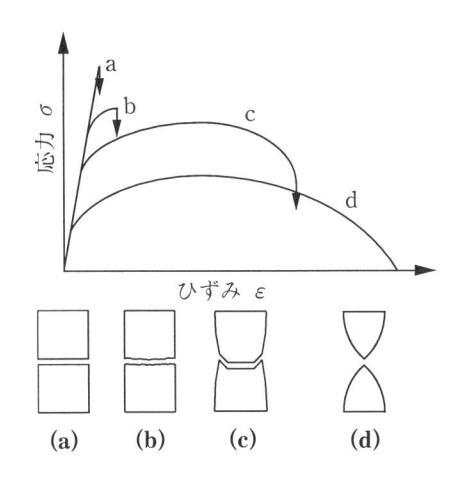

図2.1.1 単軸引張試験による応力-ひずみ関係と破壊形態の模式図．
（a）脆性破壊，（b）わずかな塑性変形の後の破壊，
（c）カップアンドコーン型破壊，（d）チゼルポイント破壊．

高くなり，図中の曲線 a，b，c で示すように高応力側の特性になるとともに，変形の途中で破断が生じ，破断伸びは低下する．

図中の曲線 a は弾性変形の途中で塑性変形することなしに破壊が起こる場合で，材料に加えられたエネルギーは弾性ひずみエネルギーとして試験片に蓄えられ，破面形成の表面エネルギーに費やされる．破面の形状は平坦で両破面をぴったり合わせると破壊前の形状にほぼ復元する．このような破壊を脆性破壊という．一方，図中の曲線 c は，大きく塑性変形し局部くびれの後に破壊する場合で，材料に加えられたエネルギーは，主として破壊前の塑性変形に費やされる．破断後の試験片は塑性変形しており，破面はカップアンドコーン型で両破面を合わせても元の試験片とは異なる形状となる．このような破壊を延性破壊という．金属材料においては，脆性破壊は結晶のへき開面に沿って割れるへき開破壊であり，延性破壊は介在物，第 2 相粒子から発生したミクロボイドの成長，合体型およびせん断すべり型の破壊である．カップアンドコーン型破面の中央部はミクロボイド合体型で，外周部はせん断すべり型の破壊が生じた結果である．図中の曲線 b は，弾性変形に続いてわずかな塑性変形の後に破壊する場合であり，これにはへき開破壊とミクロボイド合体型破壊の混在型，結晶粒界破壊，またミクロボイド合体型でも巨視的には脆性的な破壊となる場合などが含まれる．

構造物の破壊を考えたとき，延性破壊の進行には塑性仕事に対応するエネルギーの供給が必要であるため，延性破壊はエネルギー的に安定な破壊である．一方，脆性破壊は，構造物に蓄えられた弾性ひずみエネルギーにより進行し，一瞬に大規模な破壊に至るため，エネルギー的に不安定な破壊である．従って，機械・構造物を壊滅的な破壊に至らしめる脆性破壊をいかに防止するかということが極めて重要である．

2.1.2 脆 性 破 壊
2.1.2.1 完全脆性材料の理論へき開強度

図 2.1.2（a）に示すようにへき開面に垂直に引張応力が作用し，へき開面を

挟む原子間で破壊が起こるときの理論強度を求める．原子間力と原子間距離の関係は斥力と引力の和として与えられ，(b)に示すようになると推測される．この関係を正弦関数を用いて

$$\sigma = \sigma_{th} \sin\left(\frac{2\pi x}{\lambda}\right) = \sigma_{th} \sin\left(\frac{2\pi C_0}{\lambda}\varepsilon\right), \quad x = C - C_0, \quad \varepsilon = \frac{x}{C_0} \quad (2.1.1)$$

のように近似する．ここで，λ と σ_{th} は未知の材料定数であるが，σ_{th} は原子間力の最大値すなわち理論へき開強度である．また，ε はひずみである．$x=0$ における曲線の勾配は材料のヤング率 E に対応するので，

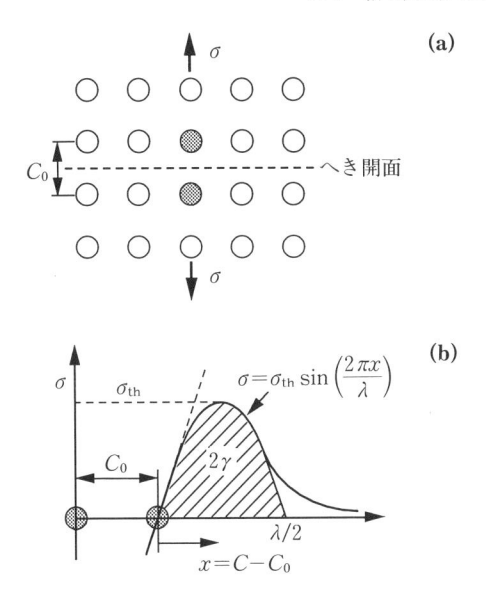

$$\left(\frac{d\sigma}{d\varepsilon}\right)_{x=0} = \sigma_{th}\frac{2\pi C_0}{\lambda} = E \quad (2.1.2)$$

が得られ，従って，理論強度は

$$\sigma_{th} = \frac{1}{2\pi}\frac{\lambda}{C_0}E \cong \frac{1}{2\pi}E \cong \frac{E}{10} \quad (2.1.3)$$

となる．なお，C_0 と λ は同程度であることを考慮している．次に，原子を引き離すのに使われたエネルギーは，破面すなわち新生面を形成するのに使われ

たとする．原子の分離に使われたエネルギーを図2.1.2(b)に斜線で示す面積により近似し，新生面を形成するのに必要な単位面積当たりのエネルギー，すなわち表面エネルギーをγとすると，

$$\int_0^{\lambda/2} \sigma_{\mathrm{th}} \sin\left(\frac{2\pi x}{\lambda}\right) dx = \frac{\lambda \sigma_{\mathrm{th}}}{\pi} = 2\gamma \tag{2.1.4}$$

が得られる．式(2.1.3)を用いてλを消去すると，理論強度は

$$\sigma_{\mathrm{th}} = \sqrt{\frac{E\gamma}{C_0}} \tag{2.1.5}$$

となり，理論強度と表面エネルギーの関係を与えた式が得られる．式(2.1.3)で予測される理論強度は，ヤング率が鉄（Fe）に対して196 GPa，銅（Cu）に対して110 GPa，アルミニウム（Al）に対して62 GPaということを考えると，実際の強度よりも極めて高い値を与えることがわかる．この理論強度と実強度の食い違いは，金属材料に対しては，理論強度よりはるかに低い応力下で起こる塑性変形により説明できるが，完全脆性材料に対しては，次に示すグリフィスき裂の存在により説明される．

2.1.2.2 グリフィスき裂

図2.1.3に示すような，塑性変形することなしに破壊する完全脆性材料の無限平板がき裂を有し，無限遠方で一様引張応力を受ける場合を考える．この

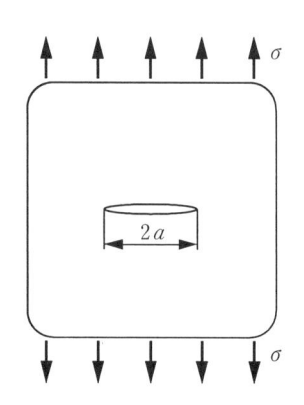

図2.1.3 無限平板中のき裂．

とき,き裂先端近傍は応力集中により高い応力状態となり,破壊はき裂先端から生ずる.Griffith は,このき裂が進展して平板を破壊するための条件として「き裂の進展に伴い,この系全体の全エネルギーが低下すること」というエネルギー条件を考えた.

一様引張応力 σ を受けている平板にき裂長さ $2a$ のき裂を導入したときの系全体の全エネルギー E_T は,平板の弾性ひずみエネルギーの増加量 W,外力の仕事 U,き裂面の表面エネルギー E_S を用いて次式で与えられる.

$$E_T = W - U + E_S = \Pi + E_S \tag{2.1.6}$$

$\Pi = W - U$ は,力学的ポテンシャルエネルギーである.単位厚さ当たりのこれらの量を,平面ひずみ状態の弾性理論に基づいて評価すると,$W = (1-\nu^2)\pi a^2 \sigma^2/E$ および $U = 2(1-\nu^2)\pi a^2 \sigma^2/E$ である.また,き裂の表面エネルギーは,単位面積当たりの表面エネルギーを γ とすると,$E_S = 4a\gamma$ となる.従って,系の全エネルギーは,

$$E_T = 4a\gamma - \frac{(1-\nu^2)\pi a^2 \sigma^2}{E} \tag{2.1.7}$$

で記述される.**図 2.1.4** は一定応力下でのこれらのエネルギーおよびエネルギー変化率とき裂長さの関係を模式的に示したものである.力学的ポテンシャルエネルギーの変化率は $\partial \Pi/\partial a = -2(1-\nu^2)\pi a \sigma^2/E$ であり,き裂進展とともにこの割合で全エネルギーを低下させることから,き裂を進展させる力と見なすことができる.一方,表面エネルギーの変化率は $\partial E_S/\partial a = 4\gamma$ であり,この割合で全エネルギーを増加させることから,き裂を止める力すなわち材料の抵抗力と見なすことができる.き裂が小さいときは表面エネルギーの増加率がポテンシャルエネルギーの減少率より大きいため,全エネルギーはき裂進展に対して増加し,この応力下ではき裂は進展できないことになる.一方,き裂が大きいときは表面エネルギーの増加率よりもポテンシャルエネルギーの減少率が大きいため全エネルギーは減少し,き裂は進展することになる.すなわち,き裂が進展するための条件は,表面エネルギーの増加率とポテンシャルエネルギーの減少率が釣合うところ,全エネルギーが極大値をとるところということになる.従って,エネルギー条件より導出される破壊応力は,$\partial E_T/\partial a = 0$ より,

104   2 破壊の特徴と評価

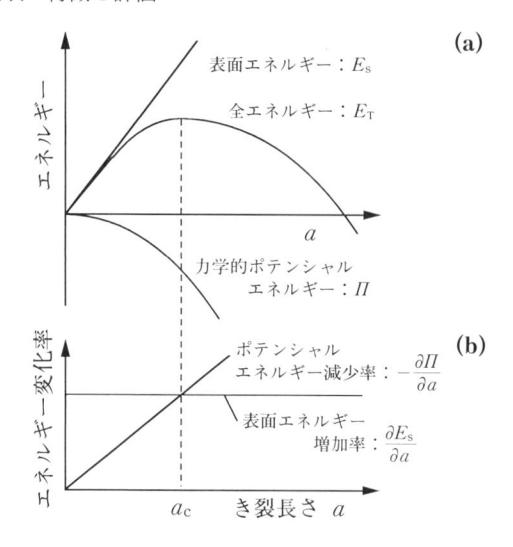

図 2.1.4 き裂進展に伴うエネルギーとエネルギー変化率.

$$\sigma_E = \sqrt{\frac{2E\gamma}{(1-\nu^2)\pi a}} \quad \text{あるいは} \quad \sigma_E\sqrt{\pi a} = \sqrt{\frac{2E\gamma}{1-\nu^2}} \qquad (2.1.8)$$

となる.

　完全脆性材料中にき裂状欠陥がある場合は，作用応力が以上のエネルギー条件を満足したときに材料の破壊が生ずることになる．式(2.1.8)よりわかるように，この破壊応力はき裂状欠陥の寸法に強く依存し，微小な欠陥の存在により，破壊応力はかなり低下する．実際の材料は無欠陥ということはなく，何らかの微小な欠陥を有していることを考えると，実験で得られる脆性材料の破壊強度は式(2.1.8)により予測される応力に対応し，式(2.1.5)で与えられる理論強度との食い違いを説明できる．式(2.1.8)の第2式の左辺が応力拡大係数 K_I に対応しており，この概念が破壊力学の基礎となるわけである．

2.1.2.3　金属材料の脆性破壊

　金属材料の脆性破壊は，基本的には，結晶のへき開面に沿って割れるへき開破壊である．へき開破壊は α-Fe, Cr, Mo, W 等の体心立方晶（BCC）の金

2.1 静的破壊と破壊靭性　105

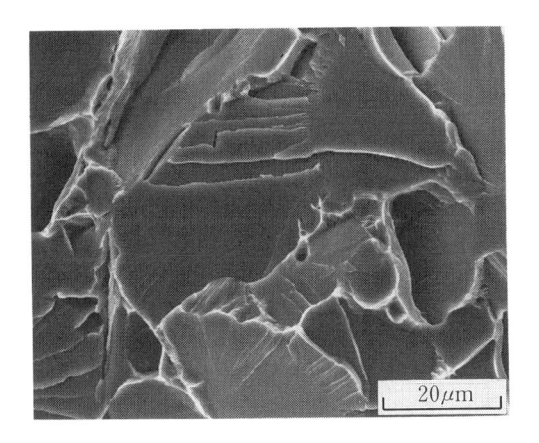

図2.1.5　低炭素鋼のへき開破面.

属，またZn，Mg，α-Ti等の稠密六方晶（HCP）の金属で現れる．図2.1.5は，低炭素鋼の脆性破面を走査電子顕微鏡で観察した結果である．破面は各結晶のへき開面で割れた平坦な面からなっており，その平坦な面上にはへき開面の飛び移りによりできる段が川状の模様として見られる．この川の模様はリバー・パターンと呼ばれ，へき開破面の特徴のひとつである．

　へき開破壊が生ずるためには，へき開き裂の核となる微小き裂の生成，へき開き裂への成長，そして，へき開き裂がグリフィスの条件を満たすことにより不安定破壊を起こすことが必要である．鋼材のへき開き裂の核生成のモデルとして，Cottrellのモデル[1]，Strohのモデル[2]およびSmithのモデル[3]があるが，いずれのモデルも転位のパイル・アップ（集積）を必要としており，すなわち，脆性破壊の前に局部的な微小な塑性変形を仮定している．

2.1.3　延 性 破 壊
2.1.3.1　延性破壊の機構

　面心立方晶（FCC）金属，あるいは体心立方晶（BCC）金属でも温度が高く降伏強さが低下し容易にすべり変形できる状況下では延性破壊を示すが，延

106   2　破壊の特徴と評価

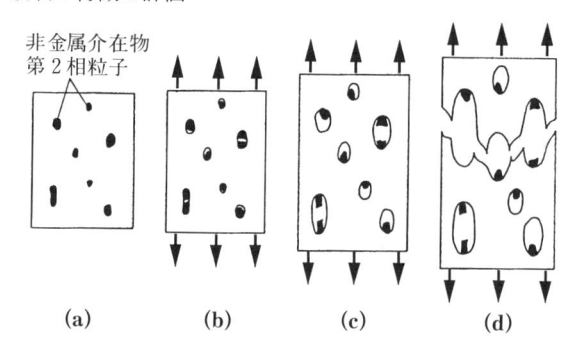

図 2.1.6　延性破壊の機構．
　　　　（a）初期状態，（b）ボイドの発生，（c）ボイドの成長，（d）ボイドの合体
　　　　による最終破壊．

性破壊では，結晶粒内のへき開面ではなく，材料中の介在物，第2相粒子等が重要な役割を演ずるようになる．**図 2.1.6** は，延性破壊の機構を模式的に示したものである．材料は変形しやすい金属マトリックス中に変形しにくい，割れやすい介在物，第2相粒子が分散した状態と見なすことができ，このような材料が負荷を受けると，介在物，第2相粒子の割れ，あるいは界面の剥離により，微小空洞（ミクロボイド）が発生する．さらに負荷を与えると，ボイドの数が増加するとともに成長し，ついにはボイドの合体により破断に至る．これをミクロボイド合体型の延性破壊という．延性破壊における破面は多数のくぼみで覆われており，くぼみの底にはボイド生成の核となった介在物，第2相粒子等が残っている．このような破面はディンプル破面と呼ばれ，金属材料の典型的な延性破面のひとつである．

　図 2.1.7 は，ミクロボイド合体型の延性破壊をさらに応力状態により分類したものである．図（a）は高い三軸引張応力下で破壊が起こる場合で，ボイドは球状に成長し，主引張応力に垂直な面に破面が形成される．その破面は円形の等軸ディンプルにより形成される．これを引張型破壊という．図（b）は低い三軸応力下あるいはせん断応力下での破壊の様子で，ボイドは主応力方向に細長く変形・成長し，せん断応力がほぼ最大となる面に沿って合体し破面が形成される．その破面は上下破面で非対称な楕円形の伸長ディンプルとなる．さら

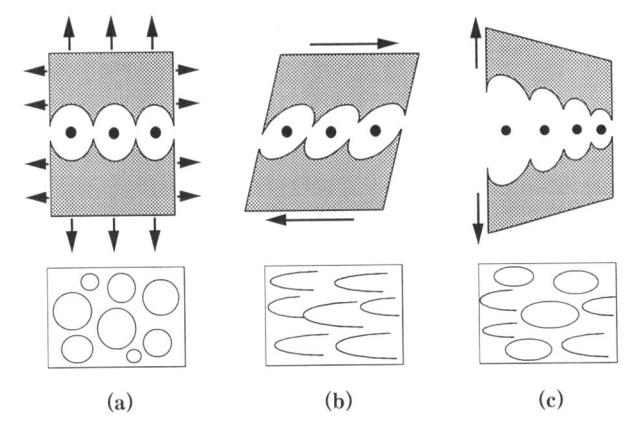

図 2.1.7 ミクロボイド合体型の破壊形態と破面形態におよぼす応力状態の影響．
(a)高三軸応力状態，(b)低三軸応力状態（せん断応力状態），(c)引裂き応力状態．

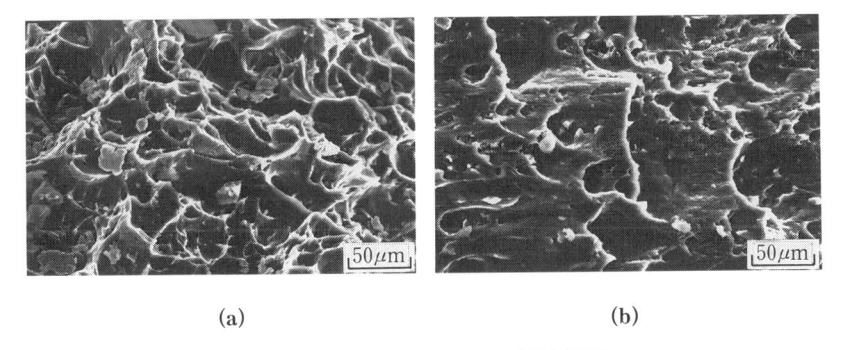

図 2.1.8 アルミニウム合金 6061-T 651 の延性破面．
(a)モード I 負荷での破面，(b)モード II 負荷での破面．

に，低い三軸応力状態下では，ボイド発生の痕跡すなわちディンプルが明瞭でなくなり，破面はすべり条痕で覆われた破面となる．このような延性破壊はせん断すべり型の破壊と呼ばれる．図(c)は引裂き型の破壊で，引張応力に勾配があり引張応力の高い方から合体が進行してくる場合である．この場合は，ボイドはほぼ球状に成長するが，合体過程での変形により，上下破面で対称な伸長ディンプルとなる．図 2.1.8 は，アルミニウム合金 6061-T 651 の延性破面

の走査電子顕微鏡写真である．図2.1.8(a)は，モードI（き裂開口，引張）型の破壊靱性試験により高三軸応力下で得られた破面で等軸ディンプルで覆われている．また，図2.1.8(b)は，モードII（面内せん断）型の破壊靱性試験によりせん断応力下で得られた破面で伸長ディンプルで覆われている．引張型の破壊とせん断型の破壊は一見異なる破壊形態であるように見えるが，基本的には図2.1.6に示す延性破壊の機構で，三軸応力状態の両極で起こったものであるととらえることができる．

 図2.1.9はボイド生成の核となる介在物，第2相粒子が少ない場合，多い場合，および大きさの異なる粒子が分散している場合について，その破面形成過程を示したものである．図(a)の粒子が少ない場合は，発生したボイドが合体するためには大きく成長する必要があり，破面上のディンプルは大きく深くなる．一方，図(b)の粒子が多い場合は多くのボイドが発生し，わずかな成長で合体することになり，破面は小さな多くのディンプルで覆われる．粒子が強化粒子として働いている場合は，非常に低延性となることがあり，粒子分散形複合材料によく観察される．この場合の応力-ひずみ関係は，図2.1.1の曲線bのようになり，微視的な破壊機構はボイド合体型であるが，巨視的には脆性的な破壊を示す例である．図(c)の大きな粒子と小さな粒子が分散している場

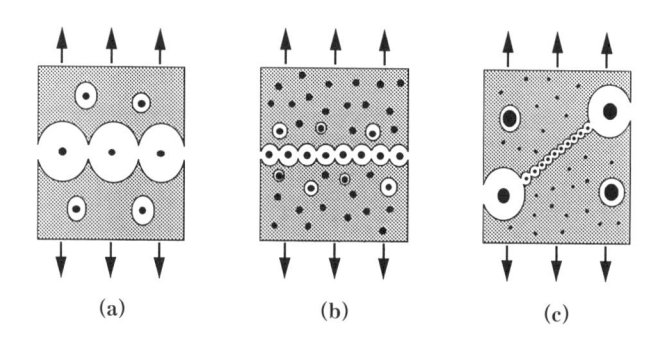

図2.1.9　ミクロボイド合体型の破面形成におよぼす分散粒子の量と分散状態の影響．
　　　　（a）分散粒子が少ない場合，（b）分散粒子が多い場合，（c）大きさの異なる粒子が分散している場合．

合は，まず，大きな粒子からボイドが発生，成長する．さらに変形が進むと，大きなボイド間を連結するせん断帯上に小さな粒子から発生したボイドのシートが形成され合体にいたる．破面上には，大きなディンプルと多くの小さなディンプルが観察される．この場合，大きなボイドの成長はボイドシートの形成により打ち切られるので，比較的低延性となる．

以上示したように，延性破壊はボイドの発生，成長，合体により起こるが，それぞれの現象に対して，多くの理論的研究が行われている．ボイド発生に関しては，Gurland and Plateau[4]，Broek[5]，Argon[6] らにより，ボイド成長に関しては，McClintock[7]，Rice and Tracey[8] らにより，ボイドの合体に関しては，McClintock[7]，Thomason[9] らにより行われている．また，ボイドの発生した材料を多孔質材料としてとらえ，材料の状態をボイド体積率により表現し，延性破壊過程のボイドの発生，成長，合体をボイド体積率の増加により記述した連続体損傷力学的な手法が Gurson[10]，Tvergaard and Needleman[11]，Otsuka and Tohgo[12] らにより行われている．**図 2.1.10** は，溶接構造用鋼の延性き裂発生条件を相当塑性ひずみと応力三軸度の関係で示したものである．実験は，円周切欠を有する丸棒試験片の引張により行い，き裂発生部の切欠部断

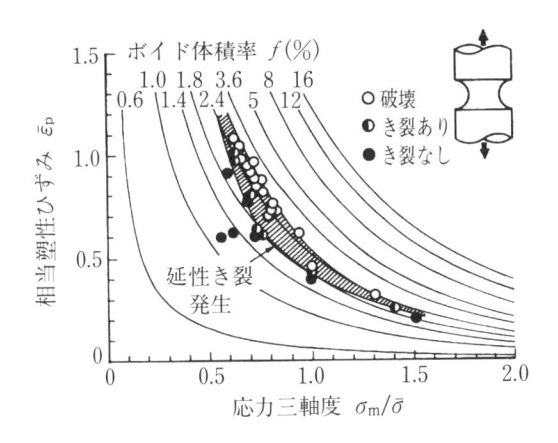

図 2.1.10 構造用鋼の延性き裂発生条件と限界ボイド体積率（σ_m：静水圧応力，$\bar{\sigma}$：相当（有効）応力）．

面中央の応力状態（応力三軸度）は，切欠深さ，切欠底半径を変えることにより，変化させている．図2.1.10より，き裂発生ひずみは三軸応力度が高くなるほど小さくなることがわかる．また，図には，多孔質材料のGursonの降伏関数を用いた構成式に基づいて解析を行い，等ボイド体積率を表す線を併記している．図より，き裂発生条件はボイド体積率2.4%の線に一致しており，き裂発生条件はある限界のボイド体積率により記述できる可能性を示している．

2.1.3.2 グリフィスき裂の延性材料への拡張

2.1.2.2項で，完全脆性材料中にき裂状欠陥が存在するときの破壊条件として，グリフィスの破壊条件を説明した．では，き裂状欠陥が延性材料，例えば金属材料中に存在し，破壊がその欠陥を起点に起こる場合はどのようになるのであろうか．き裂先端では，高い応力状態のため塑性変形が生じ，き裂はミクロボイド合体型の破壊機構で進展することが予想される．そこで，Orowan，Irwinは，グリフィスの破壊条件を以下のように修正した．すなわち，延性材料におけるき裂進展は新生面の形成に加えてき裂周りの塑性変形を伴うことから，式(2.1.8)中のγを，形式的に，表面エネルギーγと単位面積のき裂進展当たりの塑性仕事γ_pの和

$$\gamma = \gamma + \gamma_p \cong \gamma_p \tag{2.1.9}$$

により置き換えることにより適用できるとした．$\gamma_p = (10 \sim 10^3)\gamma$であり，大胆な置き換えであるが，これにより完全脆性材料の破壊条件の概念が延性材料にも適用できるように拡張され，破壊力学の基礎が築かれたのである．これをGriffith-Orowan-Irwinの条件という．

2.1.3.3 アルミニウム合金の破壊

FCC金属のアルミニウム合金においては，BCC金属に見られるようなへき開破壊および温度変化に伴う脆性-延性遷移現象はなく，基本的に，ミクロボイド合体型の延性破壊である．しかし，その延性破壊の形態には，微視組織，強化機構に依存した種々の特徴があり，その詳細は，本書の1.4章「アルミニウム合金の強度と破壊」で述べてある．

工業用アルミニウム合金においては，寸法 1～20 μm 程度の非金属介在物 (inclusion) と寸法 0.05～1 μm 程度の中間介在物 (dispersoid) は，熱処理型合金，非熱処理型合金の両方に存在するが，寸法 0.01～0.5 μm 程度の析出粒子 (precipitates) は，基本的には熱処理型合金に存在することになる．ボイドは，寸法の大きい，界面強度の低い，割れやすい非金属介在物，中間介在物から発生するので，両種の合金ともボイド合体型の破壊を示し，ディンプル破面となる．熱処理型合金と非熱処理型合金の大きな違いは，熱処理合金では，析出強化により降伏強さが上昇しているため，大きな塑性変形をする前にボイドが発生し，低延性になりやすいということである．熱処理型合金の破壊でもうひとつ注目すべき点は，完全時効，過時効材で結晶粒界近傍に析出物のない領域 (PFZ) が形成されている場合である．PFZ は析出物が存在する領域に比べて軟らかいので，き裂経路となりやすく，破壊形態は粒界破壊となる．粒界上に析出粒子が析出している場合は，粒界上にボイドが発生しやすくなり，一層，粒界破壊は起こりやすく，巨視的破壊形態は脆性的になる．

2.1.4 破壊靱性

　以上，金属材料の破壊様式を脆性破壊と延性破壊という観点から述べてきたが，材料の静的破壊強度を規定するもうひとつの概念として破壊靱性がある．破壊靱性は，き裂あるいは欠陥を有する部材の静的破壊強度を応力拡大係数 K，エネルギー解放率 G，J 積分 J 等の破壊力学パラメータを用いて表現した材料特性値である．破壊靱性値は，構造物の設計，健全性評価においては，最終静的破壊を規定し，また，材料開発，材料評価においては，単軸引張試験により得られる引張強さ，破断延性等の平滑材の強度特性とともに，き裂材の強度特性を表すもので，重要なパラメータとなっている．

2.1.4.1 破壊靱性値の概念

　破壊靱性は，同一材料でできた 2 つのき裂材において，き裂先端近傍の特異応力場を代表するパラメータ（応力拡大係数，J 積分など）が同じならば，2

つのき裂材のき裂先端で起こる破壊現象は同じであろうという破壊力学の概念に根拠を置いている．き裂材に静的単調負荷を与えて破壊したときの K 値あるいは J 値が破壊靱性値ということになるが，実際にはそれほど単純ではなく，そのようにして得られた値は，一般には，初期き裂および試験片寸法の影響を受ける．従って，材料特性値としての破壊靱性値を得るためには種々の制約があり，その破壊靱性値を得るための試験法の詳細な手続きを規定したものが破壊靱性試験法である．き裂材の破壊靱性値が試験片寸法の影響を受ける要因として，

（1） 実際の試験片内に特異応力場がどの程度実現されているか，
（2） 破壊形態が試験片寸法にいかに依存するか，

ということが挙げられる．

2.1.4.2　破壊力学パラメータの適用範囲

応力拡大係数はき裂先端近傍の弾性特異応力場（K 特異場）を，J 積分は塑性域内の特異応力場（HRR 特異場）を代表するパラメータである．弾塑性体の有限平板中のき裂を考えたとき，図 2.1.11 に示すように，き裂先端近傍には塑性域が発達し，塑性域は弾性域に包まれており，塑性域の中のき裂先端には強変形域あるいは損傷域（プロセスゾーン）が形成される．もし，塑性域が試験片寸法に比べて十分に小さい場合（小規模降伏）は，K 特異場が存在し，応力拡大係数が適用可能となる．また，塑性域が大きく発達しており損傷

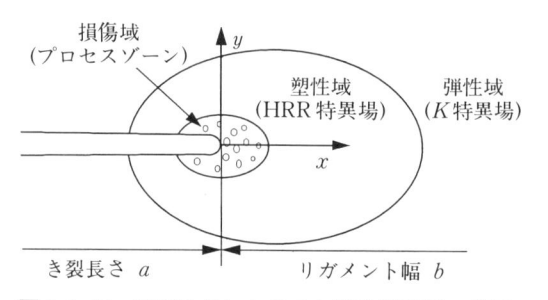

図 2.1.11　弾塑性体におけるき裂先端近傍の様子．

域が小さい場合（大規模降伏小規模損傷）は，塑性域内に HRR 特異場が存在し，J 積分が有効となる．この応力拡大係数および J 積分の適用可能性に対して寸法条件が存在することになる．

2.1.4.3 破壊形態の寸法依存性

金属材料のき裂材における単調増加荷重下での一般的な破壊挙動を考えてみよう．図 2.1.12 に示すように，縦軸にエネルギー解放率 G，横軸にき裂進展量 Δa あるいはき裂長さ a を取ると，き裂材の破壊に対する抵抗は，図中の太い実線で示されるようなき裂先端鈍化直線と安定き裂成長抵抗曲線からなる．き裂先端鈍化直線はき裂発生前のき裂鈍化によるき裂進展を表し，安定き裂成長抵抗曲線は延性引裂き型の安定き裂発生・成長に対応し，R 曲線とも呼ばれる．また，エネルギー解放率とき裂長さの関係でみると，$G \propto \sigma^2 a$ の関係にあるから，一定荷重（$\sigma=$ 一定）の条件はき裂長さを取ったときの原点 O′ を通る細い直線で表され，荷重の増加とともに直線の勾配が大きくなる．G をき裂先端に外力として与えられるき裂進展駆動力，G_R をき裂材の持つき裂進展抵抗力（R 曲線）として，延性引裂き型の安定き裂発生・成長が起こる場合に

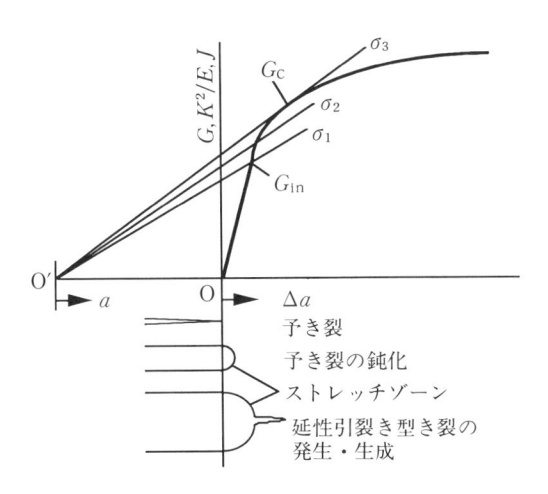

図 2.1.12　き裂先端からの破壊の発生・進展および不安定破壊．

ついて考えてみる．荷重の増加とともに原点 O から鈍化直線上を上昇し，き裂発生点 ($\sigma=\sigma_1$) で鈍化曲線は打ち切られ，そのときの靭性値はき裂発生に対するもので G_{in}，K_{in}，J_{in} と記述される．その後，荷重の増加とともに R 曲線上に沿って安定き裂成長するが ($\sigma=\sigma_2$)，次の条件

$$\frac{dG}{da} \geq \frac{dG_R}{da} \tag{2.1.10}$$

を満足するとき，すなわち R 曲線に $G(a)$ 曲線が接するとき ($\sigma=\sigma_3$)，駆動力の増加に対して材料の破壊抵抗が持ちこたえられないので延性不安定破壊が発生する．これは，2.1.2.2 項の脆性材料に対するグリフィスき裂のエネルギー条件そのものである．このときの靭性値は不安定破壊に対するもので G_c，K_c，J_c により記述される．

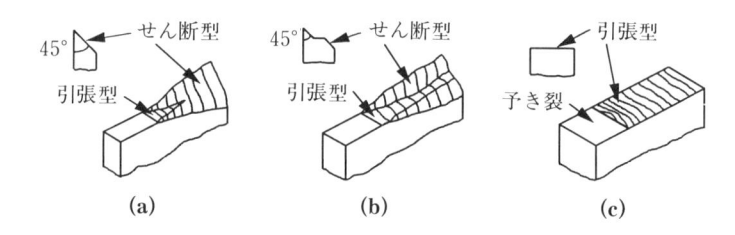

図 2.1.13 破面の様子と板厚の関係．
　　　　　（a）板厚が小さい場合，（b）中間の板厚の場合，（c）板厚が大きい場合．

き裂を有する試験片の変形様式は，板表面では平面応力状態で板中央部では平面ひずみ状態となっている．従って，その破壊の様子も板厚の影響を強く受ける．図 2.1.13 は破壊靭性試験片の破面の様子と板厚の関係を模式的に示したものである．板中央では平面ひずみ下での引張平坦破壊，板表面では平面応力下でのせん断破壊を示し，板厚が大きいほど，平面ひずみ平坦破壊の割合が大きくなる．せん断破壊は平坦破壊よりも大きな塑性変形を伴い破壊抵抗が大きいので，試験片としての破壊抵抗すなわち R 曲線は試験片板厚に強く依存することがわかる．図 2.1.14 は板厚による R 曲線の変化および靭性値の変化の様子を模式的に示したものである．小さい板厚の試験片のとき R 曲線は急

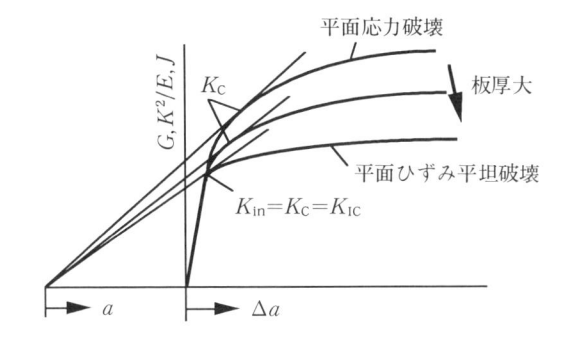

図 2.1.14　R 曲線および破壊靱性値の板厚による変化.

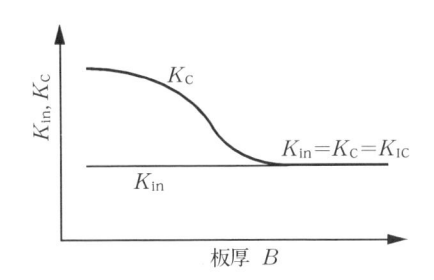

図 2.1.15　破壊靱性値の板厚による変化.

勾配で高い破壊抵抗を示し，板厚が大きくなるほど R 曲線の勾配は小さくなり，平面ひずみ平坦破壊のとき R 曲線の下限値を与えるようになる．このことは，**図 2.1.15** に示すように，式(2.1.10)を満足する G_c，K_c は板厚が厚くなるほど低下し，ある板厚より寸法によらない一定値に落ち着くことを示している．一方，き裂発生は常に板厚中央部で平坦破壊により発生するので，G_{in}，K_{in} は板厚の影響をさほど受けない．すなわち，平面ひずみ平坦破壊を示すようなある板厚以上の試験片においては，き裂発生と不安定破壊に対する破壊靱性値は次のように表される．

$$K_{in}=K_c=K_{IC} \tag{2.1.11}$$

このときの靱性値が下限値を与え，材料特性値としての破壊靱性 K_{IC} になる．

弾塑性体の大規模降伏状態での試験においても，同様に考えることができ，き裂発生の破壊靭性 J_in が収束する一定値を J_IC とし，これは K_IC より計算される $J_\text{IC}(K_\text{IC})=(1-\nu^2)K_\text{IC}^2/E$ に等しくなる．

$$J_\text{in}=J_\text{IC}=J_\text{IC}(K_\text{IC}) \tag{2.1.12}$$

2.1.4.4 平面ひずみ破壊靭性試験法

平面ひずみ破壊靭性 K_IC 試験法は ASTM 規格 E 399[13] や BS 規格 5447[14] に規定されているが，前者が広く用いられている．試験片としては，図 2.1.16 に示すような疲労予き裂が導入されたコンパクト（CT）試験片と 3 点曲げ試験片が用いられる．試験片に変位計を取付けて，変位制御単調負荷試験を行い，図 2.1.17 のような荷重と変位の関係を記録する．得られる荷重-変位曲線は図に示されているように 3 種類のいずれかに分類されるが，それぞれに対して，以下のように，P_Q が決定される．原点から P-V 曲線の初期勾配よりも 5% 小さい勾配の直線（5% offset line，5% 割線）を引き，P-V 曲線との交点を P_5 とする．P-V 曲線の 5% 割線までの区間で最も高い荷重が P_Q として定義される．すなわち，Type I では P_5 となり，Type II と Type III ではポップイン荷重あるいは最大荷重ということになる．このようにして得られた P_Q に対して，塑性変形や安定破壊の影響を抑制するために次の条件が課せられている．

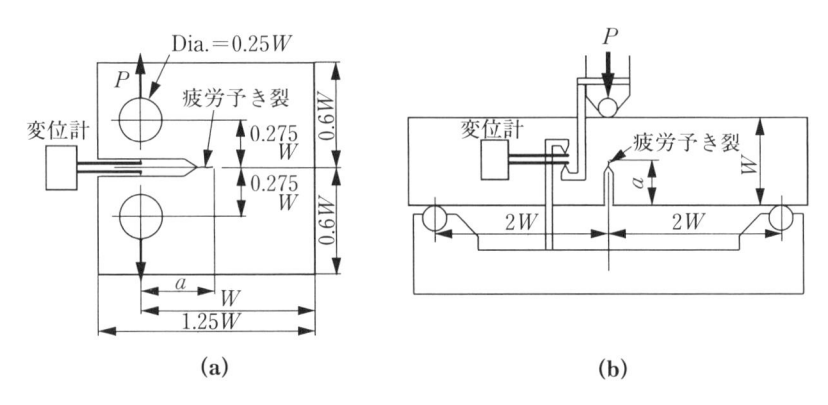

図 2.1.16 破壊靭性試験片（試験片の板厚：B）．
（a）コンパクト（CT）試験片，（b）3 点曲げ試験片．

2.1 静的破壊と破壊靱性

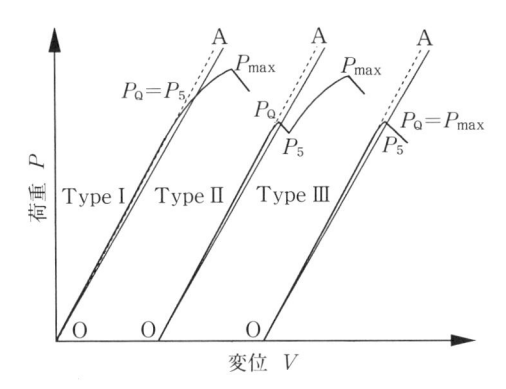

図 2.1.17 荷重-変位曲線と P_Q の決定.

$$\frac{P_{max}}{P_Q} \leq 1.1 \tag{2.1.13}$$

ここで, P_{max} は最大荷重である. それぞれの試験片の応力拡大係数の計算式に P_Q を代入し, 仮の破壊靱性値 K_Q を求める.

コンパクト試験片

$$K_Q = \frac{P_Q}{BW^{1/2}} \frac{(2+\alpha)(0.886 + 4.64\alpha - 13.32\alpha^2 + 14.72\alpha^3 - 5.6\alpha^4)}{(1-\alpha)^{3/2}} \tag{2.1.14}$$

3点曲げ試験片

$$K_Q = \frac{P_Q S}{BW^{3/2}} \frac{3\alpha^{1/2}\{1.99 - \alpha(1-\alpha)(2.15 - 3.93\alpha + 2.7\alpha^2)\}}{2(1+2\alpha)(1-\alpha)^{3/2}} \tag{2.1.15}$$

ここで, $\alpha(=a/W)$ は無次元き裂長さ, a は初期き裂長さ (厚さ方向を4分割した5点のうち, 両表面を除く3点でのき裂長さの平均値), S は3点曲げ試験片のスパン間隔である.

このようにして得られた K_Q の有効条件として重要なものは, 小規模降伏条件と平面ひずみ破壊条件であり, これらは, き裂先端塑性域寸法パラメータ $(K_Q/\sigma_{ys})^2$ を基準に記述される. E 399 では, 試験片のき裂長さ a, リガメント幅 b, 板厚 B が以下の条件を満足するとき, K_Q は有効な平面ひずみ破壊靱性値 K_{IC} と判定される.

2　破壊の特徴と評価

$$a,\ b,\ B \geq 2.5\left(\frac{K_Q}{\sigma_{ys}}\right)^2 \tag{2.1.16}$$

上式は，試験片の各寸法 $a,\ b,\ B$ が平面ひずみ状態におけるき裂先端塑性域寸法の約 25 倍以上でなければならないことを示している．

2.1.4.5　弾塑性破壊靱性 J_{IC} 試験法

弾塑性破壊靱性（elastic-plastic fracture toughness）J_{IC} は『予き裂からのモード I の平面ひずみ型延性引裂き（ディンプル）破壊が開始する際の破壊靱性』である．その試験方法は日本機械学会基準 S 001[15,16] や ASTM 規格 E 813[17] に規定されている．ここでは，JSME S 001 の R 曲線法について述べる．

K_{IC} 試験と同様に，疲労予き裂を導入したコンパクト試験片あるいは 3 点曲げ試験片が用いられ，試験片に変位計を装着し，変位制御単調負荷試験による荷重-荷重線変位曲線を記録する．**図 2.1.18** は，試験により得られた荷重-荷重線変位関係と各段階でのき裂先端の変形，き裂の発生・成長の様子を模式的に示したものである．き裂の発生・成長は板厚内部より生じ，実際には，図のように観察することはできない．

まず，負荷前の状態は疲労予き裂が導入されており，き裂先端は閉じている．負荷とともに，き裂先端でのすべり変形により新生面が形成され，き裂鈍

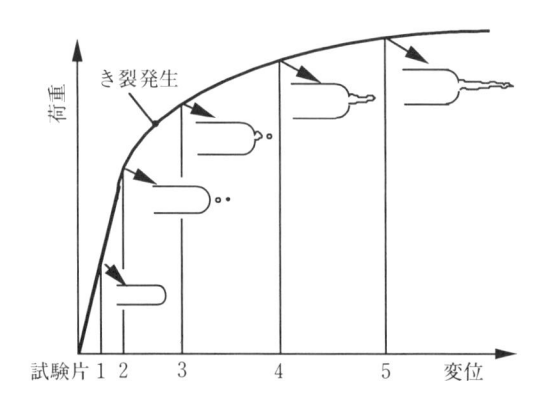

図 2.1.18　試験片の変形とき裂発生過程の模式図．

化が生じる．き裂鈍化はさらに進行し，き裂先端前方に微小空洞が発生する．ある段階でき裂先端と微小空洞の合体により延性引裂き型のき裂発生が生じ，その後負荷とともにき裂は安定に成長する．脆性的な破壊を示す材料では，き裂発生により荷重-変位曲線にポップインが観察され，き裂発生点がわかる場合もあるが，延性材料においては荷重-変位曲線は滑らかな曲線でどの段階でき裂が発生したかはわからない．従って，数本の試験片について実験を行い，R曲線法では各試験片の J 積分の値とき裂進展量からき裂発生点を同定し，そのときの J 積分の値を求める．

各試験片の J 積分は，記録された荷重-荷重線変位曲線（図 2.1.19）を用いて，次式により計算される．

$$J = J_{el} + J_{pl} \tag{2.1.17}$$

ここで，J_{el}，J_{pl} はそれぞれ J 積分の弾性成分と塑性成分である．J_{el} は応力拡大係数 K_I を用いて次式により計算される．

$$J_{el} = \frac{(1-\nu^2)K_I^2}{E} \tag{2.1.18}$$

また，J_{pl} は図 2.1.19 の荷重-荷重線変位曲線より得られる塑性仕事に対応する面積 A_{pl} を用いて次式で得られる．

$$J_{pl} = \frac{\eta A_{pl}}{B b_0} \tag{2.1.19}$$

ここで，B は試験片板厚，b はリガメント幅 $(= W - a)$，W は試験片幅で，η は各試験片に対して次式で与えられる．

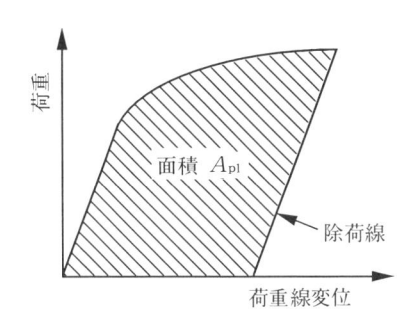

図 2.1.19 荷重-荷重線変位曲線と面積 A_{pl} の定義．

$$\eta = 2.0 \quad\quad （3点曲げ試験片） \quad\quad (2.1.20)$$

$$\eta = 2.0 + 0.522\frac{b}{W} \quad （コンパクト試験片） \quad (2.1.21)$$

除荷した試験片について，き裂進展量を識別するために，き裂前縁に疲労き裂あるいは加熱着色によりマーキングを施し，破断させる．**図 2.1.20** に示すように，得られた破面において，板厚を 8 等分した中央部 3 点でき裂進展量を測定し，平均値を算出する．なお，Δa は，鈍化部（ストレッチゾーン）の幅（SZW）と延性引裂き（ディンプル）破壊領域（DZW）の和として定義される．

$$\Delta a = \text{SZW} + \text{DZW} \quad\quad (2.1.22)$$

SZW および DZW は電子顕微鏡を使用すれば容易に測定できる．

R 曲線法によるき裂発生の J_{in} を決定する方法を**図 2.1.21** に示す．延性引

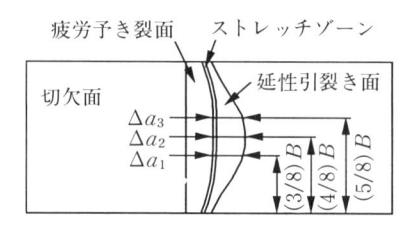

図 2.1.20 Δa の測定方法．

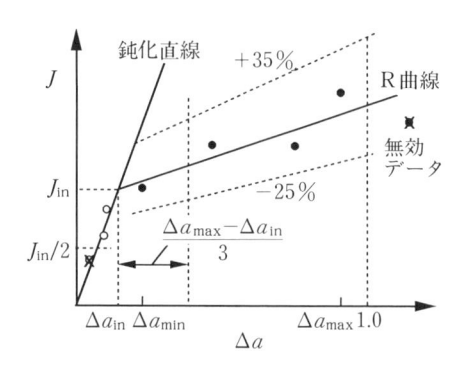

図 2.1.21 鈍化直線と R 曲線．

裂き破壊が生じていない(Δa=SZW) 2本以上の試験片より鈍化直線を，また，延性引裂き破壊が生じている(Δa>SZW) 4本以上の試験片より直線近似によりR曲線を決定する．得られた鈍化直線とR曲線の交点がき裂発生点となり，そのときのJ積分の値がき裂発生に対するJ_{In}である．

以上のようにして決定されたJ_{In}は，試験片寸法が以下の条件を満足するとき，有効な弾塑性破壊靱性値J_{Ic}と判定される．

$$b, \ B \geq 25 \frac{J_{\text{In}}}{\sigma_{\text{ys}}} \qquad (2.1.23)$$

2.1.4.6 引張強度特性と破壊靱性値の関係

金属材料の破壊靱性値は，式(2.1.9)に示すように，き裂進展に伴う塑性仕事に依存しており，平滑材の引張試験により得られる応力-ひずみ関係と関連付けると，おおよそ，破断までのエネルギーが大きいほど，すなわち，降伏応力，引張強さ，破断延性が高いほど破壊靱性値も高くなる．ところが，金属材料では，一般に，種々の強化機構により降伏応力，引張強さが高くなると破断延性が低下し，結果として破壊靱性値も低下するようである．すなわち，高強度の材料ほどき裂状欠陥の存在により破壊強度は低下しやすい傾向にあり，高強度材料の使用，機械・構造物の設計に際しては一層の注意が必要となる．また，材料開発においては，降伏応力，引張強さのみに注目して高強度の材料が開発されたとしても，破壊靱性値は低下している場合があり，引張強度特性と破壊靱性値の両方を考慮することが重要である．

参 考 文 献

1) A. H. Cottrell : Trans. Am. Inst. Min. Metall. Petrol. Engrs., **212**（1958），192.
2) A. N. Stroh : N., Advance in Physics, Supplement of Phil. Mag., **6**（1957），418.
3) E. Smith : Proc. Conf. Phys. Basis of Yield and Fracture, Inst. Phys. Phys. Soc., Oxford（1966），36.
4) J. Gurland and J. Plateau : Trans. ASM, **56**（1963），442.
5) D. Broek : Eng. Frac. Mech., **5**（1973），55.

6) A. S. Argon, J. Im and R. Safoglu : Metall. Trans. A, **6 A** (1975), 825.
7) F. A. McClintock : Trans. ASME, Ser. E, **35** (1968), 363.
8) J. R. Rice and D. M. Tracey : J. Mech. Phys. Solids, **17** (1969), 201.
9) P. F. Thomason : J. Inst. Metals, **96** (1968), 360.
10) A. L. Gurson : Trans. ASME, Ser. H, **99** (1977), 2.
11) V. Tvergaard and A. Needleman : Acta Metall., **32** (1984), 157.
12) A. Otsuka, K. Tohgo and Y. Okamoto : Nuclear Eng. Design, **105** (1987), 121.
13) ASTM Standard E399-90, Annual Book of ASTM Standards, Vol. 03.01 (1990).
14) British Standards, Inst., BS 5447 (1977).
15) 日本機械学会基準, JSME S001-1981 (1981).
16) 日本機械学会基準, JSME S001-1992 (増補第一版) (1992).
17) ASTM Standard E813-89, Annual Book of ASTM Standards, Vol. 03.01 (1989).

2.2 疲労と破壊

———鈴木　秀人———

　金属材料がくり返し応力の負荷によって破壊することを金属疲労という．本章では，アルミニウム合金の金属疲労の特徴について述べる．特に，疲労強度は材料に内在する最弱因子に支配される最弱リンク仮説に従うため，材料設計では最弱因子を除去，あるいは強化，さらに構造設計では最弱強度の適切な評価が不可欠であることを解説する．

2.2.1　金属疲労の基礎
2.2.1.1　疲労強度，寿命の評価方法

　金属疲労の寿命は破壊までのくり返し負荷回数 N であり，この寿命は応力振幅 S に支配される．そこで金属疲労の強度は，**図 2.2.1** に示す S-N 線図によって決められる．本図は縦軸に負荷応力振幅 $S=\sigma_a$，横軸にその応力振

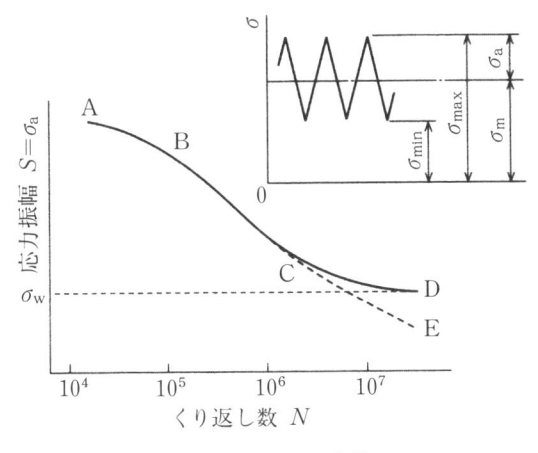

図 2.2.1　S-N 曲線．

幅にてくり返し負荷したときの破壊までのくり返し数 N を対数で表示したものである。S-N 線図の形は，応力振幅が降伏応力に近く左側 AB 域では曲線の傾斜が小さくなり，それに続く中間の BC 域での傾斜が大きい．さらに負荷応力が小さく疲労寿命が長い右側 CD 域の傾斜は小さくなる．

金属材料の疲労についての強度設計の取扱いは，S-N 線図の寿命の長短によって異なる．すなわち，AB（$N<10^4$）域で延性設計，BC（$10^4 \leq N \leq 10^7$）域で脆性設計，そして CD（$N>10^7$）域で疲労設計と分類される．金属疲労に関する実用的知識は，鉄鋼材料に関するものが多いので注意を要する．例えば，鉄鋼材料では CD 域で水平になり疲労限度が存在するから，限界応力設計をする．一方，アルミニウム合金の疲労強度は，長寿命域で水平とならず，CE 域で表されるように疲労限度はなく，負荷応力と疲労寿命で時間強度として表現する．すなわち，アルミニウム合金は疲労限度を持たず，くり返し負荷のもとでいずれは破壊するから寿命設計をする．疲労寿命の多くはき裂成長寿命であるから，寿命設計は後述するように破壊力学に基づいた疲労き裂進展特性によって行う．

さらに，応力振幅 S に加えて疲労寿命 N を支配する力学因子として平均応力 σ_m が重要である．平均応力の疲労限度におよぼす効果については，**図 2.2.2** の点線に示すように平均応力 0 での疲労限度と引張強さを直線で結んだグッドマン線図で整理される．しかし，本図の折れ線は鋳造欠陥を含んだアルミニウム鋳物の疲労強度に及ぼす平均応力の影響であるが，グッドマン線図より下方にあり，疲労強度に及ぼす平均応力の影響が厳しくなっている．後に詳しく

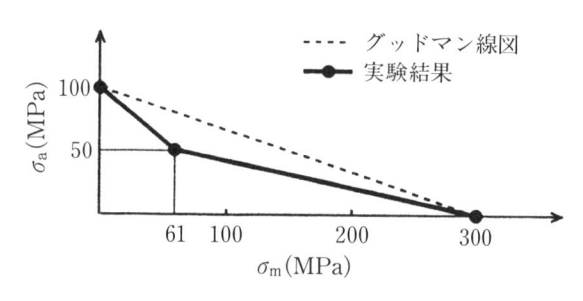

図 2.2.2 疲労限度図．

述べるように，欠陥の多い材料の強度設計にあたっては平均応力の影響に注意すべきである．

2.2.1.2 疲労き裂発生・進展のメカニズム

金属材料の疲労き裂の発生機構は，材料表面に密接に関連し，いわば表面現象である．金属材料が疲労によってき裂を発生し，これが成長して最終破壊に至る過程について**図2.2.3**に模式的に示す．まず，応力くり返しの初期の段階で材料表面の結晶中で結晶方位の関係から，最大のせん断応力を受ける結晶面を転位が移動して，表面から抜けてすべり線が生じる．次に，すべり線は外気に触れ酸化するから，逆すべりでは材料内部に酸化物を食い込ませる．これがくり返されるとすべり帯となってその幅を増し，凹凸も大きくなって入り込みや突き出しとなり，き裂として成長する．

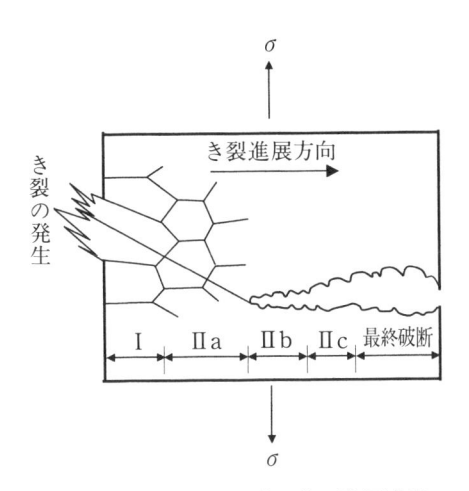

図2.2.3 典型的なき裂発生と進展過程．

このように疲労き裂の発生の引き金は，図2.2.3のように表面の最も大きなせん断応力のかかるひとつの結晶に生じるすべり変形である．アルミニウム合金は鉄鋼材料と比べてすべり系が明瞭であるから，**図2.2.4**のようにフラクトグラフィにより破面上に結晶状ファセットのせん断型き裂発生部が容易に認

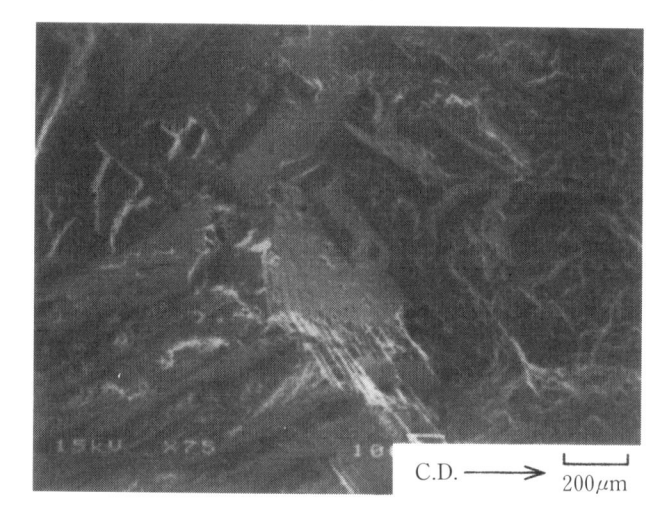

図 2.2.4　5%Si 含有アルミニウム合金基複合材料のき裂発生部の SEM 写真（C.D.→き裂進展方向）．

められる．疲労き裂の発生はせん断応力が高く，転位が抜けやすい局所的なミクロ組織因子に極めて強く支配される．そのため，疲労強度はすべり変形を容易に誘起する最弱なミクロ組織因子の強度によって支配される．

　発生したき裂が図2.2.3のように結晶粒寸法の2,3倍程度以上の長さになると垂直応力が支配的になり，疲労き裂は最大垂直応力と直角方向へ進展する．図2.2.4に示すように，せん断応力に支配される第1段階（ステージI）のき裂発生から垂直応力に支配される第2段階（ステージII）への過程は，き裂進展過程と称される．第2段階のき裂進展過程の破面は，特にアルミニウム合金では図2.2.5のようにストライエーションと称される条痕が観察される．これは，1回の応力くり返しによってひとつの条痕ができる疲労き裂特有の機構によるものであり，条痕の間隔から疲労き裂の進展速度や負荷応力の推定ができる．疲労き裂進展の機構は，破面のストライエーションから図2.2.6のように，き裂先端の開口と閉口に伴う鈍化と鋭化によると考えられる．従って，き裂発生と比べ，き裂進展はミクロ組織因子の影響を受けにくい．

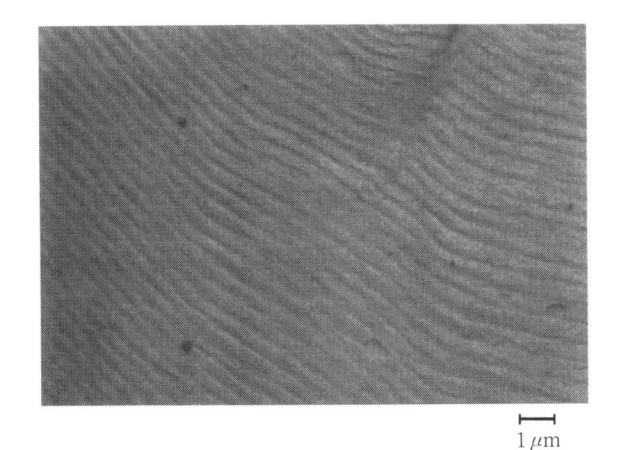

図 2.2.5　疲労破面上のストライエーション．

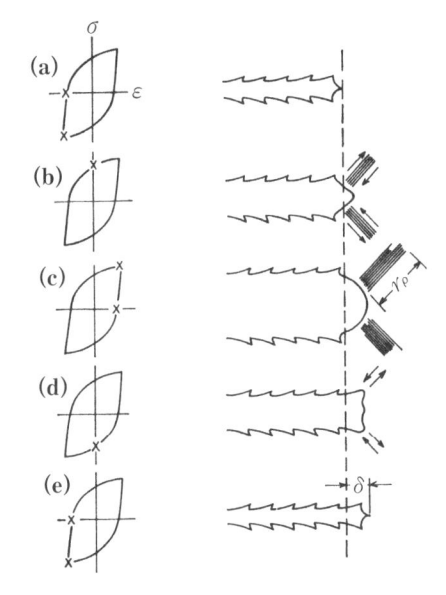

図 2.2.6　ストライエーションの形成機構に関する模式図．

2.2.1.3　破壊力学に基づく疲労き裂進展特性の評価

アルミニウム合金のように疲労限度を持たない材料で製造された実用製品の強度設計に際して，き裂進展特性に基づいて疲労寿命を評価することが重要である．金属材料の疲労き裂進展特性は，線形破壊力学によって適切に定量化される．これは，疲労設計の対象となる実働状態での負荷応力が降伏応力よりかなり小さいために，疲労き裂先端が小規模降伏条件を満たされているからである．

疲労き裂進展特性は，線形破壊力学の主パラメータによって，**図 2.2.7** のようにき裂進展速度 da/dN と応力拡大係数範囲 ΔK の関係が両対数グラフ上で広い範囲で直線として近似できるから，$da/dN = C(\Delta K)^m$ と表される．ここで，き裂進展速度 da/dN は応力くり返し数1回当たりのき裂の進展長さであり，図 2.2.5 に示す破面上に認められるストライエーションの単位幅となる．き裂進展試験によって材料定数の C, m を計測すれば，実用部材中の疲労き裂進展特性を予測することができる．なお，m は2程度であるが，小規模降伏条件が満たされない状態や脆性的破壊が混入する場合などではより大きな値となる．

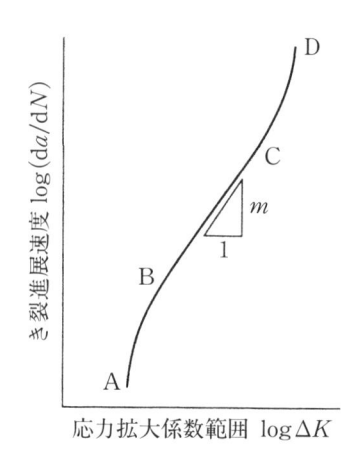

図 2.2.7　疲労き裂進展と応力拡大係数範囲の関係．

さらに，応力拡大係数範囲 ΔK が低くなると，き裂が進展しない限界が存在し，これを下限界応力拡大係数範囲 ΔK_{th} と呼ぶ．これは，き裂先端が塑性変形やき裂面生成物によって閉じるき裂閉口現象が生じるためである．一方，ΔK が高いところでは脆性的破壊が混在して，き裂進展速度が急速に増し，m が大きくなり，1回の負荷によって破壊する K_c 値に近くなる．

2.2.2　疲労強度の改善方法

疲労強度は，これを支配する最弱因子の除去あるいは強化によって，改善できることを実例に基づき解説する．

2.2.2.1　疲労強度を支配する最弱リンク仮説

機械の破損の90%は，疲労破壊が引き金となっている．これは，負荷応力が降伏応力以下でも疲労破壊が生じるためである．特に，疲労き裂の発生は，実用部材の材料製造や機械加工のとき導入される欠陥や応力集中部などの最弱部で生じる．そのため，き裂発生強度のばらつきは極めて大きくなるから，結果として疲労強度のばらつきは引張強さなどと比べ大きくなる．

疲労き裂の発生箇所は，強度が部材の最も弱い部分，例えば結晶方位の関係から最大せん断応力のかかる結晶，さらに最大寸法の欠陥である．このため，部材の疲労強度はこの最弱部分の強度で決まる，いわゆる図 2.2.8 に模式的に示す最弱リンク仮説に従う．すなわち，疲労強度は材料全体の塑性変形に対する抵抗の大きさである降伏強さや引張強さに比べて，顕微鏡組織因子に極めて敏感であることに十分に留意しなければならない．

従って，金属疲労に係わる強度設計は，材料の最弱な部分を適切に評価し，

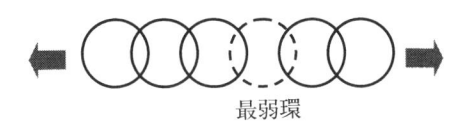

最弱環

図 2.2.8　最弱リンク仮説の模式図．

部材の設計応力や寿命を決めなければならない．同時に，疲労強度を改善する材料設計では，この最弱因子を発見し除去することが不可欠である．本節では，以下この点に焦点を合わせてアルミニウム合金の疲労について解説する．

2.2.2.2　最弱な顕微鏡因子の改善による疲労強度向上

疲労き裂が材料の最弱な箇所に生じた典型的な例として，鋳造アルミニウム合金（AC4A-T6）製のクランクケースカバーから採取したサンプルの疲労破壊した破面のSEM写真を**図2.2.9**に示す．本図の矢印bで示した結晶状のファセットがき裂発生部であり，矢印aの鋳巣が発生源である．本図から，ポロシティの縁から結晶状き裂が最大せん断応力面に沿って発生しているのがわかる．このせん断型き裂発生を支配する組織因子は，応力集中源の鋳巣の外的な力学因子と内的な材料因子のすべりやすい初晶α相の，いわば相乗効果を起こしている2つの因子である．このように，外的な力学因子と内的な材料因子の相乗効果が原因である疲労き裂の発生は，実際の部材での疲労破壊事故では比較的多いので，次項で詳細に述べる．

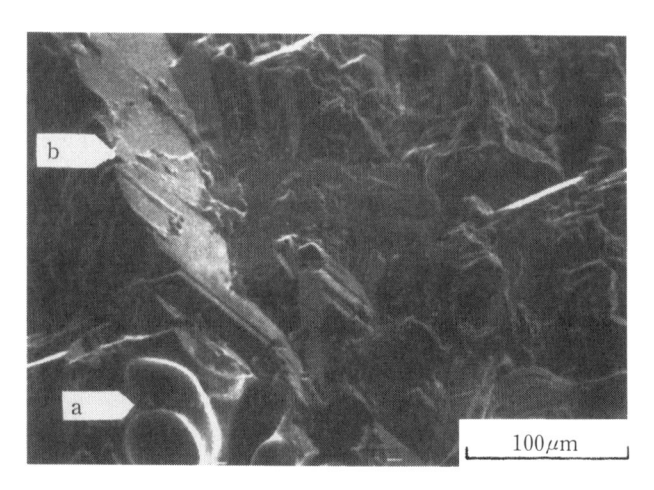

図2.2.9　疲労き裂発生部のSEM写真．
（a）鋳造欠陥，（b）ステージI型のき裂．

このような最弱な欠陥を除去すれば，疲労強度は向上することを実証し，読者の理解を深めよう．そこで，鋳造アルミニウム合金にHIP処理を施して最弱因子のポロシティを除去した材料を準備した．鋳放し材とHIP処理材に対して疲労試験をして，その結果を**図2.2.10**のようにグッドマン線図に整理して示した．本図より，HIP処理によって疲労強度が向上することがわかる．さらに，フラクトグラフィの結果より，**図2.2.11**の模式図に示すように鋳放

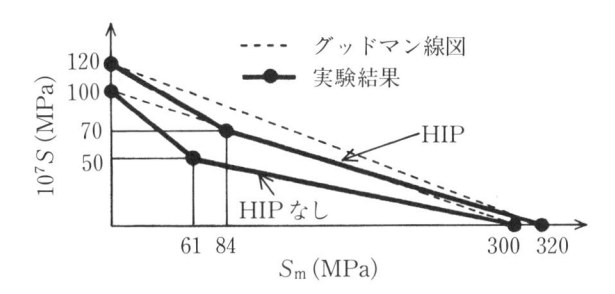

図 2.2.10 鋳放し材と HIP 材の疲労限度図．

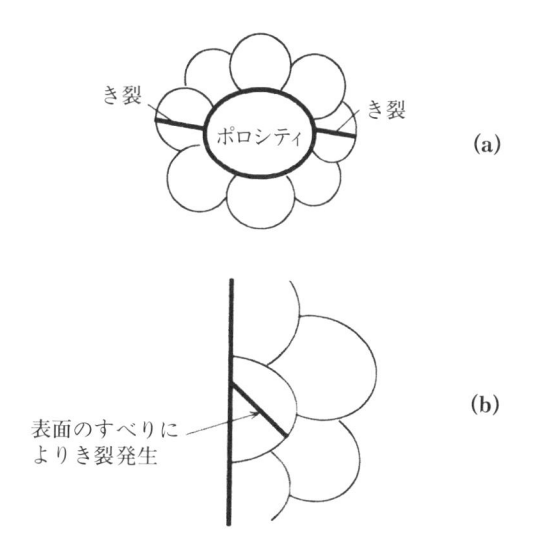

図 2.2.11 鋳放し材と HIP 材のき裂発生の模式図．
（a）鋳放し材，（b）HIP 材．

し材の疲労き裂がポロシティから発生し，一方 HIP 処理材のき裂発生は基材初晶でのせん断型き裂によっている．従って，最弱な欠陥のポロシティの除去によって，疲労き裂発生強度が改善したことが理解できよう．さらに，HIP 処理材では最弱な欠陥はせん断型き裂の発生箇所である基材初晶となる．基材初晶を強化すればさらに疲労強度は改善する[2]．

このように最弱因子を発見して除去あるいは強化することによって，疲労強度が改善されることを十分に理解されたであろう．

2.2.2.3　疲労き裂発生源の除去による疲労強度改善

次に，読者の理解を深めるために，このような最弱リンク仮説に従って，実際の疲労破壊の原因調査と対策実例を示す．この例は，新たに開発中のエンジンの実働試験中に，鋳造用アルミニウム合金（AC8A-T6）製ピストンのピン穴近傍に発生したき裂が引き金となって，ピストンの破損が生じたものに対するケーススタディである．フラクトグラフィによるき裂の発生・進展状況の解析から金属疲労による破損と推定された．

しかしながら，この部分にはもともと圧縮力がかかり，これまで強度設計上特に問題とならなかった所である．疲労き裂は，圧縮応力下でもせん断応力によって発生が可能である．そのため，最大応力と最小応力の差，すなわち応力振幅値が大きいほどせん断応力が大きくなるので，疲労き裂発生が応力振幅に支配される原因となる．

（1）　フラクトグラフィによる破壊調査

そこで，以下に詳細な破壊解析を実施して原因の解明を行う．まず，き裂発生の起点に近い部分を採取し，SEM（走査電子顕微鏡）によってフラクトグラフィを実施した．その結果，破面形態は，**図 2.2.12** に示す疲労き裂発生部，さらに疲労き裂進展部と最終破断部である 3 領域に分類でき，本破損事例は金属疲労が原因とわかった．そこで，もともと圧縮応力がかかると想定されていた部分になぜ疲労き裂が発生するのかに注目して，本図の疲労き裂発生部に詳細な検討を加えた．その結果，この部分には特徴的な平行な稜線模様が認

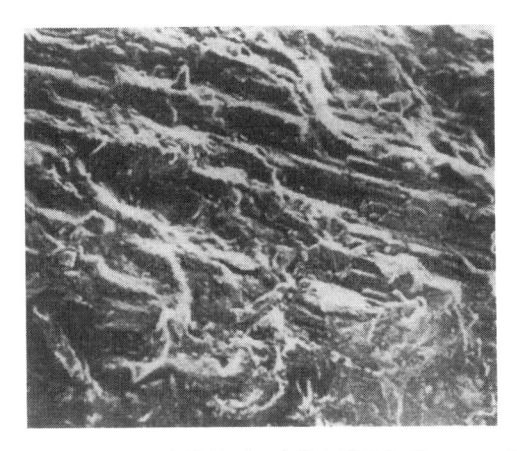

図 2.2.12 ピストン疲労破面の疲労き裂発生部の SEM 写真．

められ，せん断型でき裂が発生し初期進展しているものと理解された．これは前述のすべり変形によるモード II 型のき裂であり，圧縮応力下でもき裂発生が可能であることとまったく同じ現象である．しかしながら，このモード II 型のき裂が表面から内部まで約 1.1 mm と，通常の鋼で見られることとは桁違いに極めて長く形成されていることが注目される．

（2） 光弾性被膜法による応力解析

き裂発生部の応力解析を光弾性法によって実施した．せん断応力の解析には本手法が最適である．そこで，ピストンがコンロッドからの慣性力によってシリンダにあたることを想定して，実際と同様の実働荷重をピストンに加えて，疲労き裂発生部の応力解析を行った．その結果，**図 2.2.13** に示すように最大せん断応力の方向は，疲労き裂発生方向と一致していた．さらに，そのせん断応力の大きさも疲労き裂の発生に必要となる条件を満たすものであった．

（3） 顕微鏡組織因子の調査

疲労き裂発生と対応させて顕微鏡組織を現出させたのが**図 2.2.14** である．矢印で示す 45° に傾斜している部分は，疲労き裂発生部となっている．図 2.

134   2 破壊の特徴と評価

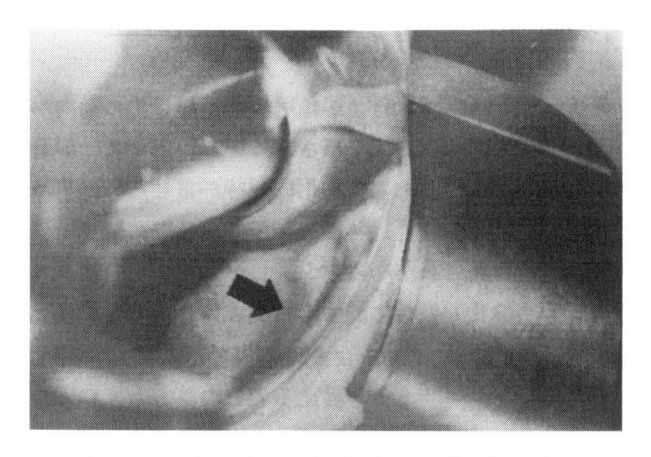

図 2.2.13 光弾性被膜法（矢印：き裂の発生部）．

図 2.2.14 き裂と顕微鏡組織の対応（矢印：き裂の発生部）．

2.12 に示す破面と一致し，さらに最大せん断方向とも一致している．ここで注目すべきことは，鋳造組織がこの 45° に平行に成長していることである．すなわち，鋳造組織の低硬度のすべり変形しやすい初晶が，不運にもちょうどシリンダにピストンがあたって生じた最大せん断応力の方向と一致して成長して

いることが理解し得る．

　従って，外的な力学因子である最大せん断応力の方向と内的な材料因子であるすべり変形しやすい軟らかい粗大鋳造組織の成長方向が一致したために，極めて大きなモードⅡ型のせん断型疲労き裂が発生し疲労破壊を引き起こしたものと理解される．このピストンの疲労強度は，鋳造方案を変えて初晶成長の方向を最大せん断応力の方向と一致させないようにして，改善することができ，市販後まったく問題は生じなかった．この事例から明らかなように，アルミニウム合金の疲労強度の改善には，最弱な顕微鏡因子と力学的環境の相乗効果を除去することが重要である．

2.2.3　確率論的破壊力学による疲労強度評価

　疲労強度を支配する欠陥を除去するには，コスト高になるなどの理由で，そのまま使用せざるを得ない場合もある．そのためには，疲労信頼性を正確に把握することが不可欠である．本節では，欠陥を評価し適切に構造設計する方法を解説する．すなわち，疲労信頼性に及ぼす顕微鏡組織因子の影響について，その定量的評価の一例として，疲労き裂発生源となる最弱な欠陥に対する破壊力学および確率論による評価方法について説明する．

2.2.3.1　破壊力学に基づく欠陥評価

　ここで例として取り上げているのは，アルミニウム鋳造合金の疲労信頼性を支配するき裂発生源のポロシティに対する破壊力学的な検討である．すなわち，SEMによる破面観察で明らかにされた疲労き裂の発生源であるポロシティの大きさと疲労強度の関係について述べる．特に，読者に注目していただきたいのは，鍛造材の疲労き裂発生源の介在物などと比較して，これらのポロシティの大きさがかなり大きく，ポロシティの大きさとそこから発生するき裂長さとの相互干渉の影響を考慮した欠陥評価を行わなければならないことである．実際の詳細は他書を参照されたいが，欠陥のみの単純な評価では十分でない結果が認められている．

そこで，アルミニウム合金鋳物の疲労信頼性におよぼす発生したき裂とポロシティの相互作用について述べる．十分に理解していただくために，ポロシティの寸法を大きく変化させるために，鋳物の冷却速度のみを3種類に変えたモデル材を準備した．また，き裂の発生段階の長さを経験的に 0.1 mm と仮定することが多いので，欠陥は図 2.2.15 の模式図に示すように $a=0.1$ mm のき裂とポロシティの相互干渉効果として評価した．さらに，ポロシティからのき裂発生の機構解析から，図 2.2.16 に示すように，ポロシティの形状をその面積と同じである円と置換えて，その半径 r の評価を試みた．すなわち，軸疲労試験については式(2.2.1) により表される ΔK によって，発生したき裂と鋳造欠陥の相互干渉効果を評価する．

$$\Delta K = f\left(\frac{a}{r}\right) \cdot \Delta\sigma\sqrt{\pi a} \qquad (2.2.1)$$

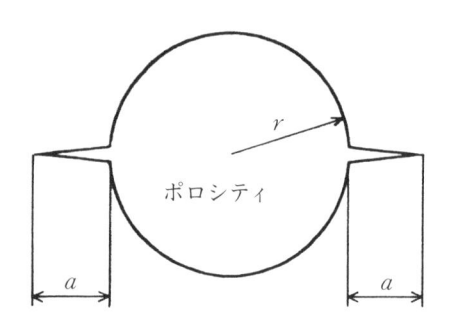

図 2.2.15　円形の欠陥から発生するき裂．

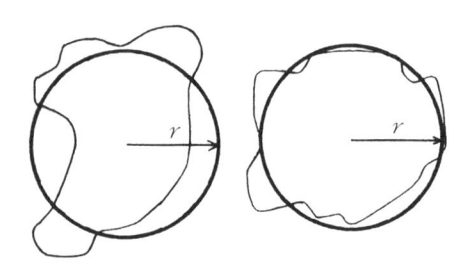

図 2.2.16　ポロシティの寸法評価の模式図．

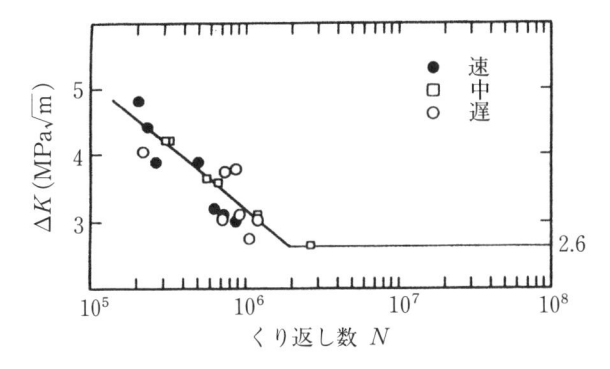

図 2.2.17 冷却速度の異なる鋳放し材の ΔK-N 線図.

ここで，$f(a/r)$ は応力集中補正係数，a はき裂長さ，$\Delta \sigma$ は最大応力値と最小応力値の差である．また，発生き裂長さ a は 0.1 mm とする．軸疲労試験は引張-引張片振り負荷であるため，欠陥に作用する応力として $\Delta \sigma = \sigma_{max} - \sigma_{min}$ をとった．式中の r を求めるために，き裂発生部に観察されたすべての鋳造欠陥の半径 r を測定した．

得られた値を式(2.2.1)に代入し，負荷応力振幅 S と疲労寿命 N と ΔK について整理して，S-N 線図をこのき裂発生の時点での ΔK により再整理したものが，図 2.2.17 となる．本図より，疲労寿命と鋳造欠陥の関係を1本の直線で整理することができる．これにより，欠陥の半径 r と発生き裂の長さ a (0.1 mm) の相互干渉効果を評価することが妥当であると考えられる．さらに大変に興味深いのは，これらの図よりき裂進展の下限界値 ΔK_{th} を求めたところ，2.6 MPa$\sqrt{m}$ という値が得られた．これより，たとえ欠陥からき裂が発生しても，それは停留するので限界応力設計が可能であることを示唆している．

2.2.3.2 欠陥寸法の統計的評価と疲労信頼性

限られたデータから，全製品の疲労信頼性を評価する方法を述べよう．ここでは，前項の欠陥評価をさらに発展させて，疲労信頼性，すなわち疲労強度のばらつきを欠陥寸法のばらつきから推定する方法について解説する．すなわち，得られたデータから最大の寸法を推定し，これに前項で述べた破壊力学的

評価を行って，疲労限度を求める．

詳細な解説は参考文献[8]等を参考にされたいが，統計的に最大値を推定するには二重指数確率紙が良い．そこで，破面の疲労き裂発生部に認められたポロシティの大きさ r を，この確率紙に整理して示したものを**図 2.2.18** に示す．本図の限られた少数のデータから，この製品の全数の疲労信頼性は以下のように推定することができる．

疲労き裂発生部に認められたポロシティの寸法について，二重指数確率紙への当てはめから，図 2.2.18 に示したように冷却速度の影響が明瞭である．例えば，速い冷却速度の材料における 99% の推定値は，それぞれ中間の材料における 95% の推定値と遅い材料における 72% の推定値と一致し，かなりの相違が認められる．なお，ポロシティの大きさ r における 99% の推定値 r_{99} は図 2.2.18 から測定した．これより，残存確率 99% の疲労限度 σ_{w99} および σ_{max99} を次式の関係から推定する．

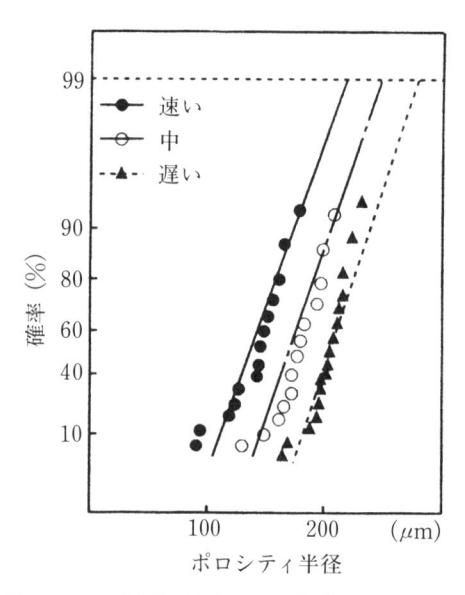

図 **2.2.18** 破面で観察された欠陥寸法の分布．

表 2.2.1　測定値と計算値.

冷却速度		r_{99} (10^{-4} m)	$\Delta K_{th.99}$ (MPa$\sqrt{m}$)	σ_{w99} (MPa)
軸荷重	速い	2.2	2.6	44
	遅い	2.8	2.6	37

$$\Delta K_{th} = f\left(\frac{a}{r}\right) \cdot 2\sigma_{w99}\sqrt{\pi a} \tag{2.2.2}$$

さらに，図 2.2.17 からき裂進展の下限界値 K_{th} を求めた．この結果より，式(2.2.2)を用いて疲労限度 σ_{w99} について表 2.2.1 に示すような結果が得られた．これらの σ_{w99} の数値は，ほぼ99%の残存確率での疲労限度に相当するものと解釈し得る．このように，たとえ材料に欠陥が存在しても，確率論的破壊力学に基づいて適切に安全性が評価でき，コストパーフォマンスの良い製品設計が可能となることを忘れてならない．

参 考 文 献

1) 鈴木秀人, 国尾武：ミクロとマクロの破壊力学, 日本金属学会会報, **27** (1988), 608.
2) 鈴木秀人：アルミニウム合金鋳物の疲労信頼性に及ぼす顕微鏡組織因子の影響, 軽金属, **45** (1995), 597.
3) 市川昌弘, 鈴木秀人ほか（日本機械学会編）：機械構造物の安全性—信頼性工学の実際的応用—, 丸善 (1988).
4) 大南正瑛：材料強度学, (社)日本材料学会 (1988).
5) 原田昭治, 小林俊郎編著：球状黒鉛鋳鉄の強度評価, アグネ技術センター (1999).
6) 鈴木秀人編著：よくわかる工業材料, オーム社 (1996).
7) 池永勝, 鈴木秀人：ドライプロセスによる超硬質皮膜の原理と工業的応用, 日刊工業新聞社 (2000).
8) 萩原芳彦, 鈴木秀人：よくわかる破壊力学, オーム社 (2000).

2.3 衝撃と破壊

―――小川　欽也―――

　材料が衝撃荷重を受けると，荷重は応力波となって固体の中を伝播するとともに，反射や透過を起こしながら複雑に重畳するため，静荷重による応力場とは全く異なった弾性や塑性応力場が引き起こされる．衝撃問題においては，荷重が応力波としてどのように固体中を伝播するかを取扱うことが必要である．

　衝撃荷重を受けると，材料は高いひずみ速度で変形するが，材料の変形挙動は，ひずみ速度によって著しい影響を受けることが知られており，準静的と考えられるような低いひずみ速度から，極めて高いひずみ速度に至るまでの広い速度範囲における材料の変形挙動を変形速度の関数として知ることが必要である．

　ここで，材料の変形挙動を支配するひずみ速度は，加えられた応力波によって左右されるが，その応力波は材料の変形挙動によって支配されるため，これらは互いに連成して起こることに注意しなければならない．

　本章ではまず，弾性応力波について，その伝播と反射，透過の基本的な特性を述べ，衝撃荷重によって生じる特異な応力状態とそれに伴う破壊問題を示す．また，材料の衝撃荷重下での特性を捉えるための変形試験について，その測定原理を述べ，様々な衝撃変形試験への適用例を示す．最後に，衝撃変形を受ける材料の変形挙動を理解するための変形論について述べ，衝撃破壊の特徴について触れる．個々の衝撃変形や破壊例については次章以下で詳細に述べられる．

2.3.1　応力波の伝播[1,2]

　図2.3.1に示すような，断面が一様で真直ぐな細長い弾性棒中を伝播する応力波について考える．微小部分dxについての運動方程式として次式が成り

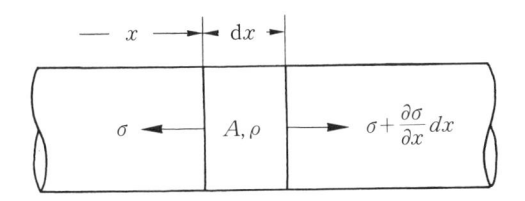

図 2.3.1 一次元物体中を伝播する応力波.

立つ．

$$\rho A dx \left(\frac{\partial^2 u}{\partial t^2}\right) = A\left\{\left(\sigma + \frac{\partial \sigma}{\partial x} dx\right) - \sigma\right\} = A\frac{\partial \sigma}{\partial x} dx \quad (2.3.1)$$

また，Hook の関係式より，

$$\sigma = E\varepsilon = E\frac{\partial u}{\partial x} \quad (2.3.2)$$

が成り立つ．従って，式(2.3.2)を式(2.3.1)に代入すると，縦弾性波の伝播は，次のような微分方程式（波動方程式）で表される．

$$\frac{\partial^2 u}{\partial t^2} = C_0^2 \frac{\partial^2 u}{\partial x^2}, \qquad C_0^2 = \frac{E}{\rho} \quad (2.3.3)$$

ここで，u は x 方向の物質粒子の変位，t は時間，E は棒の縦弾性係数，ρ は密度であり，C_0 は棒を伝わる縦弾性波速度である．ただし，この場合，棒の垂直断面は常に垂直に保たれ，その面内の応力は一定で，半径方向の慣性が無視できると仮定する．

式(2.3.3)の一般解は

$$u = f(x - C_0 t) + g(x + C_0 t) \quad (2.3.4)$$

で与えられ，$+x$ の方向に伝播する縦波 f と $-x$ 方向に伝播する縦波 g が重畳した波動を表している．

式(2.3.4)からひずみ ε，応力 σ，粒子速度 v は次のように表される．

$$\begin{aligned}\varepsilon &= \frac{\partial u}{\partial x} = f'(x - C_0 t) + g'(x + C_0 t) \\ \sigma &= E\varepsilon = \rho C_0^2 \{f'(x - C_0 t) + g'(x + C_0 t)\} \\ v &= \frac{\partial u}{\partial t} = C_0\{-f'(x - C_0 t) + g'(x + C_0 t)\}\end{aligned} \quad (2.3.5)$$

これより，適当な初期条件と境界条件を用いて f' と g' の関数の形を決めれば，具体的な弾性波の伝播の様子を知ることができる．波が一方向のみの成分からなる場合には（すなわち，f か g のどちらかがない場合），式(2.3.5)から

$$\sigma = \mp \rho C_0 v \begin{cases} +x \\ -x \end{cases} \text{の方向に伝わる波} \tag{2.3.6}$$

である．

棒が塑性変形を生じる場合には，縦弾性波速度 C_0 の代わりに塑性波速度 $C = \sqrt{(\partial\sigma/\partial\varepsilon)/\rho}$ を用いて，同様な取扱いが行えるが，詳細は文献[1]を参照されたい．

2.3.2 応力波の反射と透過[2]

弾性応力波が部材中を伝播してゆき，様々な不連続な部分に到達すると，反射や透過が行われる．ここで不連続な部分とは，断面積などの幾何学的な変化や，密度や弾性係数などの材質的な変化も含まれる．

図 2.3.2 に示した断面積 A_1，密度 ρ_1，縦弾性係数 E_1 の I の部分と，断面積 A_2，密度 ρ_2，縦弾性係数 E_2 の II の部分が境界 PQ で接続された棒を伝わる弾性波について，反射と透過を考える．I の部分から応力波 σ_I が境界 PQ に向かって伝わり，I の部分へ反射される応力波 σ_R と，II の部分へ透過される

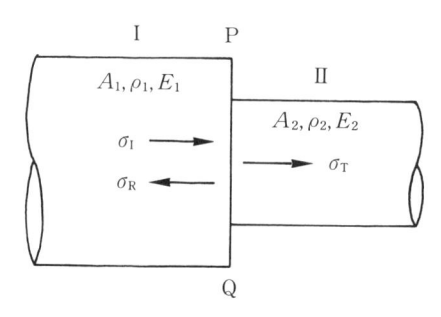

図 2.3.2 不連続部を通過する応力波の反射と透過．

応力波 σ_T とが生じたとする．I の部分と II の部分での粒子速度を v_1, v_2 とすると，境界 PQ の両側での粒子速度と力がそれぞれ釣合う必要があるから，式(2.3.6)より，次式が成り立つ．

$$v_1 = \frac{\sigma_I}{\rho_1 c_1} - \frac{\sigma_R}{\rho_1 c_1} = v_2 = \frac{\sigma_T}{\rho_2 c_2} \tag{2.3.7}$$

$$A_1(\sigma_I + \sigma_R) = A_2 \sigma_T \tag{2.3.8}$$

これより，反射波 σ_R，透過波 σ_T はそれぞれ次式で与えられる．

$$\sigma_R = \frac{\dfrac{A_2}{A_1} - \dfrac{\rho_1 c_1}{\rho_2 c_2}}{\dfrac{A_2}{A_1} + \dfrac{\rho_1 c_1}{\rho_2 c_2}} \sigma_I, \qquad \sigma_T = \frac{2}{\dfrac{A_2}{A_1} + \dfrac{\rho_1 c_1}{\rho_2 c_2}} \sigma_I \tag{2.3.9}$$

ここで，II の部分について，極端な 2 つの場合が考えられる．

（1） II の部分の断面積，密度あるいは縦弾性係数がゼロの場合：

これは II の部分が存在しないことに対応し，境界 PQ が自由端であることを意味している．このとき，式(2.3.9)より

$$\sigma_R = -\sigma_I \tag{2.3.10}$$

となる．すなわち，自由端から反射する波 σ_R は入射する波 σ_I と大きさが等しく，符号が逆となる．従って，圧縮波が入射すると引張波が，引張波が入射すると圧縮波が反射することになる．

（2） II の部分の断面積，密度あるいは縦弾性係数が無限大の場合：

これは II の部分が変形しないことに対応し，境界 PQ が固定端であることを意味している．このとき，式(2.3.9)より

$$\sigma_R = \sigma_I \tag{2.3.11}$$

となる．すなわち，固定端から反射する波 σ_R は入射する波 σ_I と大きさが等しく，同符号となる．従って，圧縮波が入射すると圧縮波が，引張波が入射すると引張波が反射することになる．

なお，これらの取扱いでは，弾性波の速度が一定値 C_0 であるとしたが，一般には，弾性波の速度は波長に依存するため，伝播とともに波形が変化し，いわゆる分散を生じる．例えば丸棒の場合では，弾性波の速度は断面の直径と波長の比に依存する．これらの点については文献[2]を参照されたい．

2.3.3 応力波による破壊

弾性波の伝播や反射，透過によって部材内には静力学の場合とは異なる応力場が形成される．

図 2.3.3 の(a)には，一次元弾性物体中を伝播する圧縮応力波が自由端で反射することによって引張応力場が発生する過程を示した．入射波と反射波の重なりによって，自由端より内部の位置で引張応力場が形成され，これが順次内部に伝播していくことがわかる．従って，圧縮強さに比べて引張強さが低い脆性材料などでは，圧縮の衝撃力を加えると，他端の自由端近傍で引張破壊が起こることになる．

同図(b)には，圧縮応力波が固定端で反射する場合を示した．入射波と反射

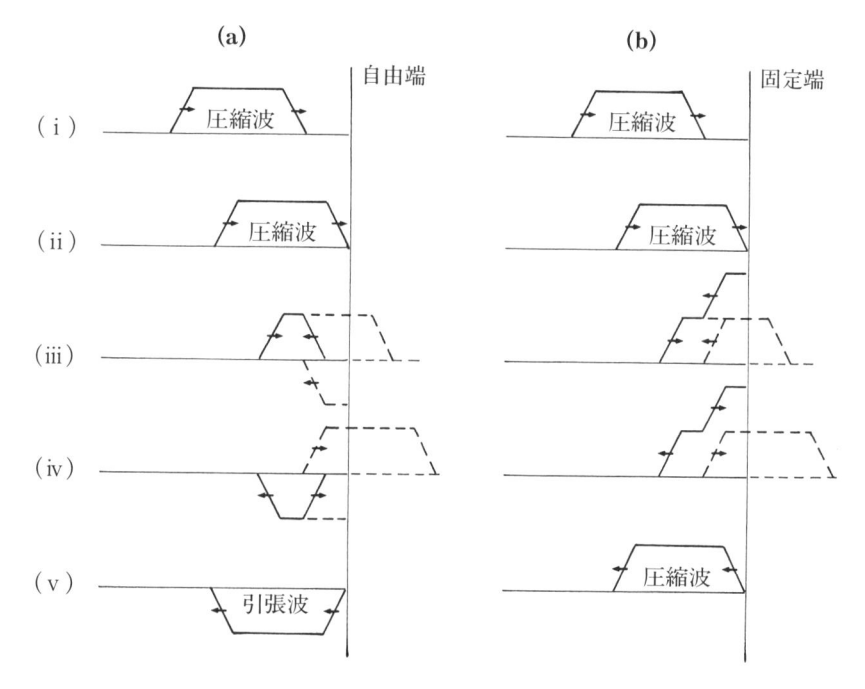

図 2.3.3 （a）一次元物体の自由端での応力波の反射と応力場の変化．
　　　　（b）一次元物体の固定端での応力波の反射と応力場の変化．

波の重なりによって固定端近傍には 2 倍の大きさの圧縮応力場が形成される．従って，破壊応力の半分程度の応力が衝撃的に加わっても，固定端近傍では破壊が生じ得ることがわかる．

このように，衝撃を受ける弾性棒の場合には，圧縮力が作用することで引張の応力場が現れたり，切欠のない場合でも，高い衝撃力が集中する領域を生じたりする．これらは衝撃力を受ける部材に現れる特有な現象である．

応力波が伝播することで引き起こされた引張応力場によって生じる衝撃破壊としては，次のような場合もある．

（1） 平面波の自由端反射による引張破壊

二次元的な広がりをもつ物体の場合にも，自由表面で平面波が反射すると，やはり入射波と逆符号の応力波が反射する．従って，強い圧縮波が加えられる

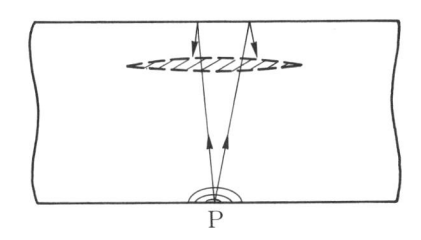

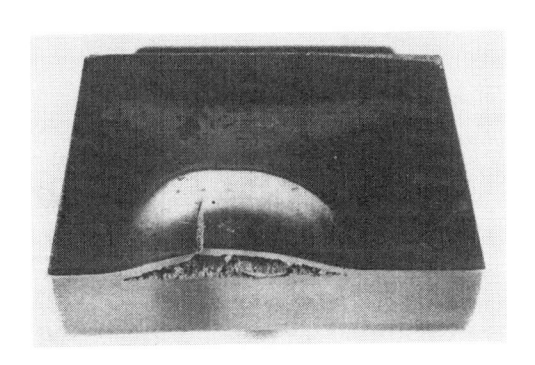

図 2.3.4 圧縮波の反射によって引き起こされた自由表面近傍での引張破壊（スポーリング）．

146   2 破壊の特徴と評価

と，自由表面から内部に入ったところに引張応力場が形成され，引張破壊が生じることがある．**図 2.3.4** には，自由表面と平行に形成されたき裂の例を示す．このような破壊はスポーリング（spalling）と呼ばれる．

（2） 平面波や球面波の重なりによる破壊

自由表面からの単純な反射だけでなく，様々な境界から反射された応力波が

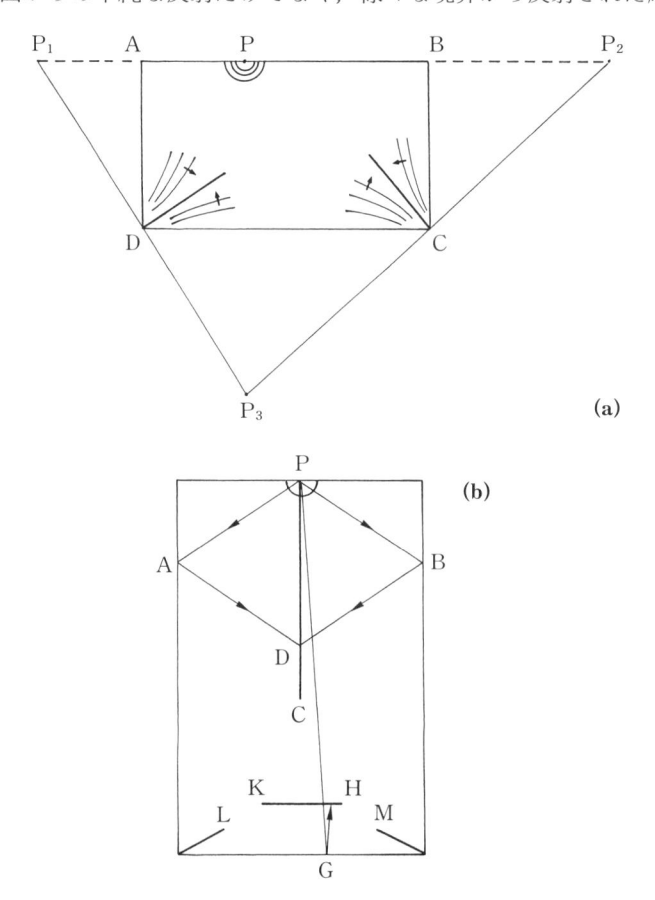

図 2.3.5 （a）圧縮波の反射と重なりによって生じる平板での破壊（模式図）．
　　　　（b）円柱上部に加えられた圧縮波の反射により生じる中心軸上やコーナー部での破壊（模式図）．

重なり合って強い引張応力場が形成される場合もある．**図2.3.5(a)** には，平板の1点Pに加えられた圧縮波が自由表面から反射され，互いに重なることで強い引張応力場が形成される様子を示す．これらの反射波はPの鏡像点 P_1, P_2, P_3 から放射された波として描くことができる．平板の中央や，コーナー部にき裂が発生しやすいことがわかる．同図(b)には円柱上面の中心軸で発生した圧縮波が伝播する様子を示す．円柱側面で反射された引張波は中心軸上に集中し，強い引張応力場が形成される．また，底面で反射された波は図2.3.3(a)の場合と同様に，内部のKHに強い応力場を形成する．**図2.3.6** には，円錐体の底面に圧縮波を加えたときに発生した破壊の様子を示す．圧縮波は円錐の軸方向に進み，断面積の減少に応じて引張の反射波が発生する．その結果，これらの波の重なりで形成される応力場は円錐の頂点近くでは非常に大きな引張応力となり，破壊が生じる．

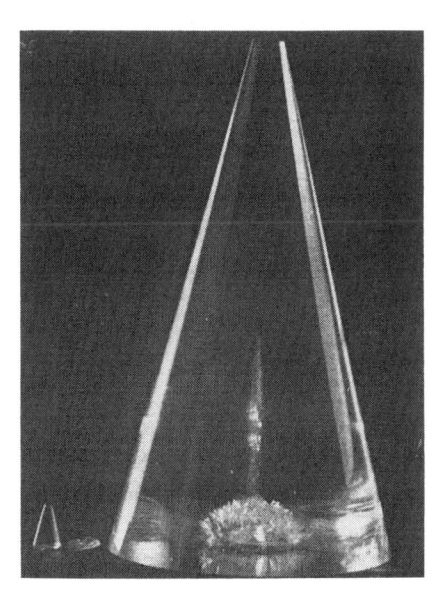

図 **2.3.6** 円錐の底面に与えられた衝撃により生じた先端部での引張破壊．

2.3.4 スプリットホプキンソン棒法

高ひずみ速度のもとでの材料の変形や破壊を調べる最も高精度な試験法として広く用いられているものに,スプリットホプキンソン棒法(Split-Hopkinson bar method)[3~5]がある.この方法は,2本に分割された棒中を伝わる弾性応力波を計測することによって,これらの棒の間に挟まれた試験片の塑性変形や破壊の状態を求める試験法で,発明以来,様々な工夫が施され,多くの試験法が開発されている.ここでは,試験法の原理と,基本的な試験方法について述べる.

図 2.3.7 には,スプリットホプキンソン棒型衝撃圧縮試験装置を示す.同材質,同径の丸棒である打撃棒,入力棒,出力棒が同軸上に並べられ,入力棒と出力棒との間に試験片が設置される.図の左にある打出し装置は,バネあるいは高圧空気によって打撃棒を発射するもので,打出された棒(打撃棒)の速度は入力棒に衝突する直前に通過する速度測定装置によって計測される.時刻 $t=0$ で打撃棒が入力棒に衝突すると,打撃棒,入力棒にはそれぞれ応力波 σ_0, σ_I が縦弾性波速度 C_0 で伝播する.この時,衝突面では力の釣合いと粒子速度の連続条件から次式が成り立つ.

$$\sigma_0 = \sigma_I$$

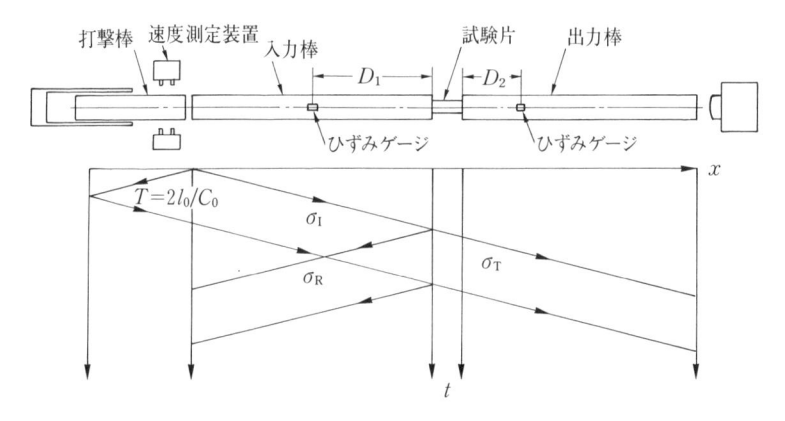

図 2.3.7 スプリットホプキンソン棒型衝撃圧縮試験装置.

2.3 衝撃と破壊

$$v_0 = v_{\mathrm{I}} = V_0 + \frac{\sigma_0}{\rho C_0} = -\frac{\sigma_{\mathrm{I}}}{\rho C_0} \tag{2.3.12}$$

ここに，v_0, v_{I} はそれぞれ打撃棒，入力棒に生じた粒子速度である．この2式より

$$v_0 = v_{\mathrm{I}} = \frac{V_0}{2}, \qquad \sigma_0 = \sigma_{\mathrm{I}} = -\frac{\rho C_0 V_0}{2} \tag{2.3.13}$$

が得られる．

ここで，図中に示した x-t 面で縦弾性波の伝播の様子を考える．打撃棒中を伝わった応力波は左端の自由端で反射される．この時の条件は自由端で応力がゼロとなることである．すなわち，

$$\sigma_0 + \sigma_0' = 0 \tag{2.3.14}$$

が成り立つ．ここに，σ_0' は反射波によって生じた応力である．この反射波によって新たに生じた粒子速度の変化を Δv_0 とすると，

$$\sigma_0' = -\rho C_0 \Delta v_0 = -\sigma_0 \tag{2.3.15}$$

となり，反射波の伝播したところでの粒子速度 v_0' は

$$v_0' = v_0 + \Delta v_0 = V_0 + \frac{\sigma_0}{\rho C_0} + \frac{\sigma_{\mathrm{I}}}{\rho C_0} = 0 \tag{2.3.16}$$

となる．従って，この反射波が元の衝突面に戻ってくるまで，入力棒には応力が与え続けられることになり，その時間は打撃棒（その長さを l_0 とする）中を弾性波が往復する時間，$T = 2l_0/C_0$ で与えられる．これを入射応力波の持続時間，あるいは衝撃の持続時間と呼ぶ．

入力棒中を伝わった入射応力波 σ_{I} は，試験片の左端面に到達すると，一部が試験片に伝わり，残りが反射応力波 σ_{R} として入力棒を左方へ伝播する．試験片に伝えられた応力波は塑性変形を起こしながら試験片の右端に到達し，一部は出力棒に透過応力波 σ_{T} として伝えられ，残りは試験片中に反射される．この応力波は試験片の左端に達すると再び，一部が反射し，残りが入力棒へ伝えられる．このようにして，試験片中をくり返し伝播する応力波によって塑性変形が進行するとともに，試験片の塑性変形に応じて入力棒と出力棒には，それぞれ反射応力波と透過応力波とが伝えられることになる．このように，スプリットホプキンソン棒法では，試験片を挟む両側の弾性棒である，入力棒と出

力棒を伝わる弾性波を捉えることによって，試験片の塑性変形状態を知ることができる．

入力棒の右端での速度 V_1 と出力棒の左端での速度 V_2 は，次式で与えられる．

$$V_1 = \frac{\sigma_I - \sigma_R}{\rho C_0}, \quad V_2 = \frac{\sigma_T}{\rho C_0} \tag{2.3.17}$$

これより，試験片の平均的なひずみ速度 $\dot{\varepsilon}$ は次のように表せる．

$$\dot{\varepsilon} = \frac{V_1 - V_2}{L_0} = \frac{\sigma_I - \sigma_R - \sigma_T}{\rho_0 C_0 L_0} \tag{2.3.18}$$

ここに，L_0 は試験片の長さである．従って，ひずみは次のように表せる．

$$\varepsilon = \int \dot{\varepsilon} dt = \int \frac{1}{\rho C_0 L_0} (\sigma_I - \sigma_R - \sigma_T) dt \tag{2.3.19}$$

試験片の入射側，透過側での応力 σ_1, σ_2 はそれぞれ，次のように与えられる．

$$\sigma_1 = (\sigma_I + \sigma_R)\frac{A_0}{A_T}, \quad \sigma_2 = \sigma_T \frac{A_0}{A_T} \tag{2.3.20}$$

ここに，A_0, A_T はそれぞれ応力棒と試験片の断面積である．従って，試験片の応力としては，これらの平均値を用いて，

$$\sigma = \frac{1}{2}(\sigma_1 + \sigma_2) = \frac{1}{2}(\sigma_I + \sigma_R + \sigma_T)\frac{A_0}{A_T} \tag{2.3.21}$$

と与えられる．

もし，試験片の両側での応力が等しい場合 ($\sigma_I + \sigma_R = \sigma_T$) には，試験片のひずみ速度，ひずみ，応力は次のように入射応力波と透過応力波のみによって表すことができる．

$$\dot{\varepsilon} = \frac{2}{\rho C_0 L_0}(\sigma_I - \sigma_T) \tag{2.3.22}$$

$$\varepsilon = \int \frac{2}{\rho C_0 L_0}(\sigma_I - \sigma_T) dt \tag{2.3.23}$$

$$\sigma = \sigma_T \frac{A_0}{A_T} \tag{2.3.24}$$

通常，入力棒側での応力は試験片との断面積の違いによって三次元分散効果 (Pochhammer-Chree 効果) を著しく受けるが，出力棒側の応力は試験片が塑

性変形するために,この効果を受けにくい[6].従って,出力波のみを用いて試験片の応力を求める式(2.3.26)を採用することが多い.

ところで,これらの応力波 σ_I, σ_R, σ_T は,応力棒上の1点で観測すると,異なった時刻に観測される.従って,入射側の応力や粒子速度を求めるには,弾性波速度と観測位置との関係を考慮して,入射波と反射波を時間をずらして重ね合わせ,透過側の応力や粒子速度を求めるには,透過波を入射波の時刻に対応させて求めなければならない.すなわち,式(2.3.22)～(2.3.24)は次のように表すことになる.

$$\dot{\varepsilon}(t) = \frac{2}{\rho C_0 L_0}\left\{\sigma_I\left(t - \frac{D_1}{C_0}\right) - \sigma_T\left(t + \frac{D_2}{C_0}\right)\right\} \quad (2.3.25)$$

$$\varepsilon(t) = \int \frac{2}{\rho C_0 L_0}\left\{\sigma_I\left(t - \frac{D_1}{C_0}\right) - \sigma_T\left(t + \frac{D_2}{C_0}\right)\right\} dt \quad (2.3.26)$$

$$\sigma(t) = \sigma_T\left(t + \frac{D_2}{C_0}\right)\frac{A_0}{A_T} \quad (2.3.27)$$

ここで,D_1, D_2 は,図中に示すように,入力棒上のひずみゲージから試験片端面までの距離と,出力棒上のひずみゲージから試験片端面までの距離である.

このように,応力,ひずみ,ひずみ速度は時間の関数として表され,衝撃変形中の応力-ひずみ-ひずみ速度関係が得られる.測定上,入射波と反射波が重ならない位置に入力棒上のひずみゲージを,また,透過波とその反射波とが重ならない位置に出力棒上のひずみゲージを,それぞれ設置するのが便利であり,打撃棒の長さに応じて,入力棒,出力棒の長さを選定しなければならない.

2.3.5 様々な衝撃試験法

スプリットホプキンソン棒法の原理を用いて,様々な衝撃試験法が開発されている.ここではそれらについて簡単に説明する.

2.3.5.1 引張試験[7,8]

図2.3.8には,入力棒に設けたヨークを打撃管で打つことで,引張応力波

152   2 破壊の特徴と評価

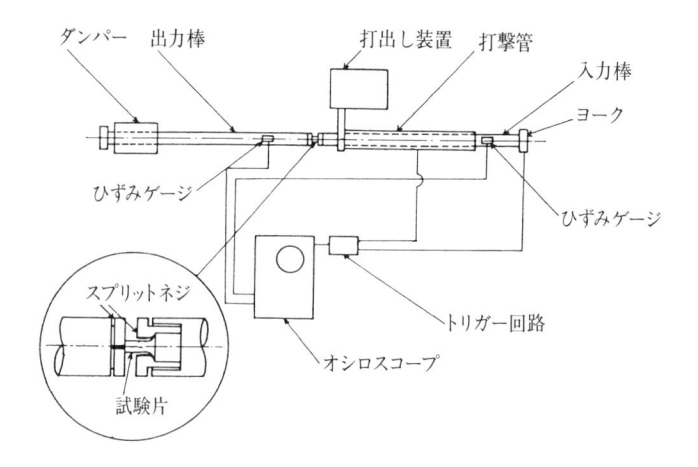

図 2.3.8 スプリットホプキンソン棒型衝撃引張試験装置.

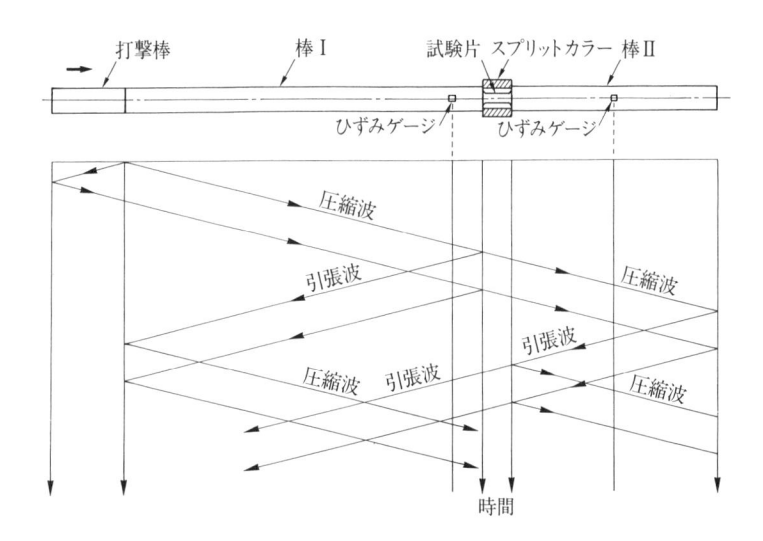

図 2.3.9 スプリットホプキンソン棒型衝撃引張試験装置（圧縮応力の反射を利用する方法）.

を発生させ，試験片に引張変形を与える試験装置を示す．試験片は図に示すように，スプリットネジで入，出力棒に取付けられる．この方法は最も直接的であるが，複雑な打出し機構が必要となる．

図 2.3.9 には，圧縮試験装置を用いた引張試験法を示す．打撃棒の衝突によって生じた圧縮波が棒Iを経て試験部に到達するが，試験片はスプリットカラーによって覆われており，圧縮波の大部分はこのカラー部を通じて棒IIに透過される．試験片に加わる圧縮応力が十分小さく，塑性変形を生じない程度に，カラー部と試験片との断面積比は十分大きくされる．棒IIに透過された圧縮波は自由端で反射されて引張入射波として再び試験片部に到達し，試験片に引張応力が負荷される．棒IIに生じた反射波は右方向に，棒Iに生じた透過波は左方向に伝播する．試験片の応力，ひずみ，ひずみ速度は，これらの入射，反射，透過応力波より求められる．この方法は圧縮試験装置を用いることができる点で有利であるが，最初に与える圧縮波が引張波と重ならないような位置で応力波を観測する必要があるため，長い応力棒が必要となり，装置全体が長大となりやすい．また，試験片の長さとカラーの長さを正確に調整すること，試験片設置時に引張予ひずみが生じないようにすること，などの点に注意する必要がある．

2.3.5.2　One-Bar 法[9]

破断などの現象を捉えるには，大きな変形量を与えることが必要で，長い持続時間の衝撃を加えなければならないため，長い打撃棒，それに応じた長い入力棒，出力棒を用いた長大な試験装置となりやすい．そこで，入力棒を取り去って，試験片の一端に衝撃ブロックと呼ばれる取付け部を設け，これに打撃棒を衝突させることを行ったものが図 2.3.10 に示した one-bar 法と呼ばれる衝撃試験法である．試験片の応力は出力棒に貼られたひずみゲージからのみ測定され，試験片の変形量は入力棒の移動量を光学的な方法などによって別に測定して求められる．

154   2 破壊の特徴と評価

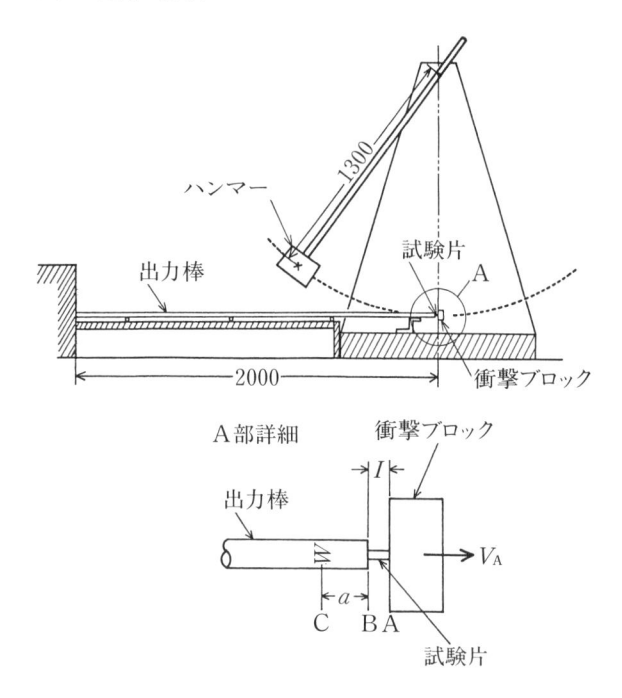

図 2.3.10 one-bar 法による衝撃試験．

2.3.5.3 ねじり試験[10]

ねじり試験では試験片端面での摩擦を受けないので，試験片を短くすることで大きなひずみを与えることができる．**図 2.3.11** に示した衝撃ねじり試験法

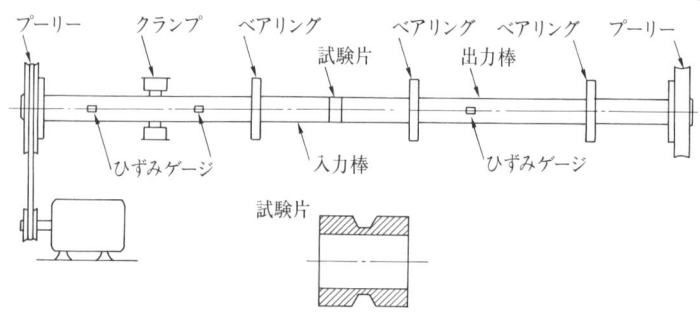

図 2.3.11 スプリットホプキンソン棒型衝撃ねじり試験装置．

では，入力棒の一部をクランプで拘束し，ねじりトルクを負荷する．クランプを急速に開放すると，棒に蓄えられていたねじりトルクが棒を伝播し，試験片にねじり変形を加える．クランプの開放時に曲げ応力が発生しないよう，また，鋭い立上がりの応力波を得られるよう様々な工夫が行われている．

2.3.5.4 曲げ試験[11]

図 2.3.12 には，圧縮試験装置を用いた3点曲げ試験法を示す．曲げ試験では，立上がりの鋭い入射波を負荷すると，試験片が出力棒と離れ，変形状況が把握できなくなる場合がある．このような現象を防ぐには，適度に緩い立上がりをもった入射波（ランプ波と呼ばれる）を用いることが有効であり，入力棒の先端に設置したバッファーの塑性変形を利用することなどが試みられている[12]．

2.3.5.5 特殊な試験

やや特殊な衝撃試験として，次のような試験法が考案されている．

（1） 組合せ変形試験[13]

図 2.3.11 において，クランプで拘束された入力棒の部分に，あらかじめねじり変形と引張変形を与える．クランプを急速に開放すると，入力棒の一部分に蓄積されていたトルクと引張応力が開放され，それぞれねじり波と引張波として棒を伝播し，試験片に衝撃的なねじり変形と引張変形とが加えられる．ねじり波の速度は引張波の速度より低いため，これらの組合せ変形を同時に加えるには，試験片をクランプの近くに設置することが必要である．

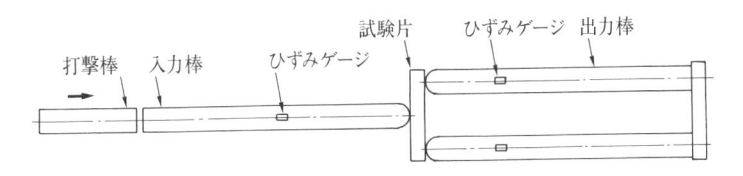

図 2.3.12　スプリットホプキンソン棒型衝撃3点曲げ試験装置．

（2） リバース試験[14]

一方向の変形に引き続いて逆方向の変形を受ける場合の挙動を知ることは，バウシンガー効果のひずみ速度による変化や，スポーリングを予測する上でも重要である．**図 2.3.13** には，正負の入射応力波を加えることで，衝撃変形中に負荷方向を逆転させるリバース試験法を示す．断面積の異なった部分からの反射波で構成される一連の入射応力波を入力棒に伝播させ，試験片に引張と圧縮のくり返し衝撃が加えられる．

（3） リカバリー試験[15]

衝撃試験中の変形や破壊過程を観察するため，変形途上での状態をそのまま保持回収するリカバリー試験法が考案されている．この試験では，所定の変形を与えた後も，応力棒に残っている応力波によって余分の変形が試験片に加えられないように，これらの応力波を除去する．**図 2.3.14** には，圧縮変形，引張変形の場合に反射波，透過波をそれぞれ応力吸収棒によってトラップする方

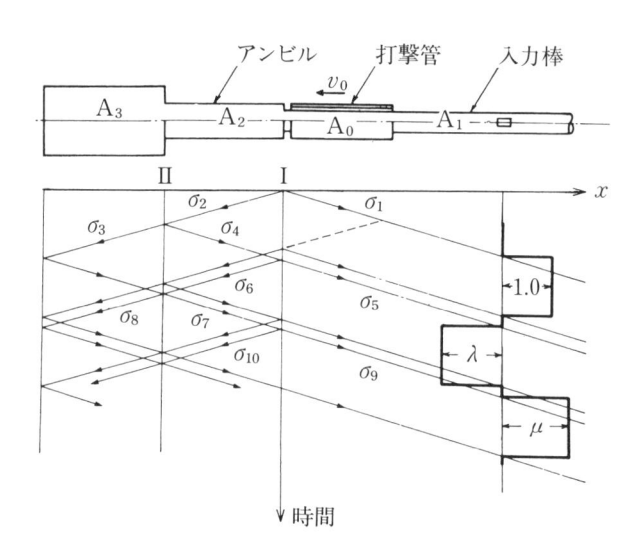

図 2.3.13 変断面部での応力波の反射を利用して衝撃的に負荷方向を逆転する試験法（リバース試験法）．

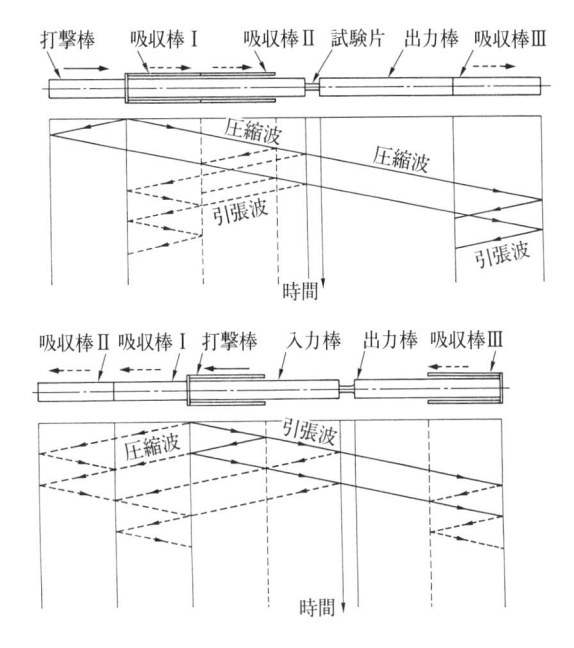

図 2.3.14 リカバリー試験のための反射応力波と透過応力波の吸収方法（上：圧縮試験の場合，下：引張試験の場合）

法を示す．試験片には，ただ1回の衝撃が加えられ，所定の変形量を与えることができる．

以上の試験法は主として変形試験として開発されたものであるが，様々な切欠をもつ試験片（環状切欠試験片やCT（Compact Tension）試験片など）を用いた衝撃破壊試験法[16,17]としても利用されている．

2.3.6 衝撃変形での変形論

衝撃が与えられたときに材料内部で生じる変形は転位の運動として現れる訳であるが，この転位の運動を取扱う方法として2つの考え方がある．そのひとつは，転位が熱的に活性化されることによって障害を乗り越え，これが変形を進行させるとするいわゆる熱活性化過程論で，従来からクリープ変形など比較

的低いひずみ速度の変形に適用されている変形論であり，これを高ひずみ速度での変形にまで適用しようとするものである．他のひとつは，高速で運動する転位に様々な抵抗が働き，これが変形を生じている際に働いている外部応力を決めているとする高速運動転位論である．ここでは，それぞれの考え方と，その適用上の注意点を述べる．

2.3.6.1 熱活性化過程論[18]

図 2.3.15 に示すように，長さ l の転位が熱振動の助け（すなわち，熱的な活性化）によって，障害物を乗り越えて運動することで変形が進むと考えるとき，ひずみ速度 $\dot{\varepsilon}$ は次のように表すことができる．

$$\dot{\varepsilon} = \rho_m b \nu_0 s_0 \exp\left(-\frac{H}{kT}\right) = \dot{\varepsilon}_0 \exp\left(-\frac{H}{kT}\right) \tag{2.3.28}$$

ここに，ρ_m は可動転位密度，b はバーガースベクトル，ν_0 は障害物にひっかかっている転位の部分が行う熱振動の振動数と活性化エントロピーに関係した因子の積，s_0 は活性化された転位が移動する距離，k は Boltzmann 定数，T は絶対温度である．H は活性化エネルギーと呼ばれ，転位が乗り越えなければならないエネルギーを表している．

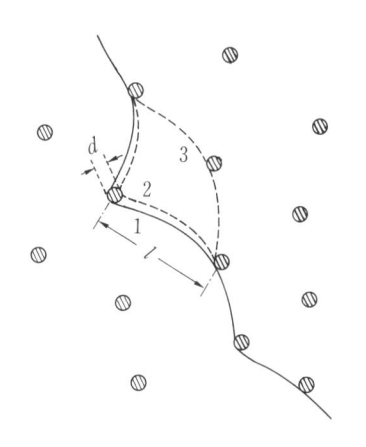

図 2.3.15 障害物を乗り越える際の転位運動．

面心立方格子であるアルミニウム合金の場合には，パイエルス力が小さく，転位の運動を妨げる障害物は主に，転位や空孔などの格子欠陥と溶質原子や析出物などである．それらは，大きく分けて2種類のものが考えられる．ひとつはその影響のおよぶ範囲が非常に広く，熱振動の助けによっては転位が越えることのできないものであり，長範囲な応力場をもつものである．他のひとつは，逆にその影響のおよぶ範囲が比較的狭い範囲にとどまり，熱振動の助けによって転位が越えることのできる比較的短範囲の応力場をもつものである．従って，これらの応力場に抗して転位を運動させるための外部から加える応力 σ は，次式のように表せる．

$$\sigma = \sigma_\mu + \sigma^* \tag{2.3.29}$$

ここで，σ_μ, σ^* はそれぞれ，応力 σ の非熱的成分と熱的成分と呼ばれる．

図 2.3.16 には，短範囲の応力場を持つ障害について，転位の運動距離と障

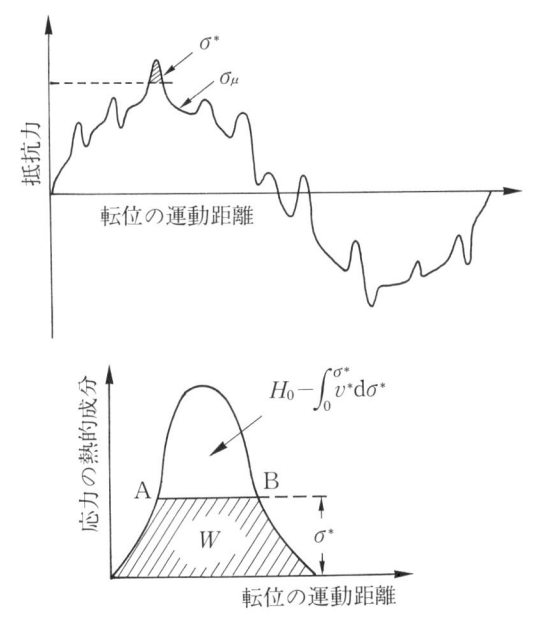

図 2.3.16 結晶中での転位の運動と抵抗力(上)，熱的に活性化される転位の運動(下)．

害物のおよぼす抵抗力の変化（force-displacement curve と呼ばれる）を示す．転位がこの障害を越えて A から B まで移動するには，全エネルギー H_0 を熱エネルギーによって供給しなければならないが，応力 σ^* が働く場合には，必要な熱エネルギーは，転位の移動によってなされる仕事 W に相当する分だけ少なくてよい．すなわち，式(2.3.28)中の活性化エネルギーは次のように表すことができる．

$$H(\sigma^*) = H_0 - W = H_0 - \int_0^{\sigma^*} lxb\,d\sigma^* = H_0 - \int_0^{\sigma^*} v^*\,d\sigma^* \qquad (2.3.30)$$

ここに，H_0 は全活性化エネルギーであり，v^* は活性化体積と呼ばれる．

v^* が σ^* に依存しない一定値であるとすると，変形応力は

$$\sigma^* = \frac{H_0 - ckT}{v^*}, \qquad c = \ln\frac{b\rho_m s_0 \nu_0}{\dot{\varepsilon}} \qquad (2.3.31)$$

となる．H は正の値であるから，式(2.3.28)より c の値も正値となる．従って，応力の熱的成分 σ^* は温度とともに減少し，ある温度 $T_0(=H_0/ck)$ 以上では 0 となる．

図 2.3.17 にはこのときの変形応力 σ の温度による変化の様子を示した．また，ひずみ速度 $\dot{\varepsilon}$ が大きくなるほど，c が小さくなるため，変形応力の温度変化が緩やかになる．ここで，σ_0 は 0 K での変形応力の値である．

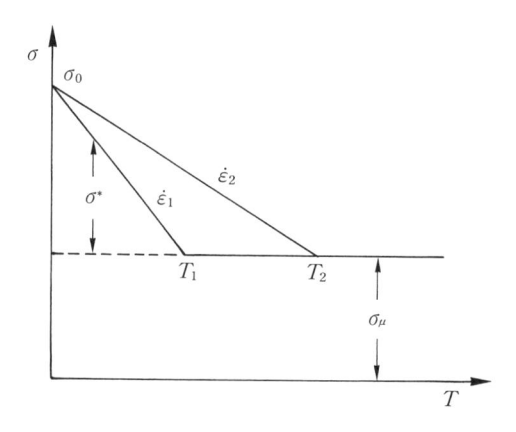

図 2.3.17　熱活性化過程における応力の温度とひずみ速度による変化．

式(2.3.28)において，$\dot{\varepsilon}_0$ が温度とひずみ速度に依存しない場合には，活性化エネルギー H と活性化体積 v^* は次のように与えられる．

$$H(\sigma^*) = -kT^2 \left(\frac{\partial \sigma^*}{\partial T}\right)_{\dot{\varepsilon}} \bigg/ \left(\frac{\partial \sigma^*}{\partial \ln \dot{\varepsilon}}\right)_T \qquad (2.3.32)$$

$$v^* = \frac{kT}{\left(\dfrac{\partial \sigma^*}{\partial \ln \dot{\varepsilon}}\right)_T} \qquad (2.3.33)$$

これより，活性化体積 v^* が応力の熱的成分 σ^* に依存せずに一定の場合には，一定温度で得られる応力とひずみ速度の対数とは比例し，その大きさは温度に比例することになるが，活性化体積が σ^* に依存する場合には，応力とひずみ速度の対数との関係は比例しないことがわかる．

高ひずみ速度域での応力とひずみ速度の関係が実験によって求められると，活性化体積と応力との関係が求められ，障害物の force-displacement 関係を求めることができるから，活性化エネルギーなども考慮して，障害物の種類や性質を知ることができ，変形を熱活性化過程として取扱うことの妥当性が検討できる．

2.3.6.2 高速運動転位論[19]

前節の式(2.3.31)からわかるように，外力が 0 K での σ，すなわち σ_0 よりも大きくなると，転位は熱エネルギーの助けをかりずに運動することになり，一度運動しはじめると，運動エネルギーが散逸しないかぎり，外力を 0 にしてもそのまま運動し続けるはずである．しかし，実際には運動する転位には何らかの抵抗が働くため，次第に運動エネルギーは失われてしまう．高速で運動する転位に働く抵抗については以下のような多くのモデルが提唱されている．

（1） パイエルス力の効果

パイエルスポテンシャルの中を運動する転位は，ポテンシャルの山の位置では遅く，谷の位置では速い．つまり，転位は一定の速度に振動が重なったような運動をすることになる．このような振動が起こると，振動する電子から電磁波が放射されるのと同じように，音波が放射され，転位の運動エネルギーが失

われ，抵抗として働くことになる．このような状況で転位を運動させるための外力 σ と，転位の速度 v との間には次式が成り立つ．

転位の速度が音速 c よりはるかに遅いとき：

$$\frac{\sigma}{G}=\frac{\pi^3}{4}\left(\frac{v}{c}\right)^2 \tag{2.3.34}$$

転位の速度がかなり大きいとき：

$$\frac{\sigma}{G}=\frac{\pi a^2}{4}\left(\frac{c/v}{\ln(c/v)}\right)^2, \quad a=2\exp\left(-\frac{2\pi}{1-\mu}\right) \tag{2.3.35}$$

ここで，G は剛性率，μ はポアソン比である．

（2） 転位芯の構造変化

転位の中心の位置によって転位の芯での原子のずれが異なるため，転位が運動すると，芯の部分が大きくなったり，小さくなったりする．このため（1）の場合と同じように，運動に伴って，周囲に音波を放射し，運動エネルギーが失われる．このときの σ と v の間には次式が成り立つ．

$$\frac{\sigma}{G}=8\pi^3 a^2\left(\frac{v}{c}\right)^2 \tag{2.3.36}$$

（3） フォノン粘性

転位のないところでフォノン（結晶を構成する各原子の格子振動の波が伝播する速度は一定で，音波の性質をもつ．この振動の量子をフォノンと呼ぶ）がある熱平衡状態にあるとする．そこへ転位がくると，格子定数が変化し，フォノンの分布が乱され，再びもとの熱平衡に達するまでにエネルギーの散逸が起こる．このときの抵抗 B は転位の速度に比例したもので，次式で与えられる．

$$B=\left(\frac{b^2}{8\pi r_0^2}\right)\eta \tag{2.3.37}$$

b はバーガースベクトル，r_0 は転位の芯に相当する量で，η はフォノン粘性である．

（4） 電子粘性

これも同じく転位の速度に比例した抵抗 B を与えるもので，次式で表される．

$$B = \frac{(bNe)^2}{24\pi\sigma_e} \tag{2.3.38}$$

ここで，N は単位体積中の電子の数，σ_e は電気伝導度である．

（5） フォノン散乱および電子散乱

静止している転位は，フォノンや電子の流れ（熱流や電流）に対して抵抗となる．逆に転位が運動すると，これらのフォノンや電子を散乱するため，転位の運動に対して抵抗となる．これらの抵抗もやはり転位の速度に比例して働くと考えられている．

これらの抵抗は大きく分けると，速度の2乗に比例するもの（式(2.3.34)～(2.3.36)）と，速度に比例するもの（式(2.3.37)や(2.3.38)）であり，これらの抵抗が高速変形時の応力を決めているとすると，次式が成り立つ．

$$\sigma = Bv^n = B\left(\frac{\dot{\varepsilon}}{b\rho_m}\right)^n, \quad n=1, 2 \tag{2.3.39}$$

ひずみ速度と応力の関係から B を求め，その大きさや温度依存性を調べることによって高速転位に働く動的な抵抗が変形強度を支配しているかどうかを明らかにすることができる．これまでの多くの実験結果を見ると，このような高速転位に働く抵抗が支配的であると確認されたものは極めて少なく，今後の研究課題として残されている．

2.3.7 衝撃破壊

アルミニウム合金の衝撃破壊の実例については，後の章で詳しく記述されるので，ここでは，一般的な事項についてのみ述べるにとどめる．

アルミニウム合金の破壊は一般に延性破壊であり，何らかの塑性変形を必ず伴うと考えられる．従って，衝撃破壊では高速塑性変形が介在することにな

り，低速の破壊に比べて破壊強度は一般に上昇する．しかし，変形がさらに高速になると，次第に塑性変形の寄与が抑制され，脆性的な破壊が支配的になるため，破壊強度はむしろ低下する．より高い変形速度では，再び破壊強度が上昇する傾向が認められているが，これは破壊進行には，ある時間以上荷重が負荷される必要があるためと考えられており[20]，ごく短い時間内に大きな荷重が負荷される衝撃では，破壊が進行せず，結果的に高い破壊強度を示すことになる．

参 考 文 献

1) W. Goldsmith : Impact, Edward Arnold, London (1960).
2) H. Kolsky : Stress Waves in Solids, Dover, New York (1963).
3) R. M. Davies : A Critical Study of the Split Hopkinson Pressure Bar, Phil. Trans. Ser. A, **240** (1948), 375.
4) H. Kolsky : An Investigation of the Mechanical Properties of Materials at very High Rates of Loading, Proc. Phys. Soc., **B62** (1949), 676.
5) F. E. Hauser : Technique for Measuring Stress-strain Relations at High Strain Rates, Experimental Mechanics, **6** (1966), 395.
6) L. D. Bertholf and C. H. Karnes : Two-dimensional Analysis of the Split Hopkinson Pressure Bar System, J. Mech. Phys. Solids, Vol. **23**, No. 1 (1975), 1.
7) K. Tanaka and T. Nojima : The Effect of Temperature and Strain Rate on the Strength of Aluminum-0.77wt% Magnesium Alloy, Proc. of 14th Japan Congress on Materials Research, 57 (1971).
8) T. Nicholas : Tensile Testing of Materials at High Rates of Strain, Exp. Mech., Vol. **21** (1981), 177.
9) K. Kawata, S. Hashimoto, K. Kurokawa and N. Kanayama : A New Testing Method for the Characterization of Materials in High-velocity Tension, in Mechanical Properties at High Rates of Strain, Ed. by J. Harding, Inst. of Physics Conf. Ser. No. 47 (1974), 71.
10) J. D. Campbell and A. R. Dowling : The Behaviour of Materials Subjected to Dynamic Incremental Shear Loading, J. Mech. Phys. Solids, Vol. **18** (1970), 43.
11) T. Yokoyama and K. Kishida : A Novel Impact Three-point Bend Test Method for

Determining Dynamic Fracture-initiation Toughness, Exp. Mech., Vol. **29** (1989), 188.

12) K. Ogawa, F. Sugiyama, G. Pezzotti and T. Nishida : Impact Strength of Continuous-carbon-fiber-reinforced Silicon Nitride Measured by Using the Split Hopkinson Pressure Bar, J. Am. Ceram. Soc., Vol. **81** (1998), 166.

13) T. Hayashi and N. Tanimoto : Behavior of Aluminum Simultaneously Subjected to Dynamic Combined Stresses of Torsion and Tension, Proc. of 19th Japan Congress on Materials Research, 53 (1976).

14) K. Ogawa : Impact Tension Compression Test by Using a Split Hopkinson Bar, Exp. Mechanics, Vol. **24**, No. 2 (1984), 81.

15) S. Nemat-Nasser, J. B. Isaacs and J. E. Starrett : Hopkinson Techniques for Dynamic Recovery Experiments, Proc. Roy. Soc. Lond., **A435** (1991), 371.

16) L. S. Costin, J. Duffy and L. B. Freund : Fracture Initiation in Metals under Stress Wave Loading Conditions, Fast Fracture and Crack Arrest, ASTM STP627 (1977), 301.

17) J. R. Klepaczko : Discussion of a New Experimental Method in Measuring Fracture Toughness Initiation at High Loading Rates by Stress Waves, J. Engng. Mat. Tech. Trans. ASME, Vol. **104** (1982), 29.

18) H. Conrad : Thermally Activated Deformation of Metals, J. Metals, Vol. **16** (1964), 582.

19) J. P. Hirth and J. Lothe : Theory of Dislocations, 2nd Ed., John Wiley & Sons (1982).

20) H. Honmma, D. A. Shockey and Y. Murayama : Response of Cracks in Structural Materials to Short Pulse Loads, J. Mech. Phys. Solids, Vol. **31**, No. 3 (1983), 261.

各論

3

3.1 アルミニウム展伸合金の疲労特性

———戸梶　惠郎———

　アルミニウム展伸合金の疲労特性に関しては，これまで時効硬化型合金の疲労き裂進展挙動を中心として膨大な量の研究結果が蓄積されている．従って，疲労特性全体を概括することは不可能であり，またすでに疲労機構[1,2]や疲労強度におよぼす諸因子の影響[3]などについて優れた解説があるので，それらとの重複を避けるために本章では比較的最近の問題であり，学術的かつ実用的にも重要な微小き裂成長挙動と新しい合金であるアルミニウム-リチウム合金（Al-Li合金）の疲労特性を中心に，力学的観点より記述する．

3.1.1　平滑材の疲労強度

　市販の6063合金，2024合金および7075合金の回転曲げ荷重下における応力振幅と破壊までのくり返し数の関係（S-N曲線）を図3.1.1に示す[4,5]（$S = \sigma$）．疲労試験で普通行われるように，くり返し数$N = 10^7$回程度で実験を打ち切っているが，一般にアルミニウム合金のS-N曲線は鉄鋼材料のように水平部（疲労限度）が現れず，10^7回を超えても破壊を生じ疲労強度は低下する傾向がある．2024合金および7075合金ではS-N曲線が水平になる傾向が見られるが，これは疲労限度の存在を意味するものではなく，さらに実験を継続すれば破壊を生ずると考えられる．一方，6063合金のS-N曲線はなだらかに低下する傾向を示している．従って，アルミニウム合金では鉄鋼材料の疲労限度の代わりに，$N = 10^7$回の疲労強度を採用して設計の指標とする．

　アルミニウム合金に限らず，疲労限度または$N = 10^7$回の疲労強度は引張強さと良い相関がある．引張強さに対する疲労限度または$N = 10^7$回の疲労強度の比を疲労比というが，鉄鋼材料では疲労比は約0.5であることが知られている．ところが，アルミニウム合金では熱処理や加工状態に依存して疲労比が異

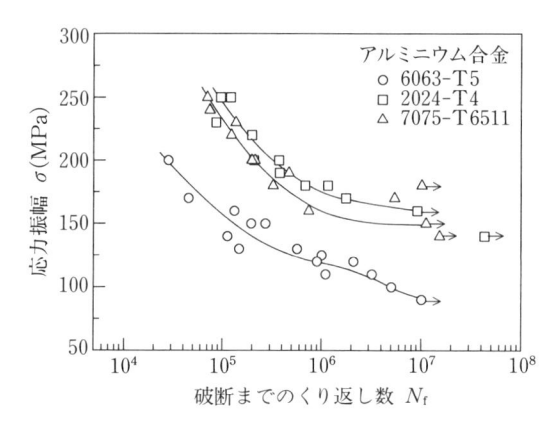

図 **3.1.1** 平滑材の S-N 曲線[4,5].

なり，焼なましした固溶体合金では0.5，その合金の加工状態では0.33程度であるのに対して，時効硬化型合金では約0.25である[1]．このように時効によって強度を高めた合金の疲労比が低いことに注意が必要である．

図3.1.1の結果を疲労比で描き直した結果を**図3.1.2**に示す[5]．上述したように，2024合金および7075合金の疲労比は低く，前者では0.30，後者では0.25であり，2024合金のほうが相対的に疲労強度にやや優れる．これに対し

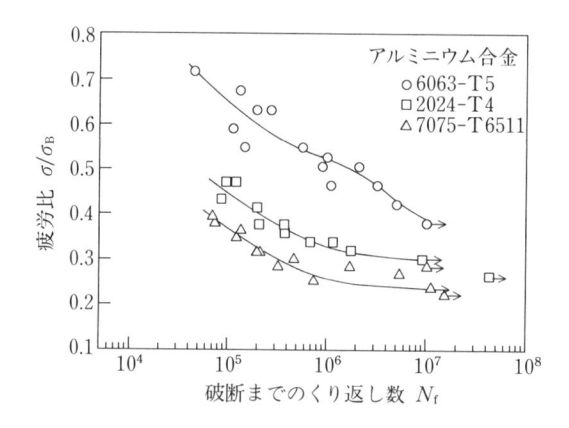

図 **3.1.2** 図3.1.1を疲労比で表した S-N 曲線[5].

て，同じ時効硬化型合金でも 6063 合金は 0.38 の高い疲労比を示す．このような疲労比の傾向を理解しておけば，疲労試験を行うことなく静的引張試験から $N=10^7$ 回の疲労強度を推定することができる．

3.1.2 疲労き裂の発生

平滑材の疲労過程はき裂発生とそれに続くき裂成長に大別できる．後者においては，き裂寸法が小さく，成長速度の遅い，いわゆる微小き裂(small crack)の成長が支配的である．

アルミニウム合金では，疲労き裂はくり返しすべりによる結晶粒内における発生のほかに，結晶粒界や介在物から発生する場合がある．発生に至るまでの材質変化（くり返し硬化および軟化挙動）や下部組織などの微視的な検討は文献[1]にゆずり，以下では工学的な意味におけるき裂発生について簡単に述べる．

き裂発生後，くり返しとともにき裂は成長する．そのような一例を 6063 合金について**図 3.1.3** に示す[5]．従来，平滑材の疲労過程においてはき裂発生過程が支配的であると認識されていたが，図から明らかなように表面き裂全長 $2c=50\,\mu\mathrm{m}$ 程度のき裂発生は，疲労寿命の 20% 程度である．実際にはこの長

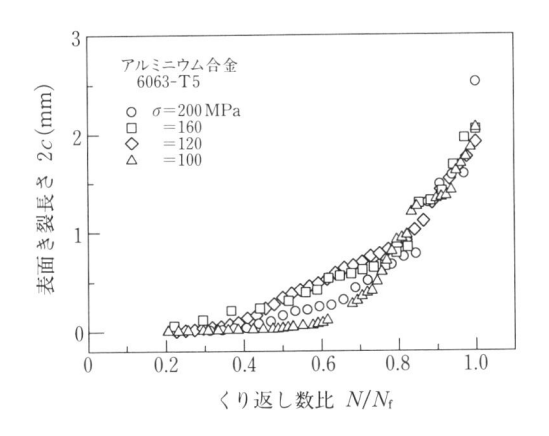

図 3.1.3 平滑材のき裂成長曲線[5]．

さまでのき裂成長を含んでいるので，真の意味でのき裂発生はさらに早いことになる．また前述したように，その後の成長過程において $2c = 1$ mm 程度までの微小き裂の成長が大部分を占めている．このような観察は，現在主に疲労試験の途中で試験機を一時停止し，試験片表面のレプリカを採取することによって行われている．これによってき裂発生や微小き裂成長の現象学的理解が急速に発展したといっても過言ではない．

き裂発生を厳密に把握することは事実上不可能であり，上記のようにある長さのき裂の検出をもってき裂発生と定義するのが一般的であり，また工学的にも意味がある．図 3.1.3 の結果では，応力にかかわらずき裂発生は疲労寿命の 20% 程度であったが，6061 合金の長さ 0.0025 mm のき裂発生に対しては，高応力ほど相対的にき裂発生は早く，応力の減少に伴って遅くなる傾向が示されている[6]．さらに前出の 2024 合金や 7075 合金では，$2c = 50$ μm のき裂発生は応力にかかわらずほぼ 50% 程度であること[4]，また 7075 合金では相対的なき裂発生は応力比（$R = \sigma_{min}/\sigma_{max}$）によって異なることが指摘されている[7]．このようにき裂発生は合金の種類（組織）はもとより，応力や応力比などの力学的因子にも依存するが，一般に平滑材といえどもき裂の発生は相対的にかなり早く，疲労寿命や余寿命の予測において微小き裂の成長挙動の把握，評価が重要である．き裂発生の定量的評価は未だ確立されていないので，現状では微小き裂成長を適切に評価すれば，き裂発生寿命分だけ安全側の寿命予測を与えることになる．

3.1.3 微小き裂成長に関する基本的事項

前節で述べたように，微小き裂成長は疲労寿命の大部分を占めるという意味で実用的に重要であるばかりでなく，Pearson[8] や北川[9,10] らによって線形弾性破壊力学（Linear Elastic Fracture Mechanics : LEFM）で記述されるき裂（以後，大き裂）とは異なる，異常な挙動を示すことが明らかにされて以来，その現象の理解に学問的にも関心が持たれた．これまでに微小き裂の成長に関する解説[11~13]も散見されるので，本節では後述する個別のデータの理解に必要な

3.1 アルミニウム展伸合金の疲労特性

基本的事項の記述にとどめる．

ParisとErdogan[14]が2024合金の疲労き裂進展にLEFMのパラメータである応力拡大係数幅（応力拡大係数範囲）ΔKを用いてき裂進展速度da/dNを整理することに成功して以来，破壊力学的試験片を用いた，いわゆる大き裂（例えば，き裂長さが10 mm，あるいはそれ以上）の進展は，パリス則で知られる次式によりほぼ定量的に取扱えるようになった．

$$\frac{da}{dN} = C\Delta K^m \tag{3.1.1}$$

式(3.1.1)の重要な点は，ΔKが与えられると，da/dNが応力やき裂長さにかかわらず一義的に定まることにある．しかしPearsonは，アルミニウム合金（BSL65）の微小き裂成長挙動を調べ，**図 3.1.4**に見られるようにΔKでda/dNを整理すると，微小き裂は大き裂よりも速く成長し，かつ大き裂の下限界応力拡大係数幅ΔK_{th}（これ以下のΔKではき裂が進展しない限界の応力拡大係数幅）以下でも成長することを示した[8]．また，Kitagawaらは数種類の鋼について微小き裂のΔK_{th}は大き裂のΔK_{th}よりも小さくなり，き裂寸法の減少に伴って低下することを示した[9,10]．

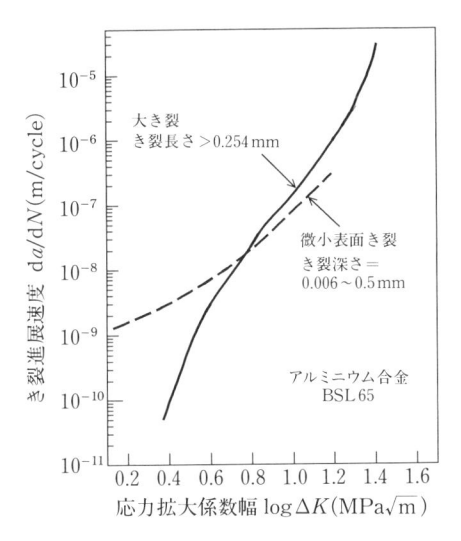

図 3.1.4 BSL65合金の微小き裂と大き裂の成長挙動[8]．

これらの研究を契機として，微小き裂成長の現象学的理解を深めるための実験的研究が広範な材料に対して展開されている．その結果，微小き裂の挙動に基づいて，微小き裂は以下の3種類に分類されている[11,12]．

- 微視組織的微小き裂（microstructurally small crack）
  き裂寸法が組織の代表寸法（例えば，結晶粒径）に匹敵し，大き裂より速く，かつ組織の影響を受けて成長する．
- 力学的微小き裂（mechanically small crack）
  組織の影響は受けないが，依然として大き裂より速く成長する．
- 物理的微小き裂（physically small crack）
  単にき裂寸法が小さいだけで，力学的挙動は大き裂と同様である．

この他に，化学的微小き裂（chemically small crack）と分類される微小き裂の挙動があるが，これは室温大気中では大き裂と同様の挙動を示すにもかかわらず，腐食環境中では顕著な加速を示すような微小き裂を指している[15]．

大き裂とは異なる微小き裂の異常な挙動を誘起する原因として，（1）等方連続体の仮定が成り立たない，（2）き裂寸法に比して塑性域寸法が大きく，小規模降伏条件が成立しない，（3）成長機構が異なる，（4）き裂面が小さいためにき裂閉口が小さい，（5）き裂先端の化学的環境が異なる，などが挙げられる．上記（1）および（2）はLEFMの適用を制限するものであるが，現状ではΔKを用いて微小き裂の挙動を大き裂と比較，検討している．

以下，アルミニウム合金の微小き裂成長に関する幾つかの実験結果を概観する．

3.1.4 微小き裂成長挙動

3.1.4.1 微視組織の影響

図3.1.5は大気中における7075合金の軸荷重下（$R=0.05$）の微小き裂成長挙動を大き裂やPearsonの結果[8]と比較したものである[16]．実線は複数の微小き裂の成長を示している．まず，微小き裂は大き裂のデータを低ΔK側に外挿した関係よりも数オーダ速く成長することがわかる．次に特徴的な結果と

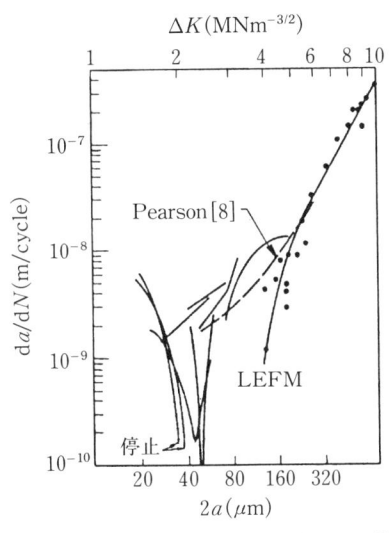

3.1 アルミニウム展伸合金の疲労特性

図 3.1.5 大気中における 7075-T6 合金の微小き裂成長挙動[16].

して，発生に続く初期は比較的速い速度で成長するが，徐々に減速して停留するものと，その後再び速度は増加して大き裂に漸近するものがある．このような停留や成長速度の減少は微小き裂に特有の現象であり，一般に応力の低下に伴って顕著となる．これはき裂が最初の結晶粒界に到達するときに生じている．すなわち，結晶粒界が微小き裂成長に対する阻止効果を持つ．き裂前縁に無数の結晶粒が存在する大き裂の場合，個々の結晶粒の性質は全体的なき裂進展にほとんど影響をおよぼさない．しかし，き裂長さが結晶粒径に匹敵し，結晶学的に成長する場合（微視組織的微小き裂），隣接する結晶粒との方位差や結晶粒界自身に起因して成長速度が低下する．

図 3.1.6 に 7075 合金における微小き裂成長の結晶粒径依存性を示す[17]．異なる応力で結果が得られており，いずれの応力においても粗粒材（結晶粒径：130 μm）の成長速度が細粒材（12 μm）よりやや低くなっている．図に示す低い応力（$\sigma = 300$ MPa）の場合，両者の成長速度の相違はき裂長さが約 130 μm で最も大きいことから，粗粒材の低い成長速度は結晶粒界による阻止効果に起因すると解釈されている．なお，高い応力（$\sigma = 402$ MPa）の場合は，粗粒材

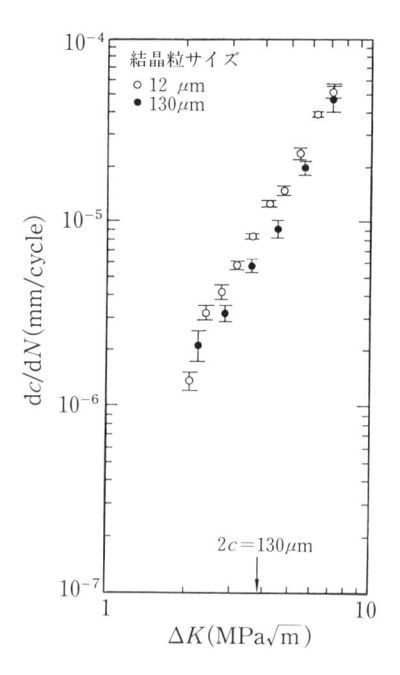

図 3.1.6 7075-T6 合金の微小き裂成長挙動の結晶粒径依存性[17].

の高いき裂閉口応力が原因とされている．

　一方同じ合金において，結晶粒径の減少に伴う成長速度の低下が考察されている[18]．また，アルミニウム合金ではないが，細粒材のほうがむしろ頻繁に成長速度の変動を生じ，平均的な成長速度も粗粒材よりも低いことを示した結果がある[19]．これは，同じき裂長さに対して細粒材では多くの結晶粒界を横切るのに対して，粗粒材では結晶粒径に依存するが，最初の結晶粒界に達するときはすでに絶対寸法が大きいので，結晶粒界の阻止効果が相対的に大きく現れないためである．このことは一般性を有すると考えられ，こうした細粒材の低い成長速度は，粗粒材よりも高い平滑材の疲労強度の一因であると思われる．

　上記のような微小き裂成長におよぼす結晶粒界などの組織の影響は，き裂の成長に伴って徐々に消失する．どの程度のき裂長さまで組織の影響が出現するかを種々の材料について詳細に調べた結果がある[20]．これによれば，7075合

金も含めて，$2c$ と結晶粒径 d の間には $2c=8d$ の関係がある．このき裂長さは，LEFM（有効応力拡大係数幅 ΔK_{eff}）が適用できる下限を与えるので実用的に重要な意味を持つ．

なお，き裂閉口の役割に関して，大き裂では一般に粗粒材のき裂成長抵抗が細粒材よりも優れるが，これは粗粒材の顕著なき裂閉口に起因している．しかし，微小き裂ではき裂閉口の原因となるき裂先端の後方のき裂面が十分形成されていないから，き裂寸法の小さい領域においては両材間で大きな相違は生じないと考えられる．き裂閉口は力学的微小き裂の加速の原因と理解されているが，微視組織的微小き裂に対するき裂閉口の役割は不明な点が多いようである．近年ではレーザを用いた微小き裂の開閉口挙動の測定[21]が可能となっているので，今後さらに検討が必要である．

3.1.4.2 応力比の影響

7075合金の微小き裂成長挙動の応力比依存性を**図3.1.7**に示す[7]．後述するように，図(b)および(c)における中実印のデータは破面観察から第I段階き裂と判断されたものである．いずれの応力比においても微小き裂成長挙動に応力依存性は認められず，微小き裂は大き裂よりも速く，かつ大き裂の ΔK_{th} 以下でも成長する．第II段階に遷移した微小き裂の da/dN-$K_{\max}$ 関係は大き裂の da/dN-ΔK_{eff} 関係を上限として，それと da/dN-ΔK 関係の間に位置し，応力比の減少に伴って加速側に位置する傾向があるが，応力比の影響は比較的小さい．この結果と同様に，7075合金について微小き裂の応力比依存性が大き裂よりも小さいとする結果があり，この原因としてき裂閉口が挙げられている[22]．これは，大き裂では応力比の影響はき裂閉口によるものであるが，微小き裂では前述したように，十分形成されていないき裂面のためにき裂閉口が小さいことによるものである．

図3.1.7において特に注目すべき点は第I段階き裂の成長であり，$R=0$ では第I段階き裂成長は観察されていないが，$R=-1$ および $R=-2$ ではき裂発生点に明瞭なファセットが見られ，その領域は応力比の減少に伴って大きくなっている．すなわち，第I段階き裂成長に応力範囲の圧縮部分が大きな役割

178   3 各　　論

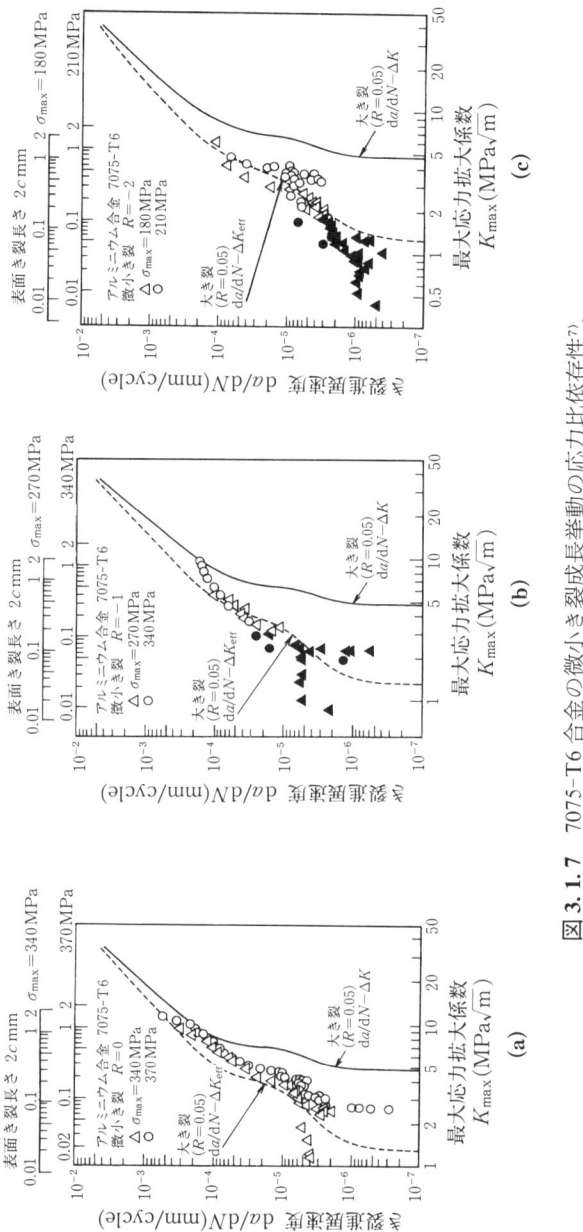

図 3.1.7　7075-T6 合金の微小き裂成長挙動の応力比依存性[7].
(a) $R=0$, (b) $R=-1$, (c) $R=-2$.

を果たしていると考えられる．第 I 段階き裂の成長は大き裂の da/dN-ΔK_{eff} 関係よりもさらに加速側にあるが，これは結晶学的なき裂成長，すなわち大き裂とは異なる成長機構によるものである．

3. 1. 4. 3　合金間の相違および時効条件の影響

図 3.1.8 に 2024 合金，7075 合金および 6063 合金の微小き裂成長挙動を示す[5]．これらの結果は $R=-1$ で行われているので，ΔK として K_{max} を用いている．これまで述べてきたように，微小き裂特有の da/dN の変動や合体等によるばらつきが大きく，合金間の相違は不明瞭であるが，2024 合金の成長抵抗がわずかに高いようである．

前述したように，力学的微小き裂と大き裂の挙動の相違はき裂閉口に起因している．従って，力学的微小き裂と物理的微小き裂の領域では，ΔK または K_{max} の整理で合金間の相違が見られたとしても，き裂閉口を考慮すれば（ΔK_{eff} による整理）相違はほとんど消失する．すなわち，本質的な抵抗は合金に依存

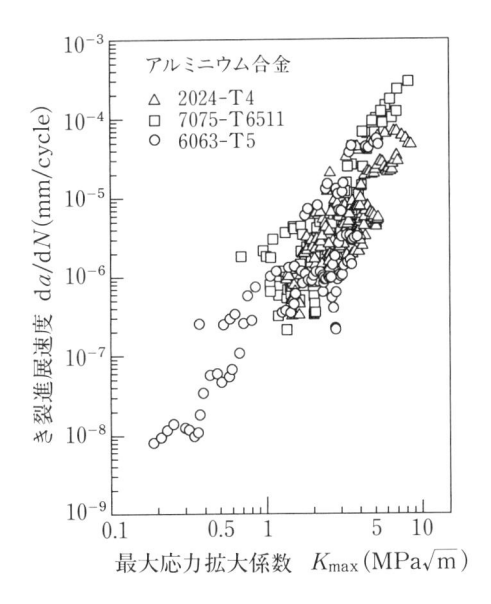

図 3.1.8　微小き裂成長挙動の合金間の比較[5]．

しないと考えられる．実際大きき裂の進展挙動においては，合金，熱処理や組織などの相違はそれらがき裂開閉口挙動に影響をおよぼす結果，da/dN-ΔK 関係が異なって現れる場合が多い．一方，微視組織的微小き裂は発生に続く過程であり，結晶学的な成長様相を呈する．従って，組織に敏感となるから合金間の相違が現れると予想されるが，データは必ずしも十分蓄積されていない．

なお，7010合金の過時効状態と亜時効状態について微小き裂成長を調べた結果があるが，これによれば過時効状態よりも亜時効状態のほうがわずかに優れた成長抵抗を示すことが示されている[23]．

3.1.4.4 環境の影響

図3.1.9は7075合金の微小き裂成長を乾燥窒素中で調べた結果であり，前掲の大気中における図3.1.5の結果と直接比較できるものである[16]．乾燥窒素中においても微小き裂の基本的な挙動は大気中の結果と同様であり，停留や成長速度の低下を示した後再び増加して大き裂の挙動に漸近する．3.1.4.1で述

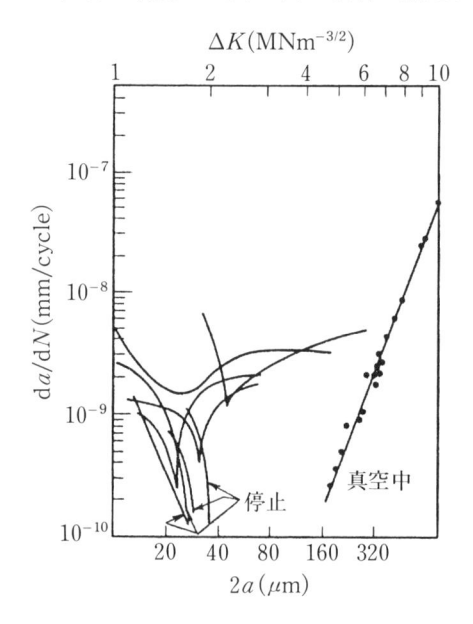

図3.1.9 乾燥窒素中における7075-T6合金の微小き裂成長挙動[16]．

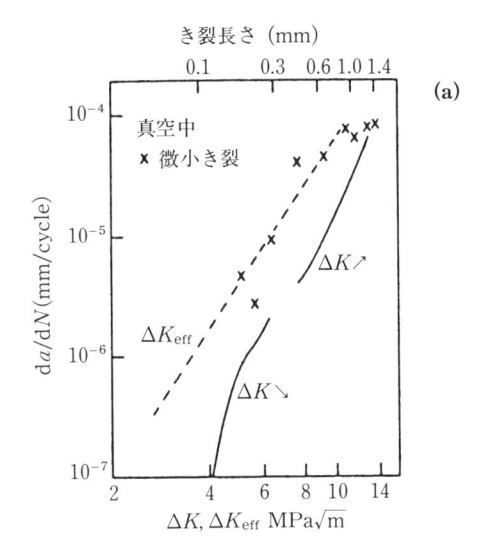

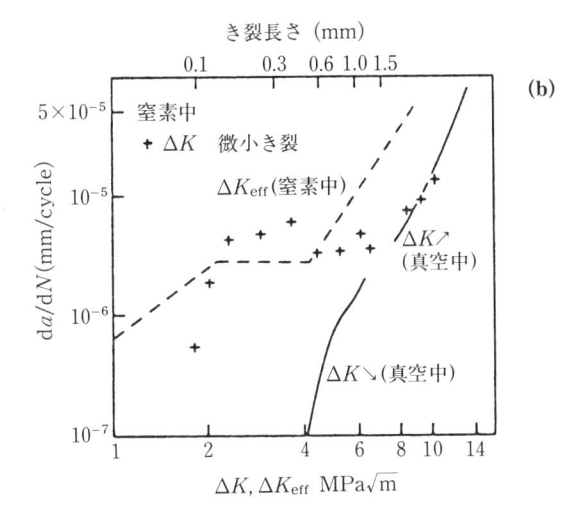

図 3.1.10 7075-T7351 合金の微小き裂成長挙動におよぼす環境の影響[24]．(a)真空中，(b)窒素中．

べたように，このような停留や成長速度の低下は結晶粒界に起因するものであり，環境の影響を受けない．図 3.1.5 と図 3.1.9 を比較すると，微小き裂の平均的な成長速度は乾燥窒素中でやや低いが，乾燥窒素中ではき裂の屈曲（モードIIの関与）が顕著となることから，き裂の屈曲（実際のき裂経路）を考慮した場合，乾燥窒素中の速度は大気中の結果とほとんど変わらないことが指摘されている．

図 3.1.10 に真空中および窒素中（H_2O：3 ppm，O_2：1 ppm）における 7075 合金の微小き裂成長挙動を示す[24]．データの取得が比較的粗いので，結晶粒界などの組織の影響は明らかではないが，初期の微小き裂成長は窒素中で加速している．いずれの環境においても，微小き裂のデータは，大き裂の da/dN-ΔK_{eff} 関係上にプロットされることから，微小き裂が大き裂より速く成長する原因は微小き裂の低いき裂閉口レベルにあるとしている．この事実に基づいて，微小き裂の成長挙動の評価に，き裂閉口の生じない高応力比の大き裂の da/dN-ΔK_{eff} 関係を用いることが提案されている．

水性環境中における微小き裂のデータはほとんど見られない．7000 系合金は応力腐食割れ（Stress Corrosion Cracking：SCC）に敏感であり，それはまた時効条件に強く依存することが知られている[25]．SCC が疲労き裂進展に関与する場合があり，また微小き裂では大き裂とは異なる SCC の寄与が考えられるから，時効条件との関連のもとに今後さらにデータの蓄積を図る必要がある．

3.1.5　Al-Li 合金の疲労特性

Al-Li 合金は，Li を 2〜3 mass% 添加した合金であり，高比強度と高剛性が達成できることから，2000 系合金および 7000 系合金に代わる次世代の構造材料として注目されている．この合金についても大き裂の進展挙動は極めて多く報告されており，またそれを中心とした疲労に関する解説[26]も見られるので，ここでは主にそれ以外の疲労特性を記述する．

3.1.5.1 平滑材の疲労強度

図 3.1.11 に 2090 合金（2.12%Li, σ_B=479 MPa）および 8090 合金（2.40% Li, σ_B=493 MPa）のピーク時効材の疲労強度を 2024 合金（σ_B=551 MPa）および 7075 合金（σ_B=659 MPa）と比較した結果を示す[27]．2 種類の Al-Li 合金間で疲労強度の相違はほとんど見られないが，Al-Li 合金は 2024 合金や 7075 合金よりも明らかに高い疲労強度を示す．いずれの合金も，引張強さは 2024 合金や 7075 合金よりも低いから，疲労比を考慮すればさらに Al-Li 合金の優位性が理解される．

こうした Al-Li 合金の優れた疲労強度は，その高い疲労き裂発生抵抗にある．図 3.1.12 は 2c とくり返し数 N の関係を示したものである[27]．明らかに両 Al-Li 合金のき裂発生は 2024 合金や 7075 合金と比べると遅い．微小き裂成長も疲労寿命の大部分を占めるのでその挙動も重要であるが，図 3.1.13 に示すように，2024 合金や 7075 合金とほとんど相違はないか，またはわずかに優れる（8090 合金）ようである．

微小き裂成長における特徴的な点はせん断型の成長であり，その一例を 2090 合金について図 3.1.14 に示す[27]．このような形態は 8090 合金でも同様であるが，むしろ 8090 合金において著しい．これは Al-Li 合金の主要な析出

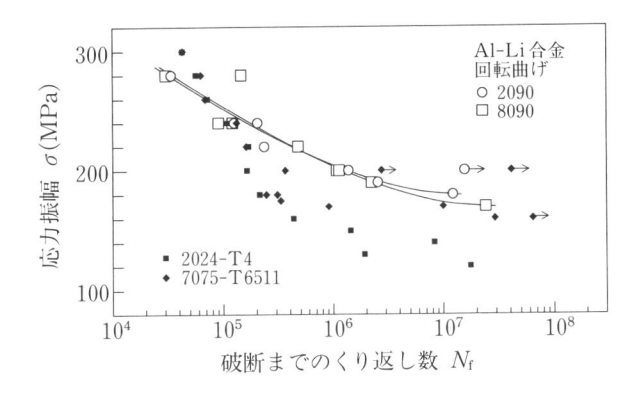

図 3.1.11 Al-Li 合金平滑材の S-N 曲線[27]．

184 3 各論

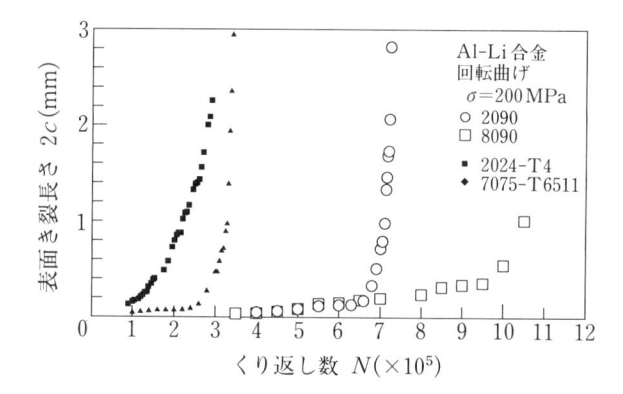

図 3.1.12 Al-Li 合金のき裂成長曲線[27].

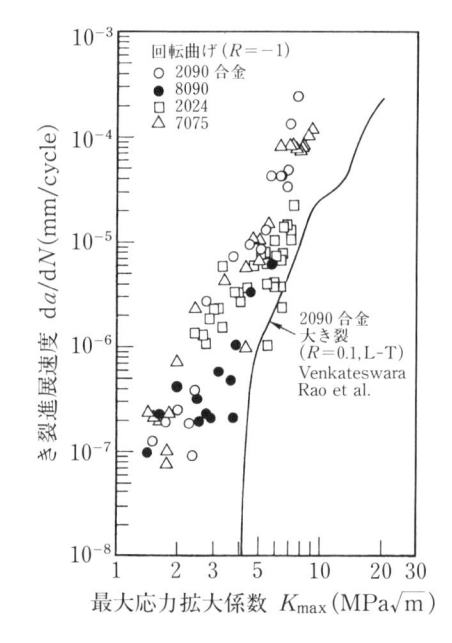

図 3.1.13 Al-Li 合金の微小き裂成長挙動[27].

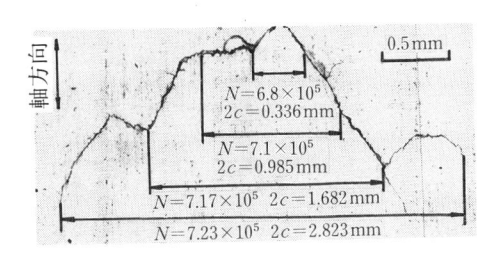

図 3.1.14 Al-Li 合金の微小き裂成長様相の例（2090 合金）[26].

物である δ' 相の変形特性によるものと思われる．大き裂でも同様に顕著なき裂の屈曲を生ずることが知られており，このことがき裂閉口を含むき裂遮蔽（crack shielding）効果を誘起して，他のアルミニウム合金よりも優れた進展抵抗を示す[28].

3.1.5.2 時効条件の影響

Al-Li 合金の亜時効材（UA），ピーク時効材（PA）および過時効材（OA）の疲労強度を図 3.1.15 に示す[29]．2090 合金の場合，PA 材の疲労強度が最も高く，次いで UA 材，OA 材の順である．また，8090 合金では同様に PA 材が最も優れ，OA 材，UA 材の順である．この結果は引張強さの傾向と対応しているから，静的試験結果から疲労強度の時効条件依存性を知ることができる．

き裂発生抵抗の時効条件依存性は 2090 合金と 8090 合金でやや異なる場合も見られているが，概略疲労強度の傾向と対応しており，時効条件に依存したき裂発生抵抗の相違が疲労強度の相違の主たる原因と考えられる．また，微小き裂成長抵抗も PA 材が最も優れており，このことも優れた疲労強度の一因である．

3.1.5.3 環境の影響

3%NaCl 水溶液中における Al-Li 合金の S-N 曲線を図 3.1.16 に示す[30]．2090 合金および 8090 合金のいずれの時効材も，大気中と比べて疲労強度は著しく低下するが，時効材間の相違は不明瞭である．大気中の疲労強度は PA 材

186 3 各 論

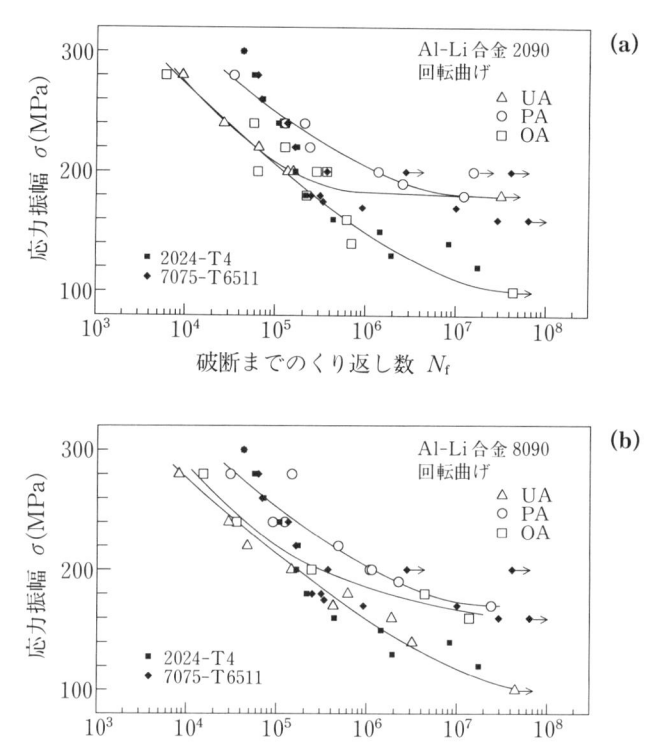

図 3.1.15 Al-Li 合金の疲労強度の時効条件依存性[29].
(a) 2090 合金, (b) 8090 合金.

が最も優れていたから，時効材の中で PA 材が最も環境感受性が高いといえる．2024 合金や 7075 合金との比較では，いずれの Al-Li 合金も絶対的にも，また相対的にもわずかに腐食疲労強度に優れるようである．

　試験片の表面観察から，腐食疲労過程は腐食ピットの発生・成長，腐食ピットからのき裂発生，微小き裂成長からなることが確認されている．腐食ピットは合金の種類や時効条件にかかわらず，2024 合金や 7075 合金よりも多数発生するが，その寸法は小さい．き裂成長曲線を**図 3.1.17** に示す．き裂は不規則な形状のピットから発生する場合が多いが，2090 合金ではき裂発生の時効条

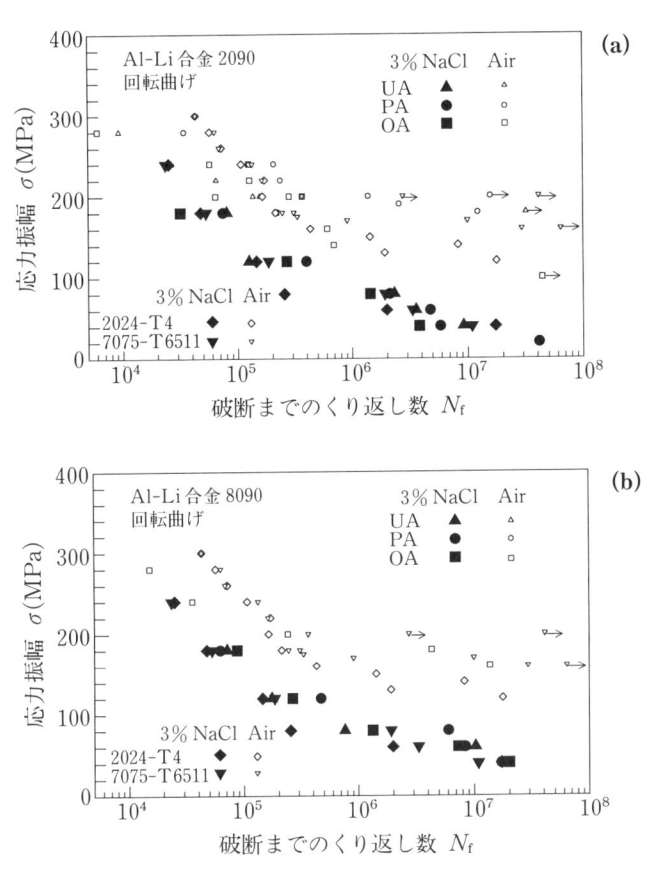

図 3.1.16 Al–Li 合金の疲労強度におよぼす環境の影響[30].
(a) 2090 合金, (b) 8090 合金.

件依存性は見られず,8090 合金では PA 材が最も遅いき裂発生を示す.また,PA 材は 2024 合金や 7075 合金よりも高いき裂発生抵抗を有する.

図 3.1.18 に微小き裂の da/dN-K_{max} 関係を示す.合金の種類および時効条件にかかわらず,初期の da/dN は大気中よりも速い.このことが環境中で疲労強度の低下する主たる理由であり,腐食溶解の影響と考えられる.その後,da/dN は K_{max} に無関係に一定となるか,またはわずかな K_{max} 依存性を示す

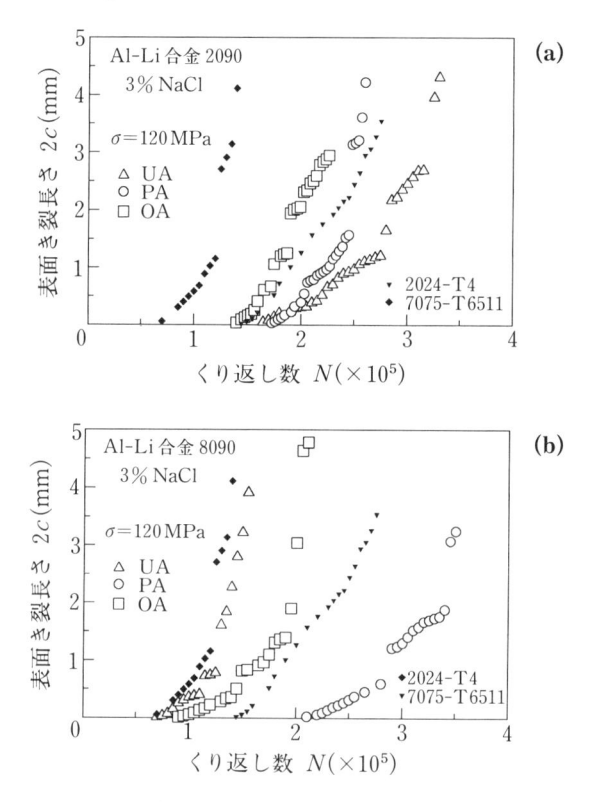

図 3.1.17 3%NaCl 水溶液中における Al-Li 合金のき裂成長曲線[30].
(a) 2090 合金，(b) 8090 合金.

が，これはき裂の屈曲，分岐や干渉などに基づくものである．

3.1.5.4 切欠効果

4 種類の切欠形状に対して得られた 2090 合金および 8090 合金の S-N 曲線を図 3.1.19 に示す[31]．2090 合金では切欠の鋭さに従って疲労強度も低下する傾向があるが，8090 合金では疲労強度におよぼす切欠の影響は小さい．この結果を正規化された疲労限度 σ_{w1}/σ_{w0}, σ_{w2}/σ_{w0} (σ_{w1}：き裂発生限界応力，σ_{w2}：き裂進展限界応力，σ_{w0}：平滑材の $N=10^7$ 回の疲労強度) と応力集中係

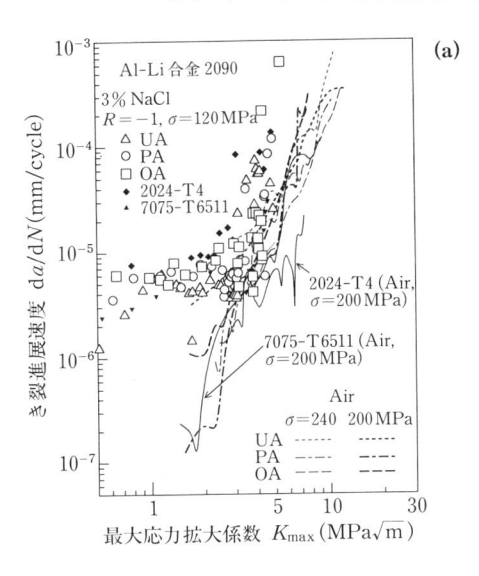

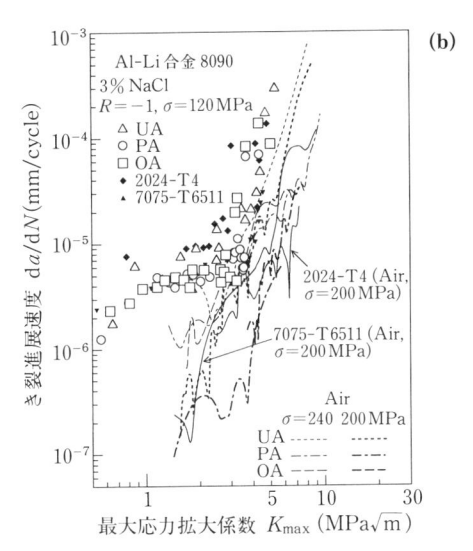

図 **3.1.18** 3%NaCl 水溶液中における Al-Li 合金の微小き裂成長挙動[30]．(a) 2090 合金，(b) 8090 合金．

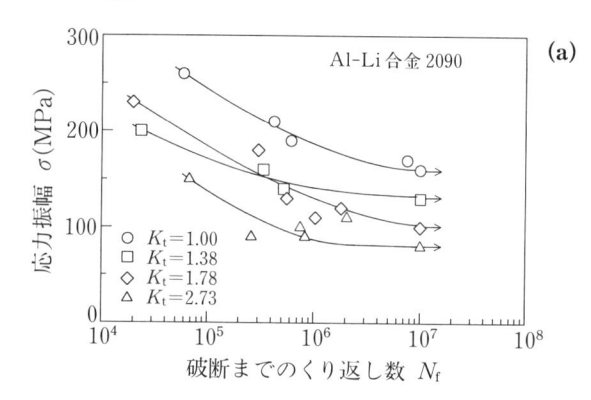

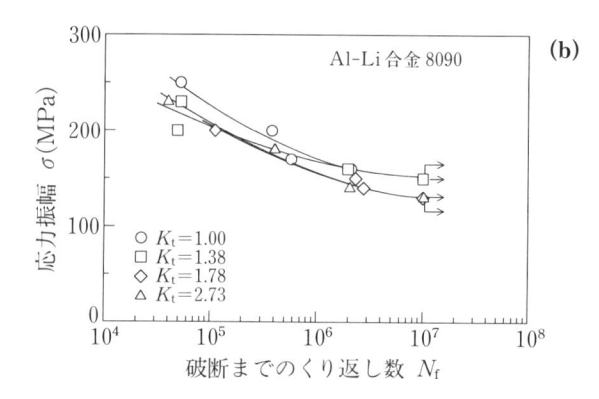

図 3.1.19 Al-Li 合金の切欠材の S-N 曲線[31]．
（a）2090 合金，（b）8090 合金．

数 K_t の関係として**図 3.1.20** に示す．まず，7075 合金と 2024 合金においては前者が後者に比べて高い切欠感受性を示す．これらに比べて，両 Al-Li 合金のき裂発生に対する切欠感度は，K_t の小さい範囲では 2024 合金と一致するが，K_t の大きい場合 2024 合金よりも低い．8090 合金では破断に対する切欠感度は極めて低い．

図 3.1.21 に切欠係数 K_{f1}，K_{f2} と K_t の関係を他のアルミニウム合金の結果と比較して示す．2090 合金の切欠感度および 8090 合金のき裂発生に対する切欠感度は多くのアルミニウム合金[32]の平均的なものであるが，上述したとお

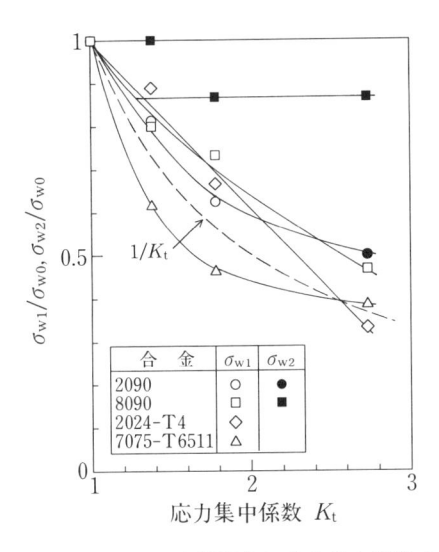

3.1 アルミニウム展伸合金の疲労特性　*191*

図 **3.1.20** 正規化された疲労限度と応力集中係数の関係[31].

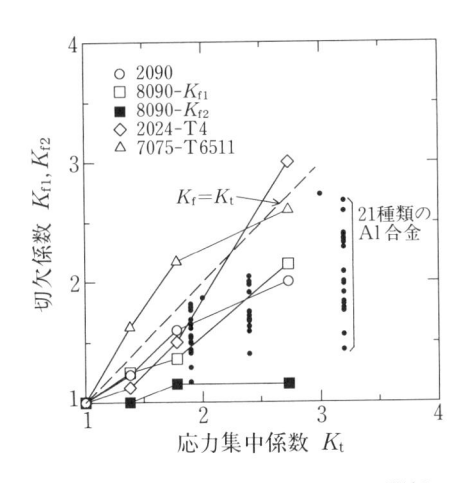

図 **3.1.21** 切欠係数と応力集中係数の関係[31].

192 3 各　　論

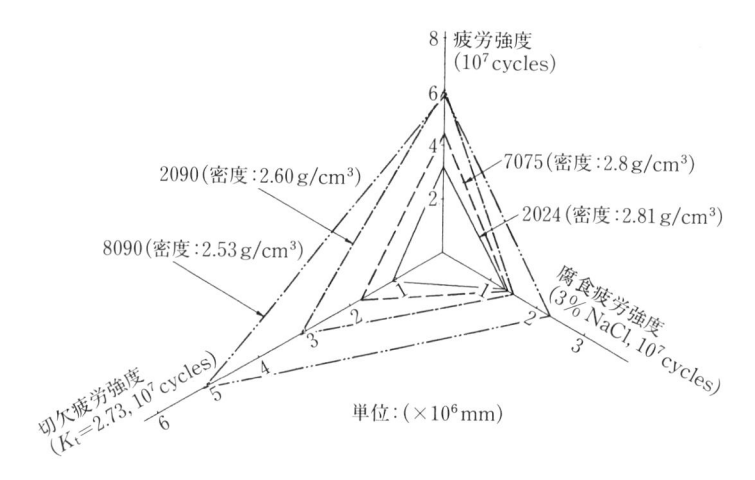

図 3.1.22 Al-Li 合金と従来合金（2024-T4, 7075-T6511）の各種比疲労強度の比較[31].

り後者の合金の破断に対する切欠感度は極めて低い．これはいずれの切欠形状においても停留き裂（non-propagating crack）が存在したことによる．切欠底に発生したき裂は顕著なせん断型の成長を示すので，成長に伴って徐々に切欠底断面部（最小断面部）から離れていく．そのため駆動力が減少してき裂の停留が起こりやすい．

　最後に，これまで示してきた Al-Li 合金の各種比疲労強度を 2024 合金および 7075 合金と比較した結果を **図 3.1.22** に示す．Al-Li 合金のいずれの比疲労強度も 2024 合金や 7075 合金よりも大きく，軽量構造材料としての優位性は明らかである．なお，詳細な微小き裂や大き裂の成長特性の検討結果から，これらの特性も従来合金よりも優れるか，または匹敵することが知られている[33,34]．

参 考 文 献

1) 志村宗昭：金属学会会報, **2** (1968), 88.

2) 志村宗昭：金属学会会報, **4**（1968）, 210.
3) 竹内勝治：軽金属, **18**（1968）, 439.
4) 戸梶惠郎：材料試験技術, **45**（2000）, 282.
5) 戸梶惠郎, 五島洋司：日本材料学会第25回疲労シンポジウム講演原稿（2000）.
6) M. S. Hunter and W. G. Fricke, Jr.: Proc. ASTM, **56**（1956）, 1038（S. J. Hudak, Jr.: Trans. ASME, J. Eng. Mater. Tech., **103**（1981）, 26 より転載）.
7) 戸梶惠郎, 小川武史, 亀山宜克：材料, **38**（1989）, 1019.
8) S. Pearson: Engng. Fract. Mech., **7**（1975）, 235.
9) H. Kitagawa and S. Takahashi: Proc. 2nd Int. Conf. Mech. Beh. Mater.（1976）, 627.
10) H. Kitagawa, S. Takahashi, C. M. Suh and S. Miyashita: ASTM STP675（1979）, 420.
11) S. Suresh and R. O. Ritchie: Int. Metals Reviews, **29**（1984）, 445.
12) 田中啓介：材料, **33**（1984）, 961.
13) 岡崎正和：軽金属, **45**（1995）, 587.
14) P. C. Paris and F. Erdogan: Trans. ASME, J. Basic Eng., **85**（1963）, 528.
15) R. P. Gangloff: Metall. Trans. A, **16A**（1985）, 953.
16) J. Lankford: Fatigue Engng. Mater. Struct., **6**（1983）, 15.
17) A. K. Zurek, M. R. James and W. L. Morris: Metall. Trans., **14A**（1983）, 1697.
18) J. Lankford: Fatigue Engng. Mater. Struct., **5**（1982）, 233.
19) 戸梶惠郎, 小川武史, 大矢耕二：日本機械学会論文集, **A58**（1992）, 178.
20) K. Tokaji and T. Ogawa: Short Fatigue Cracks, **85**（1992）.
21) W. Sharp, Jr.: Int. J. Nondestructive Testing, **3**（1971）, 59.
22) R. Bu and R. I. Stephens: Fatigue Fract. Engng. Mater. Struct., **9**（1986）, 35.
23) R. K. Bolingbroke and J. E. King: The Behaviour of Short Fatigue Cracks, **101**（1986）.
24) A. Zeghloul and J. Petit: Fatigue Engng. Mater. Struct., **8**（1985）, 341.
25) M. O. Speidel: Metall. Trans., **6A**（1975）, 631.
26) K. T. Venkateswara Rao and R. O. Ritchie: Int. Mater. Reviews, **37**（1992）, 153.
27) 戸梶惠郎, 小川武史, 加藤容三：材料, **39**（1990）, 400.
28) 例えば, K. T. Venkateswara Rao, W. Yu and R. O. Ritchie: Metall. Trans. **19A**（1988）, 549.
29) 戸梶惠郎, 小川武史, 藤村一：材料, **40**（1991）, 444.

30) 戸梶惠郎, 小川武史：材料, **42**（1993）, 405.
31) 卞建春, 戸梶惠郎, 小川武史：材料, **43**（1994）, 840.
32) 竹内勝治：軽金属溶接, **25**（1987）, 366.
33) K. T. Venkateswara Rao, W. Yu and R. O. Ritchie : Engng. Fract. Mech., **31**（1988）, 623.
34) K. T. Venkateswara Rao and R. O. Ritchie : Mater. Sci. Tech., **5**（1989）, 896.

3.2 アルミニウム鋳造合金の疲労特性(1)

———熊井　真次———

3.2.1 アルミニウム鋳造合金と疲労との関わり
3.2.1.1 自動車分野でのアルミニウム鋳造合金と疲労

　自動車においてはエンジンとその周辺部分，パワーステアリングのハウジングやコンプレッサなどにアルミニウム合金鋳物やダイカストが使用されている[1]．また従来，主として鍛造により製造されていたアッパーアームやブレーキキャリバなどの足回り部品も最近ではアルミニウム合金の高圧鋳造品になっている．その他1ピースのアルミホイールはほとんどアルミニウム鋳造合金製である[2]．最近は地球環境問題への対応から車両重量をさらに軽量化するため，ボディ構造のアルミニウム化が検討されている．中空アルミニウム合金押出材とアルミニウム合金鋳物（ダイカスト）で構成した四輪車のスペースフレームも提案されており，そこで用いられる鋳物の肉厚は2mm程度と極めて薄肉になっている．いまやアルミニウム鋳造合金には展伸合金並みの特性が要求されている．

　従来のアルミニウム鋳造合金の疲労に関する問題は，主としてシリンダヘッドやピストン，エキゾーストマニホールドなどのエンジンならびにその周辺の排気系部品の熱疲労であった[3]．しかし上述のようにアルミニウム鋳造合金は次々と新しい用途に用いられるようになってきており，今後は軸応力，曲げモーメント，せん断，トルク等，自動車ボディ特有の機械的くり返し負荷下での疲労についても十分な検討と安全保証が必要となる[4]．また鋳造合金を異種材料と接合して使用することが多くなるため，構造体の中の鋳造合金の疲労特性も重要な問題である．

3.2.1.2　航空機分野でのアルミニウム鋳造合金と疲労

　欧米では,軍用,民間用航空機にアルミニウム鋳造合金が多く使用されている.複雑な形状の製品はもちろんのこと,それ以外のものでも鋳造によりあらかじめニアネットシェイプ製品が作製できれば,その後の加工コストを大幅に低減することが可能である.よってこれまで様々な部品をアルミニウム鋳造合金で製造しようという試みがなされてきた.しかし鋳物は展伸材や鍛造材に比べて機械的性質が劣ることから,その用途はもっぱら二次構造材に限られていた.ところが近年の鋳物の高品質化ならびに非破壊検査技術の進歩の結果,いまやある種のアルミニウム合金鋳物の機械的性質と信頼性は飛行中の負荷を担う一次構造材として使用可能なレベルにまで達している[5].例えばエアバスの客室や荷物室のドアは,鋳造合金製の部材を溶接やリベットで接合して製造されている[6].また圧力隔壁の大型鋳物化も検討されている.このような用途では耐疲労性が極めて重要であり,鋳物は展伸材に劣らない疲労特性を有する必要がある.材料単独での機械的特性で比較すれば,鋳造合金が展伸合金を超えることはおそらく困難であろう.しかし,鋳物では複雑な形状の継ぎ目のない連続体を容易に製造できるので,例えば航空機において重要なき裂発生源であるリベット孔や腐食されやすい重ね継ぎ部を減らすことができる[5].これらは展伸合金の接合構造体にはない長所である.よってアルミニウム鋳造合金がより高品質化されれば,今後ますます信頼性,耐久性が問題となる分野で用いられることが予想できる.

3.2.2　アルミニウム鋳造合金のミクロ組織と鋳造欠陥
3.2.2.1　アルミニウム鋳造合金のミクロ組織

　鋳物およびダイカストを合わせると,鋳造品のおよそ90%以上はAl-Si系を基本とした合金である.その中でも鋳造性の良いAl-Si合金に少量のMgを添加し,Mg_2Siの中間相の析出による熱処理効果で強度を高めたAl-Si-Mg系合金が多く用いられている.この系の実用合金としてはAC4C（A 356）およ

び Fe を 0.2% 以下に管理し，靱性を高めた AC4CH がある．これらは鋳造合金の中では中強度であるが，伸びが大きく靱性に優れ，鋳造性も良好である．

　Al-Si-Mg 合金の靱性を生かし，さらに Cu を少量添加して Mg_2Si の中間相による析出硬化と Cu の固溶硬化，Al_2Cu の中間相の析出硬化により強度を向上させたのが AC4D（A355）などの Al-Si-Cu-Mg 系合金である．これらは靱性，耐熱性，耐圧性に優れるためエンジン部品などに用いられている[7]．

　これらの合金は亜共晶組成であるため，ミクロ組織は初晶デンドライトとその周りを埋める共晶 Si 相の集合体とで形成されている．Na，Sb，Sr などの添加により，共晶 Si 相は微細化（改良処理）されている．通常は溶体化処理および人工時効処理を含む T6 状態で使用されるが，靱性向上のために亜時効状態で用いたり，2 段時効処理が施される．この他，より強度の高い鋳造合金や耐熱性や耐摩耗性に優れたアルミニウム鋳造合金もあるが，ここではこの 2 つの合金を中心に話を進める．

3.2.2.2　アルミニウム鋳造合金の鋳造欠陥

　鋳物は凝固組織をそのまま用いているため，内部には凝固時におけるミクロ偏析やマクロ偏析のほか気孔，収縮孔，非金属介材物等の多くの鋳造欠陥を含んでいる．デンドライト凝固を呈するアルミニウム鋳造合金では，凝固過程で介在物がデンドライトアーム間に残されたり，取り込まれたりしており，また気孔もデンドライトアーム間で生成することが多い[8]．通常，鋳物では熱処理は行ってもその後の加工は行わないために，これら鋳造欠陥の多くはそのままミクロ組織中に残存する．これが同組成の圧延材や鍛造材と比較して鋳物の強度や延性，靱性が低い理由のひとつであり，疲労特性も鋳造欠陥に大きく影響される．

3.2.3　アルミニウム鋳造合金の凝固組織と疲労寿命
3.2.3.1　アルミニウム鋳造合金のミクロ組織と疲労寿命

　鋳物はその用途や目的に応じて種々の方法で製造される．鋳造方法が異なる

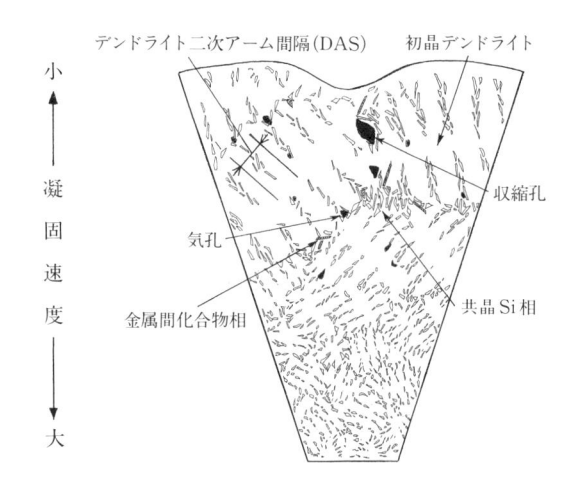

図3.2.1 AC4C合金の凝固組織におよぼす凝固速度の効果を表す模式図．

とミクロ組織や鋳造欠陥の種類や量，寸法も大きく変化する．これは溶湯が凝固する際に要する時間（凝固時間）が異なるためである．また複雑な形状の鋳物では，たとえ同じ鋳型や鋳造方法で作製されても，製品の部分部分で凝固に要する時間は異なる．以下では，凝固時間が短いという代わりに凝固速度が速いと表現することもある．

図3.2.1は凝固速度の違いによる凝固組織の差をAC4C合金をモデルとして模式的に描いたものである．Al-Siの共晶相に囲まれた初晶デンドライト組織で，主たるミクロ組織因子はデンドライト二次アーム間隔，共晶Si相，金属間化合物相である．これらの寸法はいずれも凝固速度に依存し，ゆっくりと凝固した場合には粗大になる．また収縮孔や気孔等の凝固欠陥がいたるところに見られる．凝固速度が速い場合には，これらミクロ組織因子は微細となり，かつ凝固欠陥の体積率や寸法は小さくなる．

凝固速度の違いによって起こる組織の違いは，応力制御試験での平滑試験片の疲労寿命，特に高サイクル疲労寿命に影響をおよぼすことが知られている．図3.2.2はAl-Si-Cu-Mg合金のS-N曲線におよぼす凝固時間ならびにデンドライト二次アーム間隔（DAS）の影響を示したものである[3]．凝固時間が短

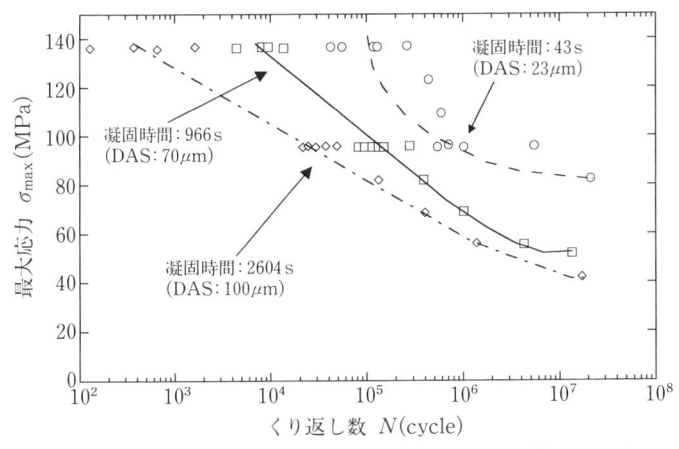

図 3.2.2　Al-Si-Cu-Mg 合金の S-N 曲線におよぼす凝固時間ならびに DAS の影響[3]．

く，DAS が微細化するほど S-N 特性は向上する．

疲労寿命（破断寿命）におよぼす DAS と応力レベルの効果を**図 3.2.3** に示す．最大応力によらず，DAS が細かくなるほど寿命が向上している[5]．通常の凝固ではデンドライトが微細になれば Si も微細になる．よって疲労寿命向上の原因がデンドライトの微細化によるものか，あるいは共晶 Si 相の微細化によるものかを明確に区別することは難しい．そこで**図 3.2.4** は DAS は同じだが，共晶 Si 相形状が異なる AC4CH 合金について塑性ひずみ制御の疲労試験を行い，疲労寿命を比較したものである．このように共晶 Si 相の改良処理（微細化と球状化）は疲労寿命を向上させる[9]．

3.2.3.2　アルミニウム鋳造合金のミクロ組織と引張特性

凝固速度は疲労寿命と同様，引張特性にも影響をおよぼす．凝固速度が低下するとデンドライト組織が粗大化し，図 3.2.5 に示すように耐力や引張強さ，延性が低下する．凝固速度は時効硬化挙動にも影響をおよぼす．例えば Al-Si-Cu-Mg 合金は Mg_2Si の中間相 β' と Al_2Cu の中間相 θ' によって強化されているが，ゆっくりと凝固すると Cu の粒界析出が生じる．よってその後の時効でマトリックス中に析出する θ' の量が減少し，強度は低下する．

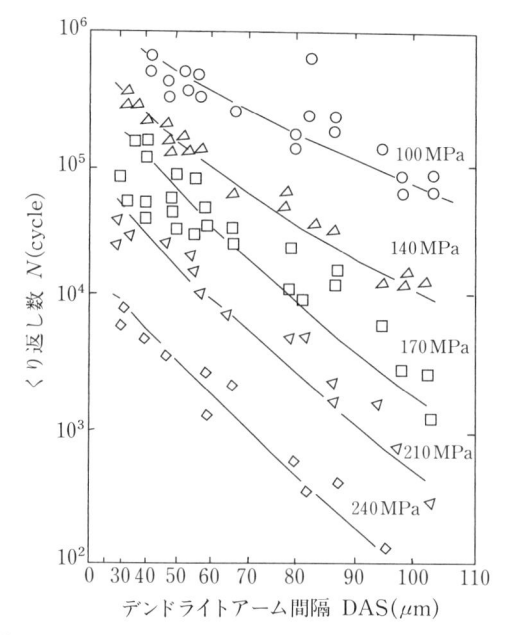

図 3.2.3 A356 合金の疲労寿命におよぼす応力レベルならびにデンドライト組織の大きさの効果[5]（原著ではデンドライト組織の大きさをデンドライトセル面積で表しているが，ここではそれを DAS に置き換えた）．

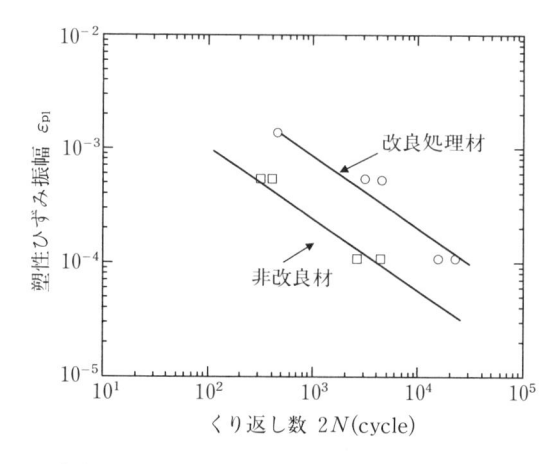

図 3.2.4 AC4CH 合金の低サイクル疲労寿命におよぼす共晶 Si 相形状の影響[9]（共晶 Si 相粒子の平均アスペクト比は非改良材で 7，改良処理材で 1.3）．

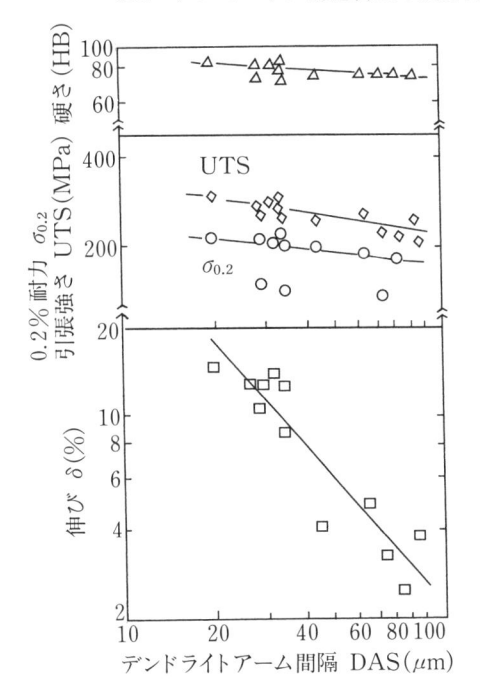

図 3.2.5 引張特性ならびに硬さにおよぼす DAS の影響[7].

3.2.3.3 アルミニウム鋳造合金の鋳造欠陥と引張特性

図 3.2.6 は鋳造法やそれに伴う鋳造欠陥がアルミニウム鋳造合金の UTS（引張強さ）とそのばらつきにおよぼす影響を示したものである[10]．不純物である Fe の含有量が少ない合金を静かに，フィルターを使用して下注ぎ法で鋳造したときには UTS は高く，ばらつきが少ない．一方，上注ぎ法で鋳造した鋳物の強度は，鋳造欠陥の性状，寸法，体積率等に依存して大きくばらつく．これは不適当な鋳造方案が気孔や酸化被膜巻込みの原因になること，またこのような欠陥が少ない場合においても，Fe-rich な金属間化合物が強度低下の原因となることを示している．またこれらは延性低下の原因にもなる．

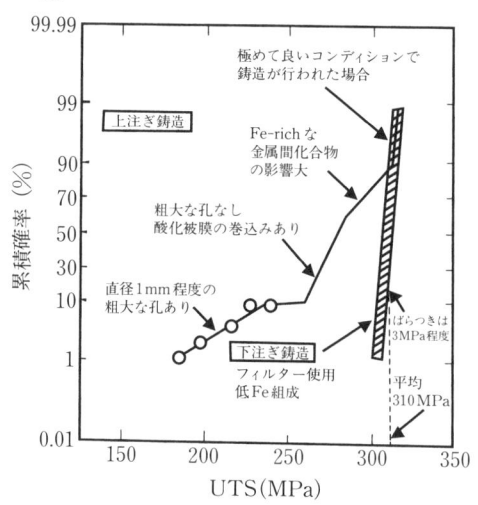

図 3.2.6　アルミニウム鋳造合金 UTS におよぼす鋳造法ならびに鋳造欠陥の影響[10].

3.2.3.4　アルミニウム鋳造合金の鋳造欠陥と疲労特性

　引張特性と同様，疲労特性は鋳造欠陥の寸法や体積率に大きな影響を受ける．アルミニウム鋳造合金を平滑試験片を用いて疲労試験すると，疲労き裂はたいていの場合，試験片表面近傍の鋳造欠陥から発生する．前述のようにゆっくりと凝固した鋳物では，ミクロ組織と同様，鋳造欠陥の寸法や体積率は大きい．これらは応力集中源となり，疲労き裂発生を促進する．この他，鋳造時に巻込まれた酸化被膜もき裂発生を促進し，高サイクル疲労特性に大きな影響をおよぼす．

　図 3.2.7 は凝固時間と気孔寸法との関係を示したものである．疲労破面のフラクトグラフィにより疲労き裂発生の原因となったと推察される気孔の大きさを求めると，これらは同じ試料の任意断面において求められる気孔の平均寸法よりもかなり大きい[3]．このように鋳造合金の疲労特性，特に高サイクル疲労寿命は試験片に含まれる鋳造欠陥の体積率や平均寸法で決まるのではなく，試験片表面近傍に大きな欠陥が（この際欠陥の形状は重要である）存在するか否かに支配される．

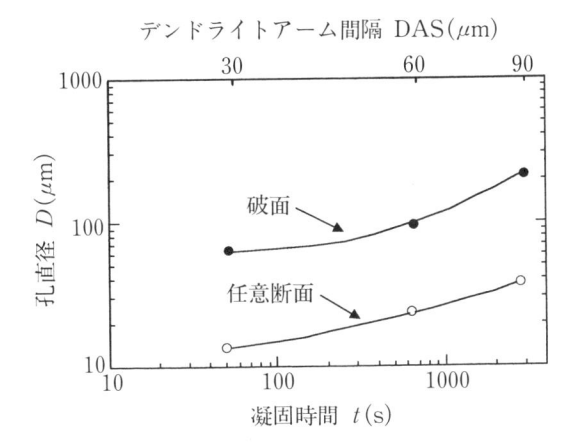

図 3.2.7 アルミニウム鋳造合金に含まれる気孔寸法と凝固時間(DAS)との関係[3].

図 3.2.3 に示したように平滑試験片を用いて試験すると，疲労寿命は DAS により変化するが，同じアルミニウム鋳造合金を応力集中係数 $K_t = 3.0$ 程度のノッチを施した試験片で試験すると，DAS による疲労寿命の差はほとんど見られなくなる[5].これは初期欠陥の影響が極めて大きいことを示唆している．

一般に凝固条件を変えると鋳造欠陥とミクロ組織がともに変化する．よって疲労寿命におよぼすミクロ組織の影響を調べるには，鋳造欠陥が極めて少ない鋳物を用いる必要がある．例えば AC4C 合金では，少なくとも鋳造欠陥の寸法を共晶 Si 寸法と同程度，あるいはそれ以下にする必要がある．

3.2.4 アルミニウム鋳造合金の疲労き裂伝播特性とミクロ組織
3.2.4.1 アルミニウム鋳造合金の da/dN-ΔK 曲線

アルミニウム鋳造合金平滑材の疲労特性が鋳造欠陥に支配されるのであれば，欠陥を初期疲労き裂と考えることにより，き裂発生段階はほとんど無視できるかもしれない．すると疲労き裂の成長過程がその疲労寿命を支配することになる．実際，鋳物に対する疲労特性評価の多くがこのような考え方に基づいて行われている．よってアルミニウム鋳造合金の疲労き裂伝播特性とミクロ組

図 3.2.8 の模式図はアルミニウム鋳造合金と展伸合金の da/dN-ΔK 曲線を比較したものである．鋳造合金の疲労き裂伝播曲線も展伸合金と同様，き裂伝播速度が急激に減少し，ある ΔK 値（下限界値 ΔK_{th}）以下ではき裂が伝播しなくなる低 ΔK 域（IIa 域），直線的なき裂伝播速度の増加を示す中 ΔK 域（IIb 域，いわゆるパリス域），静的破壊機構の寄与により不安定破壊へと移行する高 ΔK 域（IIc 域）の3つの領域から構成されている．しかし，展伸合金に比べ ΔK_{th} が高く，また，より小さな ΔK（この場合は K_{max} に依存する）でIIc 域となる．そのため da/dN-ΔK 曲線の平均的な傾きが大きく，わずかな ΔK の変化でき裂伝播速度が大きく変化する．従ってパリス域も狭く，ここでの勾配（da/dN = $C\Delta K^m$ の m）もおよそ 4～5 と展伸合金に比べて大きい．

3.2.4.2 アルミニウム鋳造合金の疲労破面

不純物である Fe の含有量が少ない AC4CH 合金を例にとり，アルミニウム鋳造合金の疲労破面の特徴を述べる．低 ΔK 域で形成される破面は，すべり面ステップより構成されたファセット状を呈する．ファセットの大きさはほぼデンドライトセルの大きさに対応する．中 ΔK 域（パリス域）では破面上に島状に点在したプラトー領域が認められ，そこにはストライエーションが観察される．プラトー領域以外はせん断状破面となっており，破壊あるいは剥離し

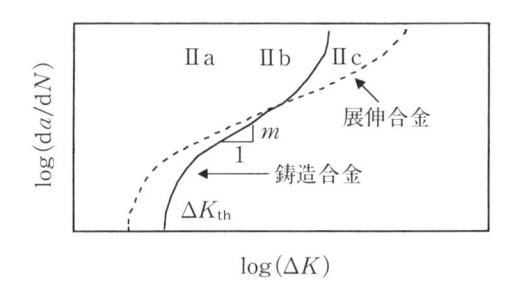

図 3.2.8 アルミニウム鋳造合金と展伸合金の da/dN-ΔK 曲線の特徴を示した模式図．

た共晶 Si 相が観察される．き裂伝播速度が急激に大きくなる高 ΔK 域では，ディンプルを含むいっそう凹凸の激しい破面となる．ストライエーションは観察されず，破壊あるいは剥離した共晶 Si 相やマトリックス中には二次き裂が多く認められる．

3.2.4.3　アルミニウム鋳造合金の da/dN-ΔK 曲線におよぼす共晶 Si 相の影響

　アルミニウム鋳造合金を引張変形すると，マトリックス中に分散している共晶 Si 相は α-Al マトリックスの塑性変形とともに変形できず，粒子界面で剥離を生じたり，あるいはそれ自体が応力に抗しきれずに破壊し，これがボイドの発生源となってディンプル破壊する．第2相粒子の破壊や剥離によるボイドの発生，成長ならびにボイド間のマトリックスのせん断破壊はいわゆる静的な破壊様式であるが，これがストライエーション形成に見られるような純粋なくり返しの塑性流動機構によるき裂伝播機構に重畳すると，き裂伝播速度が増加することが知られている[11]．

　静的破壊様式の寄与度は，き裂先端の K_{max} の大きさ，ならびにこれにより形成されるき裂先端塑性域の大きさに依存する．き裂先端の塑性域寸法，r_p は式(3.2.1)で表される[*1]．

$$r_p = \frac{1}{2\pi}\left(\frac{K_{max}}{\sigma_y}\right)^2 \qquad (3.2.1)$$

　ここで K_{max} は最大応力拡大係数，σ_y は耐力である．き裂先端の塑性域寸法は K_{max} の自乗で大きくなる．従って，応力比が一定ならば ΔK の増加とともに r_p は大きくなり，塑性域に含まれる共晶 Si 相の量は多くなって，それらがき裂先端前方で破壊や剥離を起こす可能性が高くなる．粒子の破壊や剥離のしやすさはその寸法や形状によって変化するので，共晶 Si 相の球状化や微細化は，静的破壊様式の寄与による疲労き裂伝播の加速効果を低減すると考えられる．

[*1]　実際には，き裂先端の応力は降伏点で打切られるため，この2倍の塑性域に拡張することが知られている．疲労の場合の塑性域はこれよりかなり小さくなる．

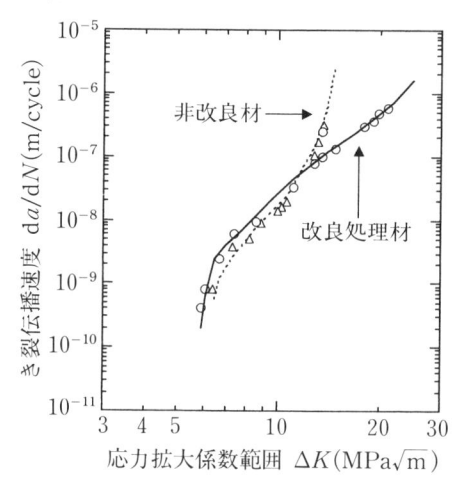

図3.2.9 高圧鋳造したAC4CH合金T6処理材の疲労き裂伝播曲線におよぼす共晶Si相形状の影響[12]（共晶Si相粒子の平均アスペクト比は非改良材で4，改良処理材で1.3）。

図3.2.9は，DASが約30μmと細かいデンドライト組織をもつAC4CH-T6合金高圧鋳造材について，疲労き裂伝播曲線におよぼす共晶Si相の形状の影響を調べたものである．このように共晶Siの球状化と微細化は，高ΔK域でのき裂伝播速度を低下させる[12]．またアルミニウム鋳造合金では先に述べたように，パリス域においても共晶Si相粒子の破壊や剝離の影響が現れる．そこで共晶Si相をより微細球状化してこの影響の低減を図ると，図3.2.10に示すような延性ストライエーションが十分に発達した破面が得られる[13]．この際パリス域もより高ΔK側に拡大する．

一般にパリス域での疲労き裂伝播速度には，ミクロ組織はほとんど影響しないといわれている．ストライエーション間隔とき裂先端の鈍化過程の関係から導出されたモデルによれば，パリス域のき裂伝播速度と材料のくり返しの降伏応力（これはしばしば静的な降伏応力σ_yによって代用される）はくり返しのき裂先端開口量，$\Delta\delta$を介して式(3.2.2)のように関係づけられる[14]．

$$\frac{da}{dN} \approx \frac{\Delta\delta}{2} \approx C\frac{(\Delta K)^2}{\sigma_y E} \tag{3.2.2}$$

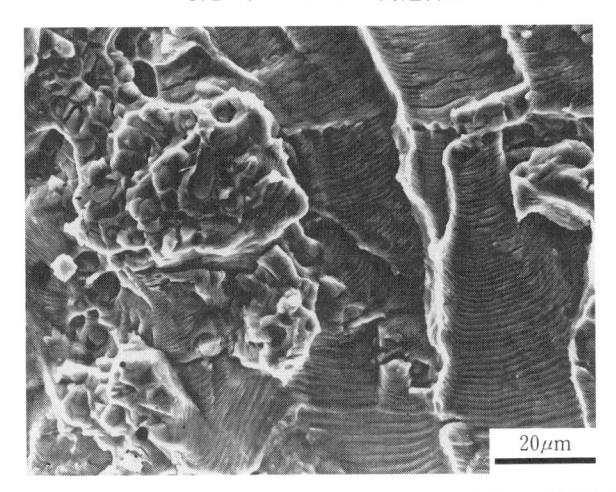

図 3.2.10　半凝固ダイカスト法により作製した AC4CH 合金 T6 処理材の疲労破面に観察されるストライエーション[13].

ここで，C は定数，E はヤング率である．

　これによれば降伏応力が増加すれば，き裂伝播速度は減少する．HIP 処理した AC4CH 合金鋳物において，図 3.2.11 に示すようにミクロ組織の微細化により降伏応力は増加し，き裂伝播速度が減少することが確認されている[15]．なお不純物としての Fe の含有量が多い場合には，Al-Fe や Al-Fe-Si 系の金

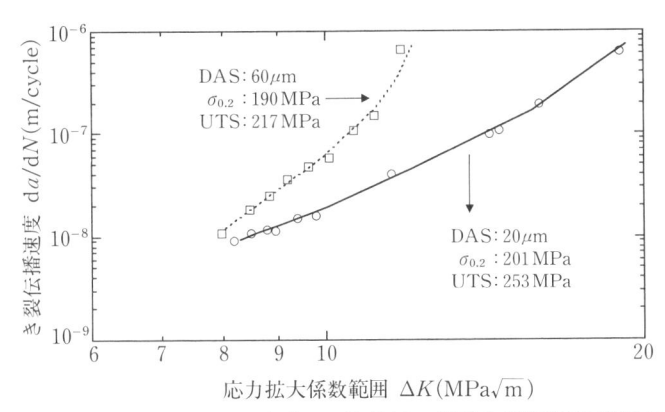

図 3.2.11　HIP 処理した AC4CH 合金 T6 処理材の疲労き裂伝播速度におよぼすミクロ組織微細化の効果[15].

属間化合物相が現れる．これらは針状で応力集中源となるほか，破壊や剥離を起こして鋳造合金の疲労き裂伝播特性を大きく低下させる場合がある．

3.2.4.4　アルミニウム鋳造合金のda/dN-ΔK曲線におよぼすき裂閉口の影響

さてアルミニウム鋳造合金のda/dN-ΔK曲線の特徴のひとつとして，展伸合金に比べて低ΔK域でのき裂伝播速度が小さく，下限界値（ΔK_{th}）が高いことが挙げられる．先に鋳造合金では破面粗さが非常に大きいことを述べた．このような粗い破面は，試料側面で観察される頻繁なき裂伝播方向の変化（き裂偏向）と分岐の結果である．そこで鋳造合金の低ΔK域でのき裂伝播特性をき裂の偏向や分岐との関連から考えてみよう．

これまで示したda/dN-ΔK曲線の形状は，材料自身の剛性やくり返し降伏応力，靱性などに依存する内的（intrinsic）なき裂伝播抵抗のみを表すものではなく，これにき裂の形状や負荷条件に依存する外的（extrinsic）なき裂伝播抵抗の要素が加わったものとなっている．この外的な要素の代表的なものとしては，き裂の偏向や分岐，き裂閉口が挙げられ，多くのき裂閉口機構の中でも破面粗さ誘起き裂閉口が低ΔK域の疲労き裂伝播特性に大きな影響をおよぼすことが知られている[16]．

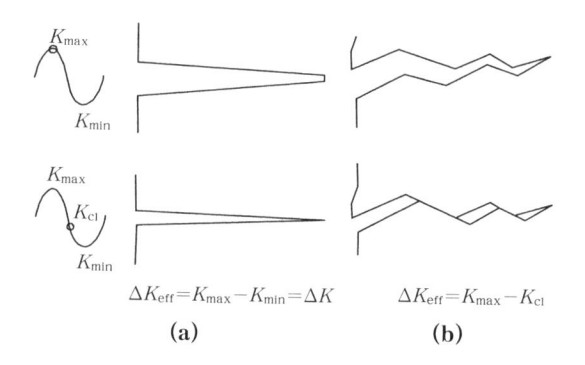

図 3.2.12　破面粗さ誘起き裂閉口機構の模式図．
　　　　　（a）の直線状き裂では破面粗さ誘起き裂閉口は生じないが，（b）のようにき裂が偏向しておりモードⅡ変位が存在する場合には破面粗さ誘起き裂閉口が起こる．

破面粗さ誘起き裂閉口とは図 3.2.12 に示すように破面,すなわちき裂面に凹凸がありモードIIの変位成分の作用がある場合に,除荷時にき裂面が K_{min} 以上で接触し,その結果 K_{min} 以上の K レベルでき裂が閉口する現象である.これは破面粗さの寸法がき裂先端の開口変位より大きい場合や,応力比の小さな試験での低 ΔK 域におけるき裂伝播で特に問題となる.き裂面の接触が生じる際の K を K_{cl} としてこれを測定すると,図 3.2.13 のようになる.得られた K_{cl} を用いて,実際にき裂先端で働いている有効応力拡大係数範囲($\Delta K_{eff} = K_{max} - K_{cl}$)を算出し,$\Delta K_{eff}$ でき裂伝播速度を再整理すると,図 3.2.14 に示すような intrinsic な疲労き裂伝播特性が得られる[17].da/dN-ΔK_{eff} 曲線から求めたパリス域の勾配はおよそ 3 で,これは展伸合金の場合とほぼ同じである.また下限界値もほぼ展伸合金なみになる.

このようにアルミニウム鋳造合金では破面粗さ誘起き裂閉口の影響が大きい.そして大きな破面粗さを生じる主たる原因は,デンドライト凝固組織とデンドライト間隙に分散する共晶 Si 相によって引き起こされるき裂の偏向や分岐であると考えられる.き裂偏向や分岐の大きさや頻度が,デンドライトや共晶 Si 相の形状や寸法によってどのように変化するかについては様々な報告があり,まだよくわかっていない[16~18].またき裂偏向や分岐の挙動はマトリックスの析出強化相の違いや結晶粒径によっても変化するため,今後さらなる検討が必要である.

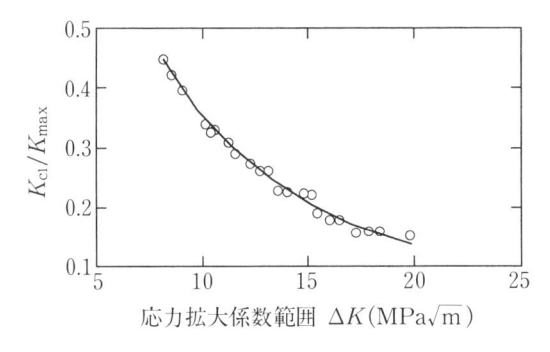

図 3.2.13 AC4CH 合金の疲労き裂伝播試験($R=0.1$)においてコンプライアンス法により測定された破面粗さ誘起き裂閉口[17].

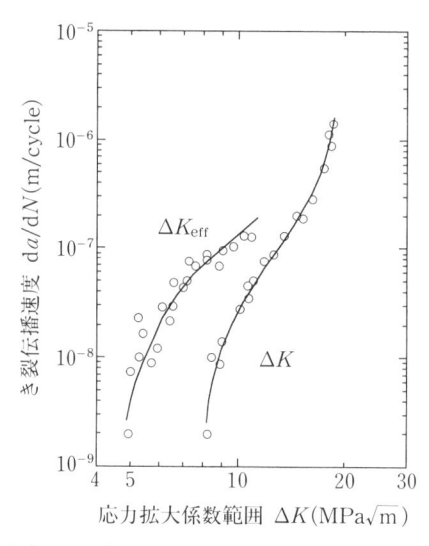

図 3.2.14 AC4CH 合金の da/dN-ΔK 曲線（$R=0.1$）と，き裂閉口効果を考慮して得られた da/dN-ΔK_{eff} 曲線[17].

3.2.5 アルミニウム鋳造合金における微小き裂成長と寿命予測

　微小き裂の特異な成長挙動は，アルミニウム鋳造合金においても重要な問題である．平滑材表面から発生した疲労き裂の伝播速度はミクロ組織に敏感で，き裂先端近傍のミクロ組織の状態（デンドライトセル内か共晶 Si や他の第 2 相粒子に接近あるいはそれらを通過しているか）によって複雑に変化する．また疲労き裂の伝播速度を da/dN-ΔK 関係により長いき裂の場合と比較すると，微小き裂は長いき裂の ΔK_{th} 以下でも伝播し，長いき裂に比べ平均的に大きな伝播速度をもつ[18～20]．

　両者を da/dN-ΔK_{eff} 関係で比較すれば伝播速度はほぼ一致することから，微小き裂の大きな伝播速度の理由のひとつは先に述べたき裂閉口の効果が少ないことであるといえる．しかし，微小き裂は，そもそも小規模降伏条件を満たしていないため，その伝播速度を ΔK で評価することが可能かどうかという疑問がある．このようなことから微小き裂の伝播速度を応力振幅 σ_a と，き裂

長さ a の関数として表す式(例えば式(3.2.3))が提案されている．

$$\frac{da}{dN} = A\sigma_a^n a \tag{3.2.3}$$

ここで A と n は定数である[21]．

さて，疲労は疲労き裂の発生とその伝播によって起こるので，原理的にはそれぞれの寿命を求めて足してやれば疲労寿命を推定することが可能である．例えば疲労き裂発生寿命を，微小き裂特有の伝播挙動が見られなくなるき裂長さまでき裂が成長するに要するくり返し数と定義して求め，一方，き裂伝播寿命を長いき裂に関して得られたパリス式やこれを ΔK_{eff} に修正した式を積分することにより求めると，この両者の和が疲労寿命となる．アルミニウム鋳造合金に関しては，鋳造欠陥や共晶 Si 粒子近傍における応力拡大係数 K_{Imax} の最大値と，このき裂発生寿命 N_i との間に式(3.2.4)の関係が認められている[19]．

$$K_{\text{Imax}} \cdot N_i^a = B \tag{3.2.4}$$

ここで a，B は定数である．これは鋳造欠陥や共晶 Si 粒子の寸法の増加に伴う疲労寿命の低減が，き裂発生寿命の低下によることを示唆している．

またアルミニウム鋳造合金では，疲労き裂は鋳造欠陥である気孔から最初の数サイクルで生成するため，き裂発生段階は無視できると仮定し，疲労表面微小き裂の伝播速度を用いて疲労寿命を求めるといった試みもなされている[3]．この場合は鋳造欠陥の大きさそのものが初期き裂長さとして取扱われている．

このようにアルミニウム鋳造合金の疲労寿命予測は，主に鋳造欠陥からの疲労き裂発生を念頭において行われている．しかし最近は高圧鋳造法や半凝固鋳造法などの鋳造法自体の開発に加え，HIP 処理などの後処理の付与により鋳造欠陥の大幅な低減が可能となっている．これらの鋳造合金においては，デンドライトセル内のすべり帯や共晶 Si 相からのき裂発生が報告されているため[19]，今後は鋳造合金特有のミクロ組織を，疲労き裂発生ならびに伝播に影響をおよぼす重要な因子として慎重に取扱っていかなくてはならない．

3.2.6 後処理によるアルミニウム鋳造合金の疲労特性の向上

アルミニウム鋳造合金にHIP処理を施すと，収縮孔など試料内部の空洞を消滅させることが可能であることから，疲労特性の向上に有効であると考えられる．実際にHIPした試料では，S-N曲線が高応力側に移動（疲労強度が向上）し，また鋳造欠陥の量や寸法を支配する凝固速度の影響が小さくなることが報告されている．しかし，合金や疲労試験の種類によってはHIPの効果が認められない場合もある[5]．この理由としては，たとえHIPを行っても，気孔などの空洞は完全には消滅せず，むしろ扁平な形状となって応力集中源として働く可能性があることや，鋳造欠陥が減少した分DASや共晶相の寸法等，他のミクロ組織の影響が前面に打ち出されることなどが考えられている．

ショットピーニングは，鋼球を被加工品表面に噴射することにより表面層に残留圧縮応力を生じさせる方法で，従来より疲労寿命向上に有効であることが知られている．他の金属材料と同様，アルミニウム合金鋳物においても，特に微小き裂の成長段階を含めた疲労き裂発生に要する寿命，すなわち材料表面付近での疲労特性の向上は重要であり，ショットピーニングによる疲労寿命の増加が期待できる．

図3.2.15は曲げ疲労試験により求めたAl-7.5%Si-0.36%Mg合金砂型鋳物のS-N曲線を鋳肌のままの試料，表面を研磨した試料，ガラスビーズを用いてショットピーニングを施した試料について比較したものである[4]．ショットピーニングした試料では，著しい寿命の向上が認められた．ショットピーニングにより鋳物表面の粗さは減少するが，表面研磨したものに比べれば粗いため，疲労寿命の向上は試料表面の応力集中箇所の減少によるものではない．図3.2.16は各試料について表面近傍の残留応力を調べたものである．ショットピーニング材では表面から深さ100 μmまでは130 MPa程度，それ以降も深さ200 μm程度まで圧縮の残留応力が認められる．ショットピーニング材では，残留応力を生じている表面層のすぐ下部の引け巣欠陥から発生したき裂が，まず表面に向かって伝播後，試験片を内部へと伝播していた．初期の表面へのき

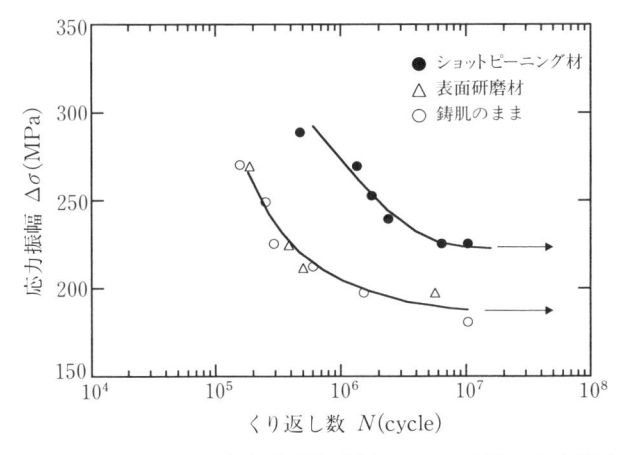

figure 3.2 アルミニウム鋳造合金の疲労特性（Ⅰ） 213

図 3.2.15 Al-7.5%Si-0.36%Mg 合金砂型鋳造材の $S-N$ 曲線におよぼすショットピーニングの効果[4].

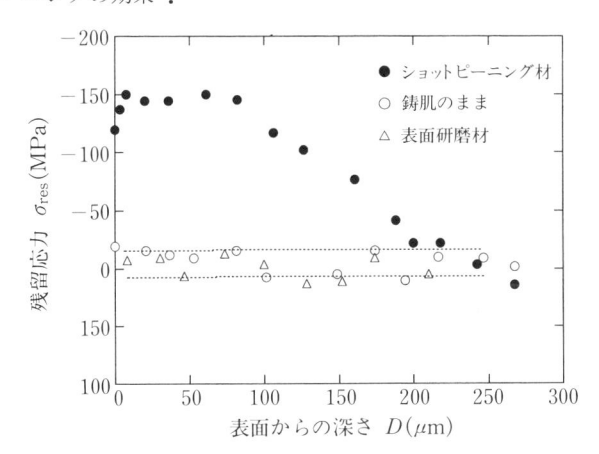

図 3.2.16 Al-7.5%Si-0.36%Mg 合金砂型鋳造材の表面近傍の残留応力[4].

き裂伝播過程において，き裂は残留圧縮応力場中を進むことになる．従って伝播速度の低下が予想される．さらにその後，き裂が試料内部へと進む際にも残留圧縮応力によるき裂閉口効果のため，き裂先端の ΔK が低減し，き裂伝播速度は低下すると考えられる．疲労寿命の大半は初期の（き裂が短いときの）き裂伝播に費やされるので，ショットピーニングによる表面近傍の残留圧縮応力

場の形成は，アルミニウム合金鋳物の疲労寿命向上のための有効な手法であるといえよう．ただしショットピーニングの条件によっては表面のSi粒子を破壊してき裂を発生させたり，表面が加工硬化してき裂が入りやすい状態になったりする場合もあるだろうから，注意が必要である．

参 考 文 献

1) 吉田英雄：自動車の材料技術, 自動車技術シリーズ5, (社)自動車技術会編集, 朝倉書店 (1996).
2) 神尾彰彦：アルミニウム新時代, 工業調査会 (1993).
3) J. E. Allison, J. W. Jones, M. J. Caton and J. M. Boilieau : Proc. of the 7th Int. Fatigue Congress, Beijing, P. R. China, 3/4 (1999), 2021.
4) J. F. Knott, P. Bowen, J. Luo, H. Jiang and H. L. Sun : Proc. of the 7th Int. Conf. ICAA7, Virginia, USA, 1 (2000), 1401.
5) T. L. Reinhart : Fatigue and Fracture Properties of Aluminum Alloy Castings, ASM Handbook, 19 (1996), 813.
6) K. H. Reding : Mater. Sci. Forum, 242 (1997), 11.
7) 軽金属学会出版部会：アルミニウムの組織と性質, 軽金属学会 (1991).
8) 小林俊郎, 新家光雄：アルミニウム基合金の強度と破壊特性, 軽金属学会研究委員会 (1997), 12.
9) K. Katsumata, S. Han, S. Kumai, A. Sato and R. Shibata : Proc. of the 7th Int. Fatigue Congress, Beijing, P. R. China, 3/4 (1999), 2047.
10) N. W. Green and J. Campbell : AFS Transactions, 114 (1994), 341.
11) J. F. Knott : Fundamentals of Fracture Mechanics, Butterworths, London (1973), 251.
12) 熊井真次, 胡健群, 肥後矢吉, 布村成具：軽金属, **45** (1995), 198.
13) S. Han, S. Kumai and A. Sato : Mater. Sci. and Eng. A, (2001), in print.
14) S. Suresh : Fatigue of Materials, Cambridge University Press, Cambridge (1991), 217.
15) S. Kumai, S. Aoki, S. Han and A. Sato : Mater. Trans., JIM, 7 (1999), 685.
16) 熊井真次, 関川明功, 胡健群, 肥後矢吉, 布村成具：軽金属, **45** (1995), 204.
17) 大西脩嗣, 鷹合徹也, 中山栄浩, 大森雅弘：鋳造工学, **68** (1996), 891.

18) 新家光雄, 小林俊郎：アルミニウム合金の力学的特性, 軽金属学会 強度評価分科会セミナー予稿集 (1992), 44.
19) 越智保雄, 畠山敦, 松村隆, 柴田良一：日本機械学会論文集 (A編), 66 (1999).
20) 韓相元, 熊井真次, 佐藤彰一：軽金属学会第99回秋期大会講演概要集, 67 (2000).
21) H. Nishitani, M. Goto and N. Kawagoishi : Eng. Frac. Mech., **15** (1981), 185.

3.3 アルミニウム鋳造合金の疲労特性（2）

———越智　保雄———

　近年の鋳造技術の格段の進歩により，コストおよび重量の軽減の面から各種産業分野，特に自動車[1,2]，航空機[3]や鉄道車両[4]等の輸送産業へのアルミニウム鋳造合金の適用が注目されている．現在，自動車部品ではエンジンブロック，シリンダヘッド，ホイールやコントロールアーム等への適用がなされており，それらの部品ではいずれも使用中の疲労が問題となる．疲労破壊は内在する鋳造欠陥や組織不連続部からのき裂の発生が起点となるため，新たな鋳造法による欠陥の減少や組織の均質化が疲労特性向上の手法として種々提案されている．

　本節では，アルミニウム鋳造合金の S-N 特性と欠陥および組織との関連に関して，まず S-N 特性におよぼすミクロ組織と鋳造欠陥の影響について述べ，そして，ミクロ組織と鋳造欠陥の制御という観点から HIP 処理，ショットピーニング処理等の鋳造後の改良処理や溶湯鍛造法，半凝固ダイカスト法やチクソカスティング法などの各種鋳造技術の改良等による疲労特性，特に S-N 特性への影響について解説するとともに，微視組織や欠陥に基づいた疲労寿命評価等についても述べる．

3.3.1　S-N 特性におよぼすミクロ組織と鋳造欠陥の影響

　疲労破壊は一般に，き裂発生過程とき裂進展過程に分けて考える．き裂発生に大きな影響を与えるものとしては，デンドライトアーム間隔（DAS）やシリコン粒子径等のミクロ組織および鋳造欠陥がある．

　そこで，まずミクロ組織の疲労特性への影響について述べる．ミクロ組織の制御方法として鋳造時の冷却速度を変化させる方法[5,6]や Na，Ca や Fe 等の元素添加による改良処理[7,8]がある．大西らは金型の温度を変化させることで冷

3.3 アルミニウム鋳造合金の疲労特性（2）

却速度を変え，それによって3種類のDASを持つAC4CH（Al-7Si-0.3Mg系）の疲労試験を実施した[5]．疲労試験は油圧式サーボ疲労試験機を用い軸荷重制御の片振正弦波でくり返し速度は35Hzである．図3.3.1は得られたS-N曲線で（$S=\sigma_a$），図中の試験片A, B, CはDASがそれぞれ19μm，38μm，46μmであり，結果より，DASが大きくなると疲労寿命が低下していることがわかる．図中の鈴木による結果[9]は参考として示しているが，DASのみに注目すると本実験結果より低強度側にあるが，DAS以外の要因，例えば鋳込み時の欠陥等の違いによるものと思われる．

また，B. ZhangらはA356.2-T6（Al-7Si-0.3Mg系）に対して，セラミックウールで囲った型の底面より直接水冷却することで，型内の底面からの高さの差による広範囲な冷却速度（ほぼ10〜0.3 Ks^{-1}）を実現し，それによって得られた種々の大きさのDASを持つ試験片に対して，曲げ疲労試験と高サイクルおよび低サイクル軸疲労試験を実施した[6]．図3.3.2は得られた結果の一例で曲げ疲労試験の場合，各最大ひずみ振幅においてDASが増加すると疲労寿命が低下している．また，この曲げ疲労試験において全寿命に対する疲労き裂の発生割合を整理したものが図3.3.3である．図よりDASが大きくなると，き裂の発生が早くなっている．これらの結果より，速い冷却速度から得られるより微細な組織は，疲労き裂の発生を遅らせる効果があるといえる．さら

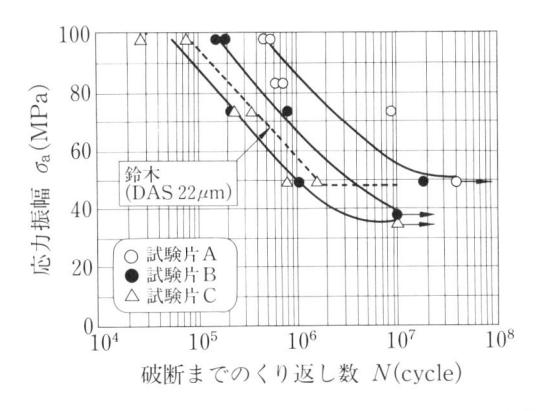

図3.3.1 S-N特性におよぼすDAS（デンドライトアーム間隔）の影響[5]．

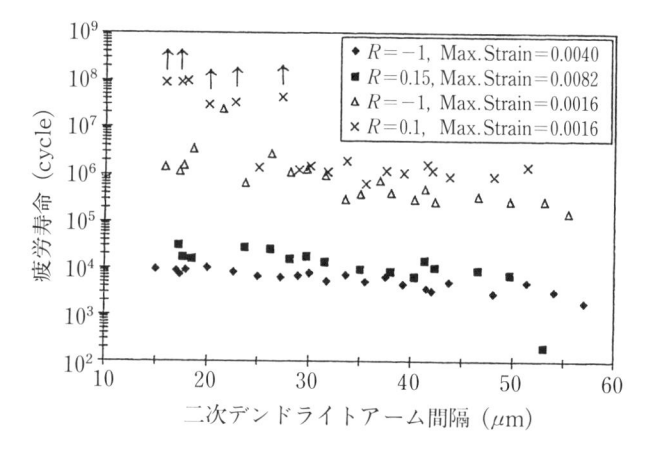

図3.3.2 疲労寿命とDAS（デンドライトアーム間隔）の関係[6].

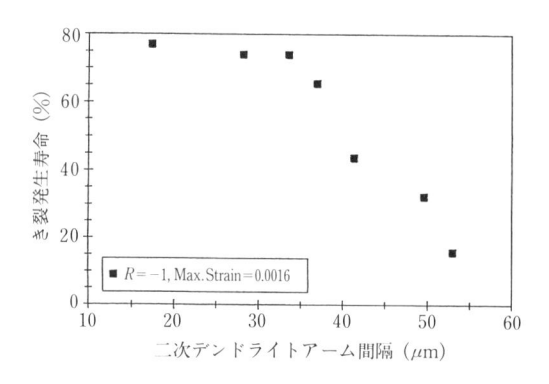

図3.3.3 き裂発生寿命とDAS（デンドライトアーム間隔）の関係[6].

に，J. E. Allisonらも自動車用の356（Al-Si-Mg系）合金およびW 319（Al-Si-Cu-Mg系）合金を用いてDASと疲労強度の関係について同様の結果を報告している[2]．

小林らはSi量の影響を知るために3種類のAl-Si-Cu系の合金鋳物ADC 12（11 mass% Si），AC 4 B（8 mass% Si），AC 2 B（6 mass% Si）を作製し，さらにこれらに改良処理のためにCa元素を添加した[7]．疲労試験は平板試験片

で電気油圧式サーボ試験機を用い，正弦波引張-引張（応力比 $R=0.1$，くり返し速度 $f=30\,\mathrm{Hz}$）で実施した．得られた結果を図 3.3.4（a），（b）に示す．まず，図（a）は Si 量の影響を検討するため，同程度の Si 粒子形態と見なされた AC 2 B，AC 4 B および ADC 12-1（Ca 110 ppm，鋳型温度 423 K）の疲労試験結果である．図より Si 量の高いものほど高い疲労強度を示し，特に高サイクル寿命領域でその効果が顕著であることがわかる．この原因として，き裂発生の核となる鋳造欠陥の大きさが，Si 量の増加に従って減少していることを挙げている．また，同一の ADC 12 で Ca 量と鋳型温度の異なる 4 種類の試料の疲労試験結果を図（b）に示す．鋳型温度 423 K では Ca 量の高い試料の方が，鋳型温度 623 K では Ca 量の低い試料の方が疲労強度に優れている．この原因は 423 K では Ca 量の増加によって鋳造欠陥の微細化が生じたが，623 K では Ca 量の増加により溶湯のガス吸収傾向が増加したためポロシティ量の増加を促し，その結果，鋳造欠陥の粗大化を生じたためとしている．いずれにし

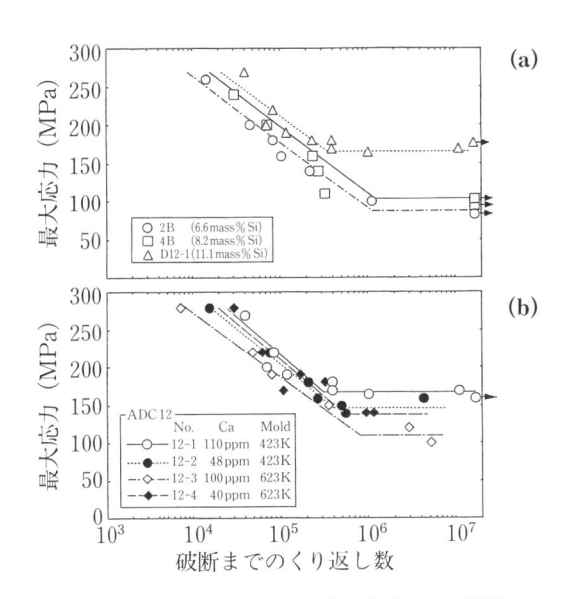

図 3.3.4　$S\text{-}N$ 特性におよぼす成分含有量の影響[7]．
　　　　（a）Si 量の影響，（b）Ca 量と鋳型温度の影響．

ても鋳造欠陥の微細化をすることが疲労強度の向上につながることは明らかである．一方，J. A. Ødegard らは自動車ホイール用合金 A 356（Al-Si-Mg 系）を用い，平均 Si 粒径・体積率等の分布状況や欠陥の存在率と疲労限度との関係[1]を，また，L. E. Björkegren らは3種類の鋳造合金（Al-9 Si-3 Cu 系，Al-9 Si-3 Cu-Fe 系，Al-10 Si-Mg 系）を用いて，DAS の大きさや欠陥率（porosity grade）が疲労強度に与える影響[8]について検討している．

小林，松井は AC 4 C 合金（Al-Si-Mg 系）を用い，舟金型鋳造材からの試験片採取位置を変え，底面から近い部分からそれぞれ試験片 A，B，C を切出し，これらの試験片に対して，①内在する欠陥の定量化と最大欠陥寸法の予測，②鋳造欠陥の疲労強度におよぼす影響の定量化を試みている[10]．欠陥寸法は底面に近い試験片ほど小さくなり，各試験片の極値確率法による推定最大欠陥寸法（$\sqrt{area}$）は，試験片 A，B，C でそれぞれ 120〜150 μm，350〜440 μm，1700〜2300 μm であった．疲労試験は小野式回転曲げ疲労試験機を用い，回転数 2800 rpm で室温・大気中で実施している．得られた疲労試験結果を図 3.3.5 に示す．試験片 A，B，C と欠陥寸法が大となるほど疲労強度が低下している．特に欠陥寸法の大きい試験片 C の低下が著しいことがわかる．推定した最大欠陥寸法を，村上の提案している疲労限度推定式（$\sqrt{area}$ パラメータモデル）[11]に適用して求めた疲労限度の下限値と実験結果との比較を行い，推定した下限値は各材料に対してほぼ妥当な値となっていることを示している．さら

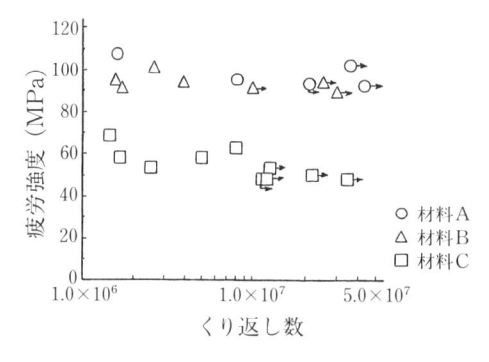

図 3.3.5　S-N 特性におよぼす欠陥寸法の影響[10]．

に，実際のアルミニウム鋳造部品として自動車用エンジンのロッカアーム実体の疲労試験を実施し，得られた疲労限度と上記の疲労強度予測式がよく一致することを明らかにしている．

3.3.2 HIPおよびショットピーニング処理の影響

HIP（熱間等方圧プレス）処理法は，高圧のガス圧力を高温下で作用させて処理材料を加熱圧縮する技術である．100～1000 MPaの高圧と1000℃以上の高温を利用できるという特徴があり，セラミックス等の新素材の研究開発が盛んになった1980年代に注目され，日本におけるHIPの処理装置は急激に増加した[12]．しかしながら，HIPは1950年代に米国で発明された技術である[13]が，欧米での利用は主として航空機用の金属や超合金を対象としたものであった．一方，HIPによる鋳造欠陥の縮小化効果が期待されることから，疲労強度改善の手法のひとつとして利用されて種々検討がなされている[14~20]．一方，ショットピーニングは材料依存性が少なく簡便で安価に強度向上をはかれる点でメリットが大きく，自動車部品においても古くからコイルばね，板ばね等の疲労強度向上や鋳造品，鍛造品，浸炭歯車および調質品のバリ取りやスケール落とし等のクリーニングを目的として多用されてきたが，さらに強度向上に対する効果が注目され，積極的に製造上の管理基準を定量化して，アルミニウム合金鋳物をはじめ，さらに多くの自動車部品への適用が広がっている[21~23]．

久保田らは，3種類の鋳造アルミニウム合金（AC4CH-T6，AC1B-T6，AC7A）にそれぞれHIP処理を施し，鋳造欠陥が減少していることを示したのち，疲労試験を実施した[15,16]．HIP処理条件はArガス中で500℃，100 MPaの条件で1時間保持であり，疲労試験は小野式回転曲げ疲労試験を回転数3000 rpmで室温・大気中で実施した．図3.3.6はAC4CH-T6の結果であり，引張強さ等の機械的性質はほとんど変化しないにもかかわらず，疲労強度の向上が得られている．図において，AC4CH-HIP材（4H）とAC4CH-As-cast材（4N）の疲労強度を比較すると，HIP材の向上の程度は，10^7回疲労強度で約70%と大幅な向上となっている．これはHIP処理により，き裂起点

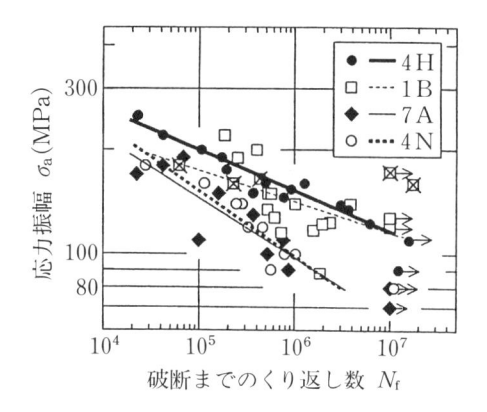

図 3.3.6 HIP 処理材の S-N 特性[15].

となる寸法の大きな鋳造欠陥が減少したために，従来材の疲労き裂がすべて鋳造欠陥を起点としたものと比べて，HIP 処理材は共晶 Si 粒子の密集部の剝離がき裂起点となっているためとしている．そこで，HIP（4 H）材の発生き裂長さを共晶 Si 粒子密集部長さで定義し，従来材（4 N）の発生き裂長さを起点欠陥の大きさで定義して，それぞれの大きさから，村上の提案式[11]を用いて起点の破壊力学的パラメータ K_{Imax} を計算した．求められた K_{Imax} と疲労き裂発生寿命 N_i との関係を示したのが図 3.3.7 である．結果より両者の関係は多少ばらつきはあるが，き裂起点の種類によらず統一的に整理されることがわかった．さらに，この K_{Imax}-N_i の関係と表面き裂進展関係より求めたき裂進展寿命 N_p を用いて，疲労寿命 N_f を評価した結果を図 3.3.8 に示した．結果を見ると HIP 材では 180 MPa 以上の高応力振幅では予測値が長寿命側にずれているが，それ以下の応力ではよい一致を示している．高応力で差異が生じる原因は，き裂の発生初期の停留期間が低応力の場合より短くなることや，き裂進展速度のばらつきに対する補正を行っていないためであると述べている．

このような HIP 処理による疲労強度改善効果について，同様の結果を鈴木ら[14]，杉山ら[17] は AC4CH-T6 材について報告している．図 3.3.9 は杉山らの電気油圧サーボ試験機による軸疲労試験の結果で，図中で T は通常の鋳造材，

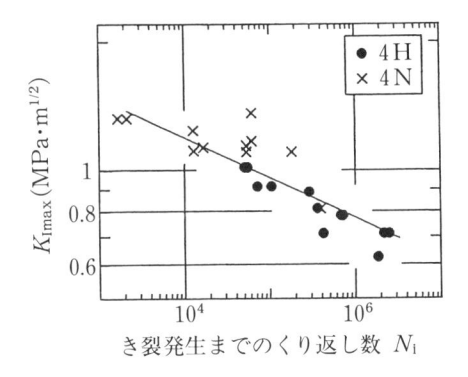

図 3.3.7　HIP処理材と未処理材のき裂発生寿命 N_i とき裂起点破壊力学パラメータ K_{Imax} の関係[15].

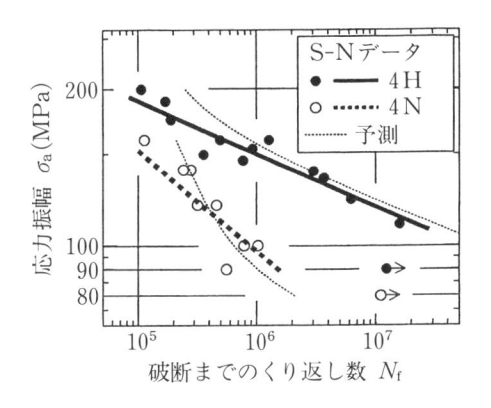

図 3.3.8　HIP処理材と未処理材の疲労寿命評価[15].

Hは加圧鋳造材，HIPはHIP処理材を示す．結果より，HIP処理材は従来鋳造材より 10^7 回疲労強度で約90%以上の向上が得られている．なお，図中の ◊，⌑印はき裂起点が鋳造欠陥であることを示していて，従来鋳造材や加圧鋳造材の起点のほとんどが鋳造欠陥であるのに対して，HIP処理材は欠陥からのき裂発生が全く見られなかったことを表している．また，C. S. C. Lei らは A 356（Al-7.5 Si-0.45 Mg 系）合金にHIP処理を施し，鋳造欠陥の減少とそ

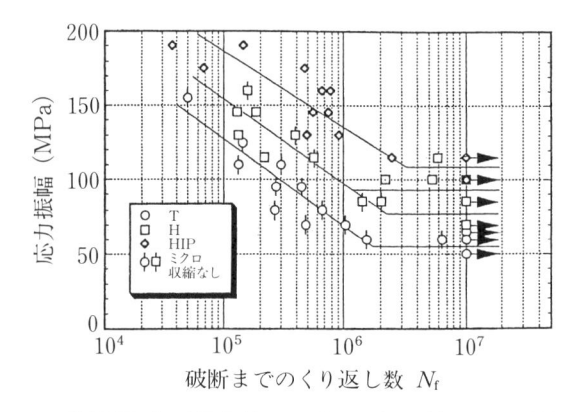

図 3.3.9 鋳造材,加圧鋳造材および HIP 処理材の S-N 特性[17].

れに伴う疲労強度の向上を報告している[18,19]. さらに, 黒木らは A 354 (Al-Si-Cu-Mg) 合金を用いて, 回転曲げ疲労特性におよぼす脱ガス処理の影響と脱ガス処理後の HIP 処理の影響を検討して, 未脱ガス処理材, 脱ガス処理材, 脱ガス処理＋HIP 処理材となるほど欠陥の面積率が減少し, 疲労強度が増加するという結果を得ている[20].

一方, ショットピーニング処理の効果について見ると, 図 3.3.10 は五十嵐がまとめた AC 4 B 材を 480°C で 1 h の焼なまし処理後に削出した試験片に, 種々の条件でショットピーニング処理を施した場合の回転曲げ疲労試験結果である[21]. 図より, 削出し材に比べてアークハイト 0.08 mmA 材では約 40%疲労強度が向上したが, ピーニング強度が高くなると, 逆に低下している. ショットピーニング処理による疲労強度への効果は, 強度向上に寄与する効果として表面硬化層や圧縮残留応力の付与がある. 一方, 強度低下に対する効果として, 表面粗さの増加とオーバーピーニングによる表面割れの存在が考えられる. 従って, これらの効果の組合せによりショットピーニングの最適条件が存在しているものと考えられる. また, 伊藤らは AC4CH 材に HIP 処理を施したのち, さらに, ショットピーニング処理を付与した場合の疲労強度への効果を検討している[22]. その結果, HIP＋ショットピーニング処理は HIP 処理の

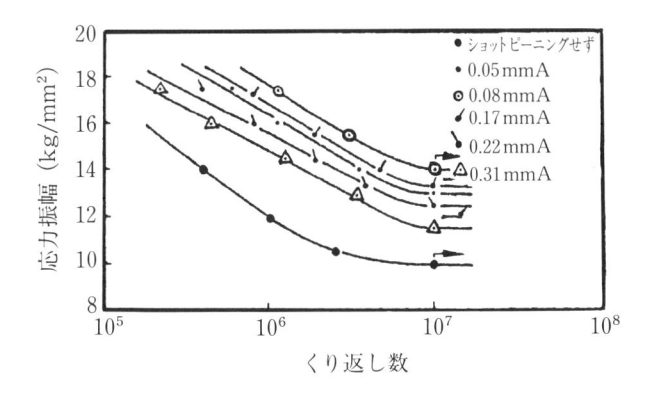

図 3.3.10 $S-N$ 特性におよぼすショットピーニング強度の影響[21].

みの場合よりもさらに疲労強度の改善が認められたが，10^7 回に近い長寿命域では改善効果は低下しているという結果を得ている．これら長寿命域における疲労強度改善は今後の検討課題といえよう．また，近年セラミックス等の高硬度微粒子によるピーニングによる疲労強度改善が試みられている．石上・龍崎は，AC4C-生材および AC4C-T6 材に 45 μm 径のセラミックス粒子をピーニングした場合に 10^7 回疲労強度が約 20% 程度向上すること，およびその上に2段ピーニングを行うと，さらに数%の向上が認められることを報告している[23]．

3.3.3 アルミニウム合金溶湯鍛造材の疲労強度

溶湯鍛造（スクイズ・カスティング）法は加圧鋳造法の一種で，重力鋳造法やダイカスト法に比べて組織が微細化されると同時に鋳造欠陥が減少する[24〜26]ため，強度特性や信頼性が改善され，各種機械部材への適用が期待されている．Al 溶湯鍛造材の疲労特性に関する研究は，皮籠石ら[27〜30]，塩澤ら[31,32]，P. S. Cheng ら[33] および T. M. Yue ら[34] の研究がある．

皮籠石らは Al 溶湯鍛造材 AC4CH-T6 の回転曲げ疲労試験を行い，疲労強度，微小き裂伝播や切欠感度におよぼす微視組織の影響について，展伸材と

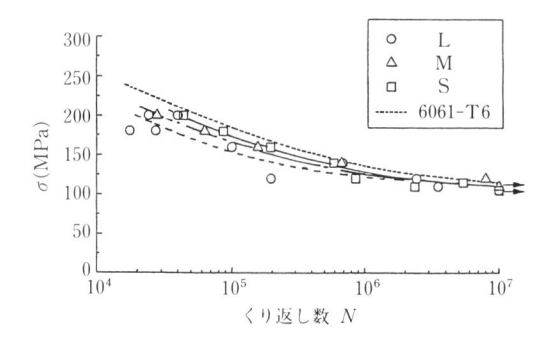

図 3.3.11 溶湯鍛造材と展伸材の S-N 特性の比較[30].

比較検討している.**図 3.3.11** は結果の一例を示すが,図中 L, M, S は鋳造時の板厚を変化させたもので,L は 24 mm,M は 18 mm,S は 12 mm と板厚を薄くして,試験片を切出したものである[30].なお,鋳造条件は,鋳造圧力 93 MPa,鋳込み速度 50 mm/s,溶湯温度 700°C,鋳型温度 200°C である.また,図には AC 4 CH と同じ Al-Si-Mg 系の展伸材 6061-T 6 の S-N 特性も示している.結果を見ると,展伸材も含めて各材料間の疲労強度に大きな違いはない.しかし詳細に見ると高応力域では板厚の小さい S 材が最も疲労強度が低く,以後 M 材,L 材と疲労強度が低下している.これらの差は板厚の違いによる冷却速度の差が,各材料の DAS の差として現れたものと述べているが,L 材,M 材および S 材の DAS の値がそれぞれ約 25 μm,約 15 μm および約 10 μm となっているので,それら DAS の差がそれほど大きくなかったためにこのような結果となったものと考えられる.

塩澤らは 2 種類の Al 溶湯鍛造材である AC 8 A-T 6 と AC 4 C-T 6 を用いて回転曲げ疲労試験を行い,展伸アルミニウム合金 7N01-T6,6061-T6 および 5052-F の結果と比較している[31].溶湯鍛造材の鋳造条件は,溶湯圧力 49 MPa,溶湯温度 760°C,金型温度 360°C である.**図 3.3.12** は疲労試験結果を示す.結果を見ると引張強さの高い AC 8 A-T 6 は AC 4 C-T 6 より高い疲労強度を示していること,また AC 8 A-T 6 は展伸材 7 N 01-T 6 とほぼ等しい疲労強度を,AC 4 C-T 6 は展伸材 6061-T 6 および 5052-F とそれぞれ同程度

の疲労強度を示している．なお，図中の AC4CH-T6 の曲線は先に述べた皮篭石らの溶湯鍛造材の結果[30]を示していて，塩澤らの AC4C-T6 材とほぼ同程度の疲労強度となっていることがわかる．また，塩澤らは微小き裂の発生挙動を観察して，鋳造欠陥からのき裂発生は見られず，共晶 Si 粒子から発生したき裂が，共晶 Si 粒子と母相の界面をぬって進展していることを観察した．さらに，き裂起点が共晶 Si 粒子であったことから，極値確率法を用いて両材料の最大 Si 粒子径を推定し，き裂発生長さの破壊力学パラメータ K_{Imax} を計算した．K_{Imax} の計算方法は，先に述べた村上らの提案式[11]を用いている．図

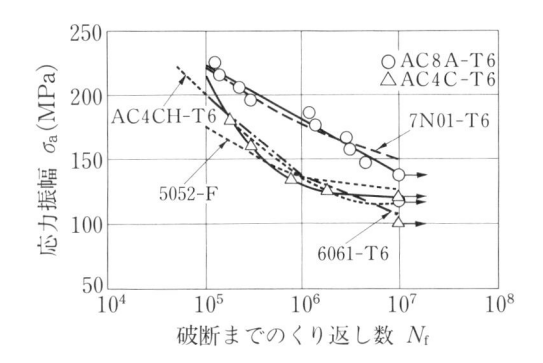

図 3.3.12 溶湯鍛造材と展伸材の S-N 特性の比較[31]．

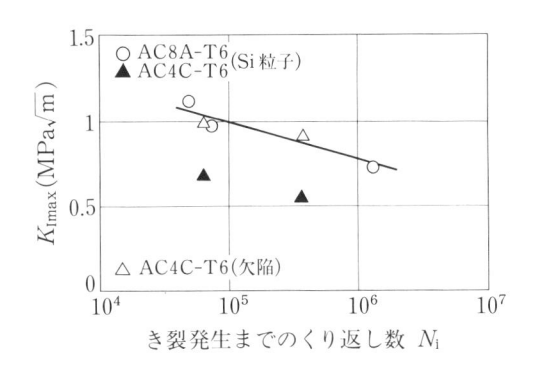

図 3.3.13 溶湯鍛造材のき裂発生寿命 N_i とき裂起点破壊力学パラメータ K_{Imax} の関係[31]．

3.3.13 は求めた K_{Imax} とき裂発生寿命 N_i の関係を示したものである．図中▲印は AC 4 C-T 6 の結果であるが，AC 8 A-T 6 の結果とは一致していなかったため，詳細にき裂起点を調査したところ，内部に推定した最大 Si 粒子よりも大きな欠陥が存在しており，その欠陥からき裂が発生しているものと考えた．そこで，それらの内部欠陥の大きさから同様にき裂起点の破壊力学パラメータを計算したものが図中の△印である．その結果，両材料における K_{Imax}-N_i 関係は統一的に整理されることがわかった．そこで，この結果から得られるき裂発生寿命 N_i と微小き裂進展則から求めたき裂進展寿命 N_p の和として，疲労寿命評価を行い，その結果を図 3.3.14 に示した．最大 Si 粒径に基づいた AC 8 A-T6 の場合には，推定寿命は実験結果と良い対応を示している．一方，AC 4 C-T6 では試験片ごとに内部欠陥の寸法が異なるために，実験で観察された欠陥寸法の幅を用いて示しているが，やはり実験結果とよく一致しているとしている．

また，P. S. Cheng らは A 380（Al-9.2 Si-3.4 Cu-2.5 Zn 系）合金の溶湯鍛造材（溶湯温度 732°C）を用いて回転曲げ疲労試験を実施して 10^8 回疲労強度で 20 ksi（138 MPa）以上の強度を得ている[33]．さらに，T. M. Yue らは 2 種類の粒径（70 μm と 800 μm）を持つ A7010（Al-6.5 Zn-2.5 Mg-1.6 Cu 系）合金の溶湯鍛造材を用いて回転曲げ疲労試験を実施して，10^7 回疲労強度として，細粒材では 200 MPa 以上，粗粒材では 160 MPa 以上の強度を報告してい

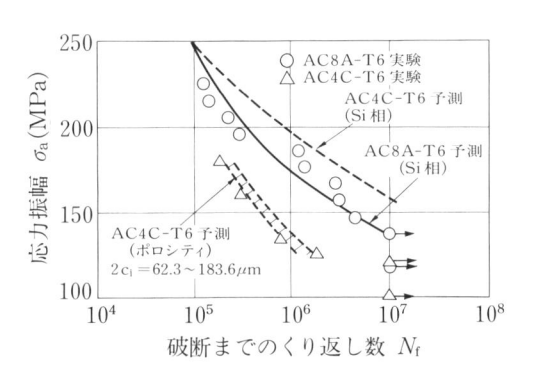

図 3.3.14 溶湯鍛造材の疲労寿命評価[31]．

る[34].

3.3.4 半溶融・半凝固鋳造材の疲労強度

　半溶融・半凝固鋳造技術[35]は1970年代初頭に米国で開発されたもので，溶液中に粒状化した固体を含む場合には，粘性がせん断応力により低下するというレオロジー現象により湯流れが層流になりやすいことを利用している．すなわち，粒状化した固体を20～60%含み残部が液体の層流状態で，鋳型に充塡後，加圧するものである．従ってこの鋳造法では鋳物の引けが少なく，また鋳造時の冷却速度が大きいため機械的性質が良好であることが知られている．

　現在実用化されている半溶融鋳造法としては，チクソカスティング技術[36,37]がある．チクソカスティング法は素材の再加熱により固液共存状態になったスラリーを金型のキャビティに加圧充塡することにより，最終形状に近い製品を得る製造方法である[38]．岩澤らはチクソカステイング法により製造したA 357（Al-7 Si-0.5 Mg系）合金の組織と機械的性質の関係について，従来法の重力金型鋳造材と比較・検討した結果を報告している[39]．チクソカスティング材では，比較的球状化したα-Al相と微細な共晶部分から構成された組織が得られ，鋳造欠陥は少ないとしている．図3.3.15は得られた疲労試験結果を，金

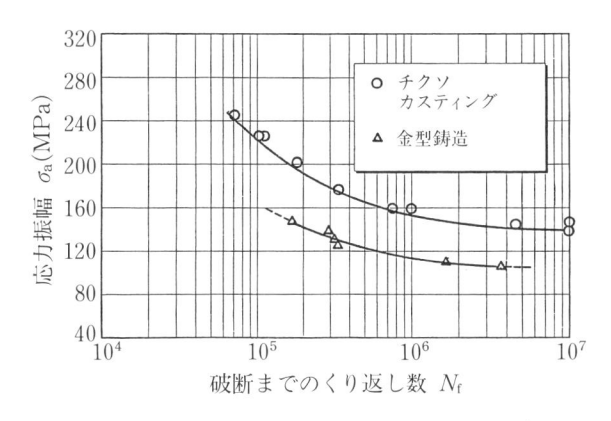

図3.3.15　チクソカスティング材と重力鋳造材のS-N特性の比較[39]．

型鋳造材と比較して示している．疲労試験は片振り軸疲労で，周波数 20 Hz で行っている．結果より，10^7 回疲労強度を比較すると金型鋳造品では約 100 MPa であるのに対して，チクソキャスティング材ではその値が 140 MPa となっており，大きく向上しているとしている．

次に，半凝固ダイカスト技術は，チクソキャスティング技術が通常のダイカスト鋳造法と比較して，ビレット連続鋳造の工程，ビレット切断工程，再加熱工程などを含むため原価が大幅に上昇すること，および連続鋳造を必要とするため，独自の材料開発が困難であったという問題を抱えているのに対して，従来のダイカスト法と同じ溶湯よりの冷却工程で，チクソキャスティングと同等以上の機械的性質を付与する鋳造技術（レオキャスティングとも呼ばれる）であるとされている[37,38]．半凝固ダイカスト技術は，溶湯をダイカストの射出スリーブに注湯し，射出スリーブ内での冷却過程において電磁撹拌を付与することにより粒状化した初晶を晶出させ，粒状の固体と液体が混合した状態で金型に射出し，加圧を施す方法である．

越智らは AC 4 CH-T 6 相当の半凝固ダイカスト Al 合金（Al-7 Si-0.3 Mg 系）を用いて，回転曲げ疲労試験を実施して従来鋳造材 AC 4 CH-T 6 と比較・検討した[40]．半凝固ダイカスト材の微視組織は，大半が共晶 Si 粒子と Al-α 相からなる球状化した組織形態を呈しているが，一部従来材と同様のデンド

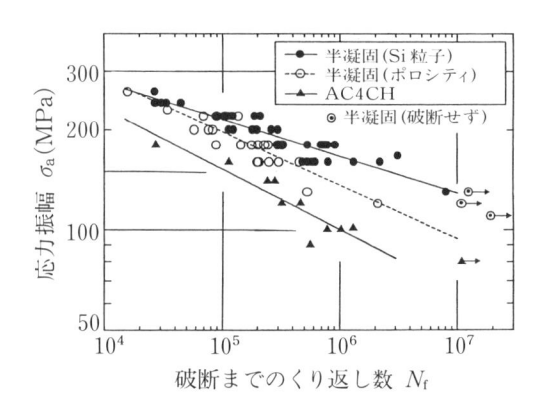

図 3.3.16　半凝固ダイカスト材と従来鋳造材の S-N 特性の比較[40]．

ライト組織と共晶 Si 密集部の 3 形態が混在していた．疲労試験結果を図 3.3. 16 に示す．半凝固ダイカスト材の疲労強度は全般に従来材よりも高くなっており，半凝固ダイカスト技術の効果が得られたことがわかる．しかしながら，半凝固ダイカスト材は寿命のばらつきが大きいが，き裂発生機構の違いに応じて，き裂起点を共晶 Si 粒子と欠陥の 2 つの場合に分けて考えることにより，ばらつきが若干抑制される．図中の直線はそれぞれの結果の最小二乗法による直線近似であるが，共晶 Si 粒子の場合は従来材に比べて 10^7 回疲労強度で約 35 MPa 程度高くなっていた．また，起点が欠陥である場合でも従来材と比較すると，き裂発生機構が同じであるにもかかわらず，疲労強度に差が生じている．この原因については微視組織の違いではないかと考えられるがさらに今後の検討を要する．

き裂発生寿命 N_i を微視き裂特有の進展挙動が見られなくなるき裂長さに相当するくり返し数と考え，共晶 Si 粒子に囲まれたセルの長さだけ両端にき裂が進展するくり返し数と定義する．そこで，鋳造欠陥や共晶 Si 粒子近傍における破壊力学パラメータ K_{Imax} を算出し，初期に観察より求めた N_i との関係を図 3.3.17 に示した．なお，K_{Imax} の算出法については，前述の村上らの方法[10]に基づいている．図より，両者の関係は供試材やき裂起点によらずほぼ

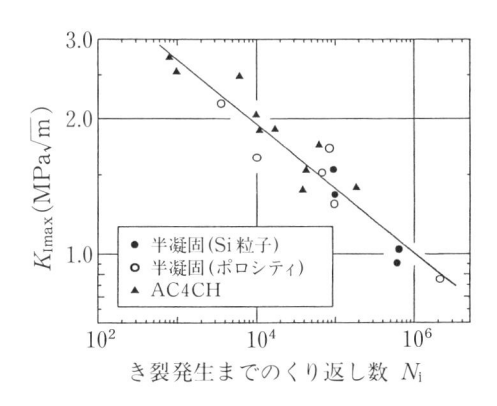

図 3.3.17　半凝固ダイカスト材のき裂発生寿命 N_i とき裂起点破壊力学パラメータ K_{Imax} の関係[40]．

232   3 各　　論

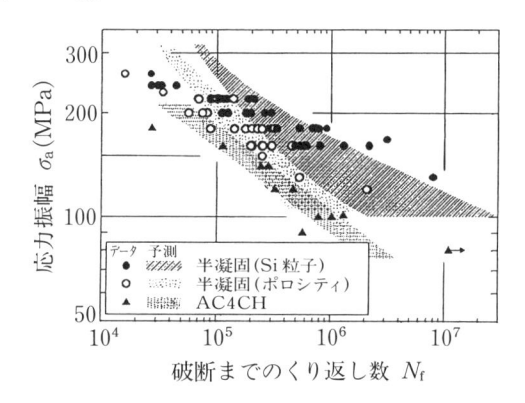

図3.3.18　半凝固ダイカスト材の疲労寿命評価[40].

直線関係にあると判断でき，起点となる鋳造欠陥や共晶Si密集部の大きさがき裂発生寿命を支配する重要な因子であるといえる．き裂発生寿命 N_i と，表面微視き裂の進展挙動の観察結果から得られたき裂進展寿命 N_p の和より，疲労寿命 N_f の評価を行った．得られた結果を**図3.3.18**に示す．実際に破断した試験片において，鋳造欠陥や共晶Si粒子密集部の寸法にばらつきが見られたので，寿命評価はバンドの幅で示している．実験値のばらつきはほぼ評価値のバンド幅に近い範囲に分散されていた．

参 考 文 献

1) J. A. Ødegrad and K. Pedersen : SAE Technical Paper Series 940811 (1994), 25.
2) J. E. Allison, J. W. Jones, M. J. Caton and J. M. Boileau : Proc. of the 7th Inter. Fatigue Congr. (Fatigue '99) **3/4** (1999), 2021.
3) T. L. Reinhart : ASM Handbook, **19** (1996), 813.
4) 松本二郎：圧力技術, **31** (1993), 154.
5) 大西脩嗣, 鷹合徹也, 中山栄浩, 大森雅弘：鋳造工学, **68** (1996), 891.
6) B. Zhang, W. Chen and R. Poirier : Fatigue Frac. Engng. Mater. Struct., **23** (2000), 417.
7) 小林俊郎, 伊藤利明, 金憲珠, 北岡山治：軽金属, **46** (1996), 437.

8) L. E. Bjorkegren, R. Koos and S. W. Paulsen : Proc. of the 60th World Foundry Congress (1993), 32-2.
9) 鈴木秀人：軽金属, **45**（1995), 597.
10) 小林幹和, 松井利治：日本機械学会論文集（A), **62**（1996), 341.
11) 村上敬宜：金属疲労—微小欠陥と介在物の影響, 養賢堂（1993), p. 17.
12) 藤川隆男：圧力技術, **30**（1992), 69.
13) H. D. Hanes, D. A. Seifert and C. W. Watts : MCIC Report 77-34 (1977), MCIC Center.
14) 鈴木秀人, 龍偉民, 伊藤吉保, 柴田良一：日本機械学会論文集（A), **61**（1995), 1165.
15) 久保田祐信, 越智保雄, 石井明, 柴田良一：日本機械学会論文集（A), **61**（1995), 2342.
16) Y. Ochi, M. Kubota and R. Shibata : Small Fatigue Cracks : Mechanics, Mechanism and Applications, (Proc. of the Third Engng. Found. Inter. Conf. (1998, 11)). Edited by K. S. Ravichandra, R. O. Ritchie and Y. Murakami (1999), Elsevier.
17) 杉山好弘, 水島秀和：鋳造工学, **68**（1996), 118.
18) C. S. C. Lei, W. E. Frazier and E. W. Lee : Jour. of Metals, **49**（1997), 38.
19) C. S. Lei, E. W. Lee and W. E. Fraiser : Proc. from Mater. Solutions Conf. '98 on Aluminum Casting Technology (1998), 113.
20) 黒木康徳, 田中徹, 里達雄, 神尾彰彦：軽金属, **50**（2000), 116.
21) 五十嵐嶺優：メインテナンス（1990-12), 20.
22) 伊藤金彌, 鈴木秀人, 西野創一郎, 寺西明：日本機械学会論文集（A), **62**（1996), 1316.
23) 石上英征, 龍崎悟賢：日本機械学会平成 12 年度材料力学部門講演論文集, No. 00-19 (2000-10), 471.
24) 安達充, 和久芳春, 岩井英樹, 西　正, 吉田淳： 軽金属, **39**（1989), 487.
25) 安達充, 和久芳春, 岩井英樹, 岡本昭男, 植木正, 西　正：軽金属, **39**（1989), 494.
26) 江頭弘晃, 広田郁也, 小林俊郎, 酒井茂男：軽金属, **39**（1989), 886.
27) 皮籠石紀雄, 西谷弘信, 都野徹：日本機械学会論文集（A), **56**（1990), 10.
28) 皮籠石紀雄, 西谷弘信, 豊廣利信, 山本直道, 都野徹：日本機械学会論文集（A), **60**（1994), 358.
29) 山本直道, 皮籠石紀雄, 西谷弘信, 後藤真宏, 近藤英二：日本機械学会論文集（A),

66 (2000), 104.
30) 山本直道, 皮籠石紀雄, 西谷弘信, 後藤真宏, 上野昭光：日本機械学会論文集 (A), **66** (2000), 109.
31) 塩澤和章, 西野精一, 東田義彦, 孫曙明：日本機械学会論文集 (A), **60** (1994), 663.
32) K. Shiozawa, Y. Tohda and S-M. Sun : Fatigue Fract. Engng. Mater. Struct., **20** (1997), 234.
33) P. S. Cheng, J. R. Brevick and H. G. Brucher : Trans. 18th Int. Die Cast. Congr. Expo. (1995), 423.
34) T. M. Yue, H. U. Ha and N. J. Musson : Jour. of Materials Science, **30** (1995), 2277.
35) 例えば, M. C. Flemings, Metallurgical Transactions, **22 A** (1991), 957.
36) 附田之欣, 斉藤研：軽金属, **47** (1997), 298.
37) 鄭秉準, 里達雄, 手塚裕康, 神尾彰彦, 才川清二, 中井清之：軽金属, **48** (1998), 329.
38) 柴田良一, 金内良夫, 早田智臣, 山根英也, 影山望：日立金属技報, **13** (1997), 71.
39) 岩澤秀, 才川清二, 富田剛利, 林勝三, 鎌土重晴, 小島陽：軽金属, **50** (2000), 371.
40) 越智保雄, 畠山敦, 松村隆, 柴田良一：日本機械学会論文集 (A), **66** (2000), 1703.

3.4 アルミニウム合金の衝撃特性（1）

——小林　俊郎——

3.4.1 アルミニウム合金の高速変形・破壊の特徴

　著者は本章では主に計装化シャルピー試験（ひずみ速度で10^2 s^{-1}位），油圧サーボ式高速試験（およそ$10^2 \sim 10^3$ s^{-1}），ホプキンソン棒式高速衝撃試験（$10^2 \sim 10^4$ s^{-1}），衝撃疲労試験で得たデータを中心に以下述べることを断っておきたい．自動車の衝突等は 10 m/s（ひずみ速度で$10^2 \sim 10^3$ s^{-1}）位のところが問題とされている．さて高速変形・破壊の特徴は既に 2.3 章で詳細に述べられているが，著者なりに骨子のみを最初に概括しておきたい．動的な負荷が材料に加えられると，図 3.4.1 に示すように，結晶格子 AA 面では外力に反応し，BB 面ではそれがまだ伝わっていない状態を示している[1]．つまり応力やひずみが速度に応じて伝達されてゆくと考えられる．しかし材料中には溶質原子，空孔，小傾角粒界，空孔クラスタ，介在物，析出物など転位の移動に対する障害も多く，パイエルス力や林転位に打ち克って運動するのは決して容易ではない．熱活性化はこのために重要になるが，流動応力 σ は

$$\sigma = \sigma_G (組織) + \sigma^* (温度，ひずみ速度，組織) \quad (3.4.1)$$

のように与えられる．σ_G は非熱活性化バリア，σ^* は熱活性化バリアである．

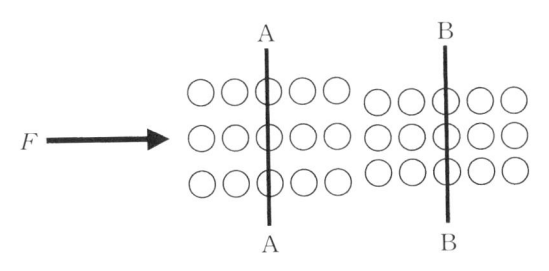

図 3.4.1　理想的な原子配列に外力 F が作用したときの動的弾性変形のプロセス[1]．

上述の障害のうち，長範囲にわたるものは σ_G と関係するが，パイエルス力（BCC では重要）や林転位（FCC では重要）など短範囲のものは σ^* に関係し，熱活性化過程と密接に関連する．このため FCC と BCC でひずみ速度依存性等にも差が生じてくると考えられている[1]．

ところで材料の変形が単一の熱活性化過程に支配されるものと仮定すると，塑性変形中のひずみ速度 $\dot{\varepsilon}$ は次式で示される応力依存型のアレニウス式として記述される[2]．

$$\dot{\varepsilon} = \dot{\varepsilon}_0 \cdot \exp\left(-\frac{H}{kT}\right) \tag{3.4.2}$$

$\dot{\varepsilon}_0$：頻度因子，H：活性化エネルギー，k：ボルツマン定数，T：絶対温度．

Bennet ら[3] は $\dot{\varepsilon}_0$ を一定（$10^8/s$）とし，活性化エネルギーのみが応力に依存するものとして

$$R = \frac{H}{k} = T \cdot \ln\left(\frac{\dot{\varepsilon}_0}{\dot{\varepsilon}}\right) \tag{3.4.3}$$

を定義し，strain rate temperature parameter として提唱している．材料の転位運動が熱活性化過程で支配されている場合，温度低下はひずみ速度上昇に速度論的に等価であり，それらの効果を R 値の減少として扱うものである．鉄鋼等ではこの方法で各温度，ひずみ速度でのデータが整理できることが示されている[4]．

高速変形においては，一般にひずみ速度履歴が現れる．FCC（面心立方晶）金属では，流動応力のひずみ速度依存性は大きくないが，履歴効果は大きいといわれ，BCC（体心立方晶）金属では逆の傾向にあるといわれている[2]．ところで衝撃に伴う材料ミクロ組織変化におよぼす影響は複雑であるが，高速の衝撃下では高速転位（音速のオーダまで可能といわれる）の移動とも関連してくる．また一般に衝撃による損傷が進行すると，転位の増殖，点欠陥の生成，転位セルの形成，変形双晶の出現等が起こるといわれている．このため降伏応力 σ_y は上昇するが，

$$\sigma_y = \sigma_0 + K_1 \beta^{1/2} + K_2 V_c d^{-1} + K_3 V_T \varDelta^{-1/2} + K_4 D^{-1/2} \tag{3.4.4}$$

β：転位密度，V_c：転位セルの体積率，V_T：双晶の体積率，

d：セル直径，Δ：双晶間距離，D：結晶粒径，

のように与えられるといわれる（σ_0 は格子の摩擦抵抗，$K_{1\sim4}$ は常数）[5].

しかし，変形双晶はアルミニウムの場合も出現するのであろうか．図 3.4.2 は，積層欠陥エネルギーと双晶形成の臨界応力の関係を示している[6]．アルミニウムの積層欠陥エネルギーは高く，160 mJ/m² 位であり，図より推定すると臨界応力は 40 GPa となり，その融点（660℃）を考えると，そのような衝撃時の発熱によってたとえ双晶が形成されても，焼なまし効果によって双晶が一般には見られないと考えられている．また一般に衝撃下ではき裂の分岐現象が盛んになることも指摘されている．

高速衝撃下では断熱的な温度上昇が一般に見られる．鋼の場合にはこのため局部的なせん断が見られ，発熱がオーステナイト域まで達するとその後の冷却時にマルテンサイト変態し，脆化を示すことが知られている．図 3.4.3 には 2014-T6 Al 合金を鋼飛翔体で，180 m/s の高速で衝突させたときの断熱せん断

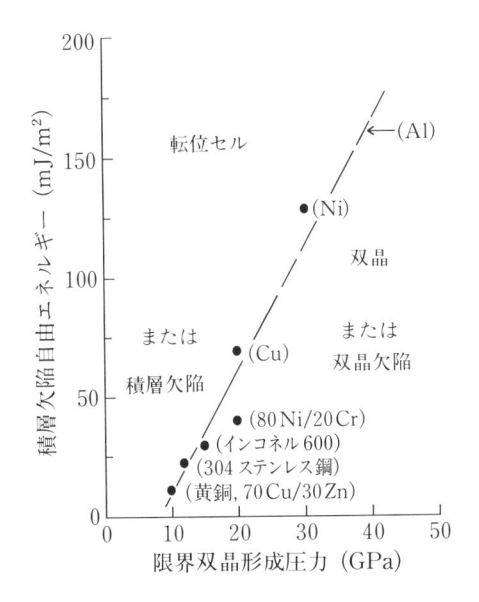

図 3.4.2 FCC 金属における限界双晶形成圧と積層欠陥エネルギーの関係[6]．

図 3.4.3 2016-T6アルミニウム合金に鋼飛翔体を180 m/sで衝突させたときに見られたせん断帯[7].

帯を示している[7]. 熱伝導性のよいアルミニウム合金についても，このようなせん断帯では微細な結晶粒（〜0.3 μm）が見られる例，滑らかな破面と凹凸ある特徴的な破面が見られる例等が報告されており，局部的な融解も示唆されている[7]. 条件によるが，加工硬化より加工軟化や動的再結晶が現れやすいと思われる．

温度上昇による流動応力の低下と加工硬化による上昇が平衡に達したとき，断熱せん断変形が開始するという仮説もあり，Staker[8]によると限界せん断ひずみ γ_c は次のように与えられるという[9].

$$\gamma_c = -c \cdot \frac{n}{(\partial \tau/\partial T)_{\gamma, \dot{\gamma}}} \quad (3.4.5)$$

ここで c は定積比熱，τ はせん断流動応力，n は加工硬化指数，T は温度，γ はせん断ひずみ，$\dot{\gamma}$ はせん断ひずみ速度である．

さて一般にアルミニウム合金では低温脆性はないとされるが，1.4章でも述べたように，類似の現象も認められている．鉄鋼での延性-脆性遷移現象は図3.4.4に示すように[10]，ひずみ速度が上昇すると遷移温度が上昇する．ただし上部棚域での吸収エネルギーは，流動応力の上昇によって増大を示すのが普通である．しかし脆化傾向が加速されることに変わりはない．このように衝撃条

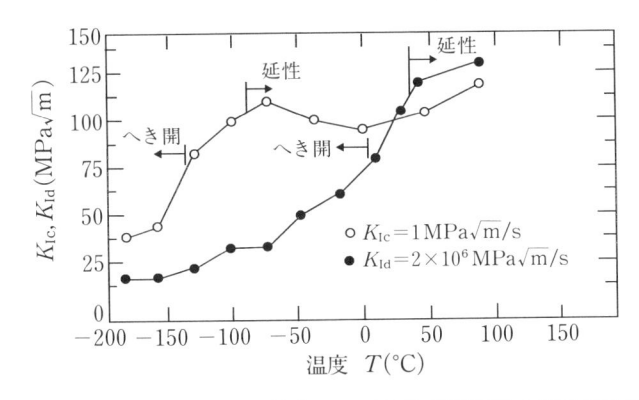

図 **3.4.4** AISI 1018 鋼での静的および動的破壊靱性の遷移挙動[10].

件下では脆化要因が強調される傾向があるので,アルミニウム合金の場合も十分な注意が必要である.

3.4.2 計装化シャルピー衝撃試験法によるアルミニウム合金の衝撃特性
3.4.2.1 計装化シャルピー衝撃試験法の発展

1901 年にフランスの G. Charpy によって提唱された振子式衝撃試験法(〜6 ms^{-1})は,簡便に材料の靱性を評価できる点で優れており,現在広く普及している.しかし,破壊吸収エネルギーのみの測定のため,より詳しい情報を得る目的でその後計装化衝撃試験法が進展し,1994 年には,試験機に関する JIS 規格(JIS-B 7755)も制定された.この試験法でのひずみ速度は 10^2 程度であり,衝撃試験法としては低中速域でのものであるが,簡便性と汎用性において極めて重要と考える.1926 年に Körber[11] により初めて計装化シャルピー衝撃試験機が考案されて以来,シャルピー衝撃試験機の計装化技術も進歩し,様々な材料の靱性値や動的変形・破壊挙動が計装化シャルピー衝撃試験機を駆使して調べられてきた[12,13].図 **3.4.5** には代表的アルミニウム合金の荷重-変位曲線例を示す.これよりかなり定量的なデータが得られることがわかる.しかしながらその後の破壊力学の台頭により,この方法も単なる靱性に関するスクリ

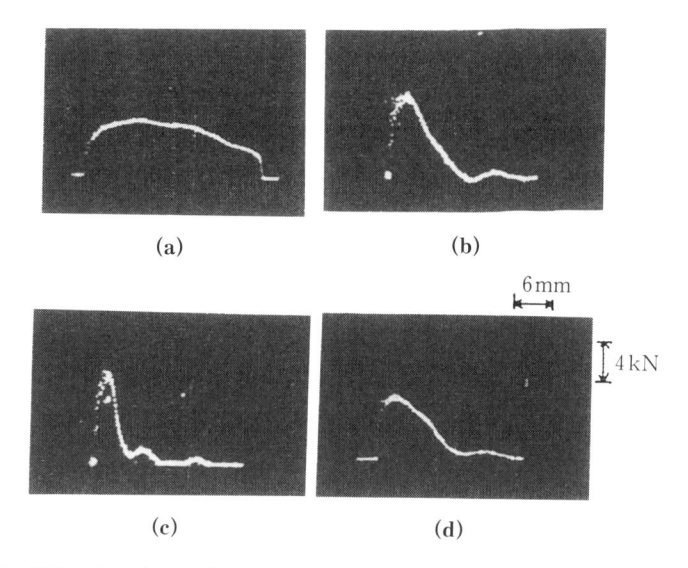

図 3.4.5 各アルミニウム合金の V ノッチ・シャルピー試験での荷重-変位曲線（室温）．
(a) 5083-O（焼なまし），　(b) 7N01-UA（不完全時効），
(c) 7N01-PA（完全時効），　(d) 7N01-OA（過時効）．

ーニング法にすぎないと見なされてきたのである．

その後発展した弾塑性破壊力学では，J 積分が延性き裂発生に対する破壊靱性パラメータとして広く使用されている．一方，き裂進展抵抗パラメータとして，テアリングモジュラス T_{mat}（material tearing modulus）が広く用いられるようになった[13]．以上のように，弾塑性破壊力学では，材料の破壊靱性をき裂の発生特性（J_{Ic}）と伝播特性（T_{mat}）の両方について評価することが必要である．T_{mat} の方が，材料のミクロ組織に敏感な特性値であるといわれている．このため，計装化シャルピー衝撃試験法に弾塑性破壊力学解析手法を導入することが盛んに検討されるようになった．動的負荷条件下における J 積分値 J_d を求めるには，衝撃負荷中にき裂が試験片予き裂先端から進展開始する瞬間を検出しなければならない．また，T_{mat} を求めるためには，き裂進展量が必要である．このような視点から多くの研究がなされてきた．

材料の靭性は，負荷速度の上昇に伴い低下するのが一般である．動的負荷を考慮しなければならない構造物ではもちろん，安全設計の立場からも動的な破壊靭性値 K_{Id}, J_{Id}（特に ASTM 基準に関し検証していない場合は，K_d, J_d と以下表示する）に基づく設計を行うことが極めて重要であるが，従来この測定には多くの困難が伴っている．それは，衝撃に伴う振動波の処理の問題と，上述のように動的条件下でのき裂の発生，伝播過程の測定にある．このような状況下で，著者はコンピュータ援用計装化衝撃試験システム（Computer Aided instrumented Impact testing system：CAI システム）を開発し，1 本の予き裂付きシャルピー試験片の荷重-変位曲線の解析から，動的な J_d, T_{mat} を即座に求めることに成功している[13]．

以下 CAI システムでは，このような点をいかに解決しているかについて述べる．まずハンマー衝突により試験片が急激に加速されることによる慣性の影響で，振動波が現れるが，金属の延性破壊のように破断が遅い場合，ほぼその振動レベルの平均が真の荷重を反映していると考えられる[13]．この荷重-変位曲線の修正方法として，移動平均法を著者は開発している．図 3.4.6 に例を示す．サンプル値の順番をずらしながら，m 個ずつの移動平均を平滑化が完了するまでくり返すもので，過度の修正にならないように，m は順次その数を減らしていく．従来の電気的な方法に比べ，波形を崩す恐れが少ない．さらに，修正波形より動的降伏曲げ荷重（P_y），最大荷重（P_m），P_m 点以前の公称き裂発生エネルギー（E_i），P_m 点以後の公称き裂伝播エネルギー（E_p）が即座

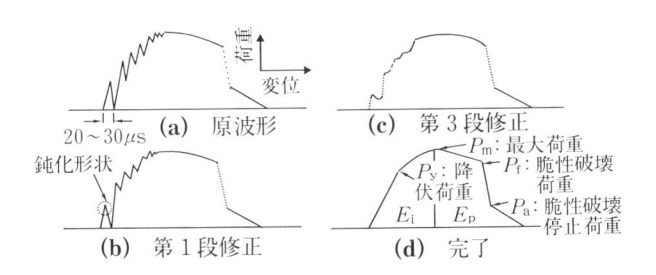

図 3.4.6 移動平均法による荷重-時間曲線の修正例（E_i：公称き裂発生エネルギー，E_p：公称き裂伝播エネルギー）．

に求められる．しかし真のき裂の進展開始点は P_y〜P_m 間にあるため，この点を動的試験の場合に求めるのが極めて難しい．

著者らは，**図 3.4.7** に示すような見かけの弾性コンプライアンスが変位変化に対し急増を示す点が，動的き裂進展開始点に相当することを，ストップ・ブロック法を用いて実験的に検証した（コンプライアンス変化率法）．ほぼ鈍化打切り点に対応していることを，軟鋼，高強度鋼，7075 Al 合金，Ti 合金，球状黒鉛鋳鉄などで確証した[13]．このように，き裂進展開始点までの真のき裂発生エネルギー E_0 がわかれば，Rice による簡便式 $J_d = 2E_0/B(W-a)$ より簡単に動的な弾塑性破壊靱性値 J_d が求められる．

次に J_R 曲線の測定について述べる．き裂発生点後の変位量よりき裂進展量 Δa を予測できれば，J_R 曲線を求めることが可能である．この目的のためにキー・カーブ法を開発した[14]．つまり荷重 (P)-塑性分変位 (Δ_{pl}) の関係曲線を，

$$\frac{PW}{b_0^2} = K\left(\frac{\Delta_{pl}}{W}\right)^n \tag{3.4.6}$$

のように n 乗硬化則を適用して近似すると，この両対数プロットより n, K 値を求めることができる（ここで b_0 は初期リガメント幅（$W-a_0$）である）．こ

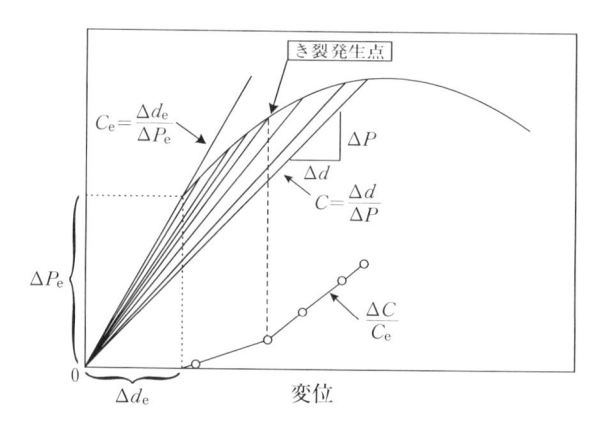

図 3.4.7 コンプライアンス変化率法による真のき裂進展開始点の検出（C_e：初期弾性コンプライアンス）．

3.4 アルミニウム合金の衝撃特性（Ⅰ）

れより，

$$\Delta a = W - \left\{\left(\frac{PW^{n+1}}{K\Delta_{\mathrm{pl}}}\right)^{1/2} + a_0\right\} \tag{3.4.7}$$

のように Δa が予測できる（ここで a_0 は初期き裂長さ）．このようにして記録した J-Δa 曲線を，複数試験法としてのストップ・ブロック法と比較した例を図 3.4.8 に示す[14]．良い一致が確認できる．Δa が大きくなると，J 支配条件下でのき裂進展条件が問題となる．このため本システムでは，P_m 点以後におけるき裂進展については，Garwoodによるき裂進展の補正を施している[14]．

このような手法により，多くの材料で破壊靱性パラメータを求めることが可能であることを確認している．また得られる値の valid 性についても，ほぼ満足する結果を得ている[15]．一方，この手法はセラミックスのような脆性材料についても開発しているが，このような脆性材料や高力アルミニウム合金等では，loss of contact なる現象（試験片がアンビルとハンマー間で振動し，ある瞬間には両者と無接触状態となる現象）がみられること（シャルピー試験では応力波の干渉よりもこのような振動の影響が大きい）や，高ひずみ速度下で K 値が上昇する特徴がある[15]．後者については図 3.4.9 に示すような一定の

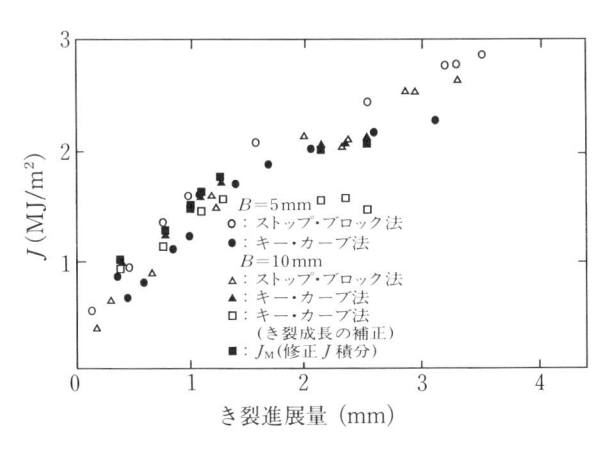

図 3.4.8 キー・カーブ法により推定した J-Δa 曲線とストップ・ブロック法による結果の比較．

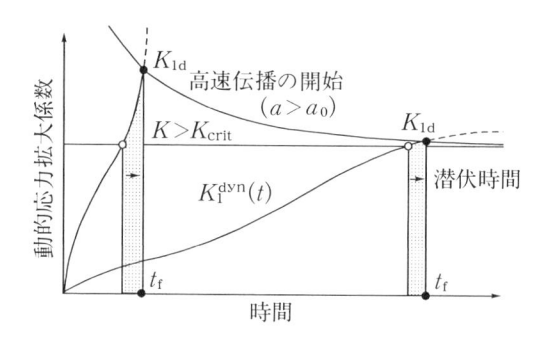

図 3.4.9 種々の負荷速度での不安定伝播開始におよぼす潜伏時間の影響（模式図）[18]．$K_I^{dyn}(t)$ は impact response curve を示す．

incubation time（潜伏時間：例えば主き裂先端でのプロセスゾーンの形成時間）による説明もあり[16]，熱活性化過程以外にも計測法とも関係していて，必ずしも確定していない．

3.4.2.2 計測上の問題点と応用

ところで計装化シャルピー試験法においても，荷重の較正，ハンマー形状（C 型，U 型），ひずみゲージ貼付位置，ひずみゲージ貼付部への切込みの付加（周囲の弾性拘束からの解放：ここではタップ先端より 28 mm まで切込んでいる），ハンマー材質や試験片寸法の変化への対応等，計測上検討すべき点が多数残されている[17〜19]．図 3.4.10 はこのようなハンマーロード・セル部の状況を示している．

ゲージを保護する目的で，通常ゲージ貼付部はくりぬかれ，その上にカバーが被せられているが，そうでない場合と比較して，ゲージ位置が荷重-変位曲線におよぼす影響について調べた結果を図 3.4.11 に示す[17]．ゲージ位置がかなり大きな影響を示すのが確認される．図 3.4.12 は，弾性域でのローブロー試験での過渡応答有限要素法解析の結果である．負荷方向（x 軸方向）圧縮ひずみの時間変化であるが，15 mm 位置では対称楕円形となるが，他はそうなっていない．（b）は垂直方向（y 軸方向）の変化であるが，15 mm では引張

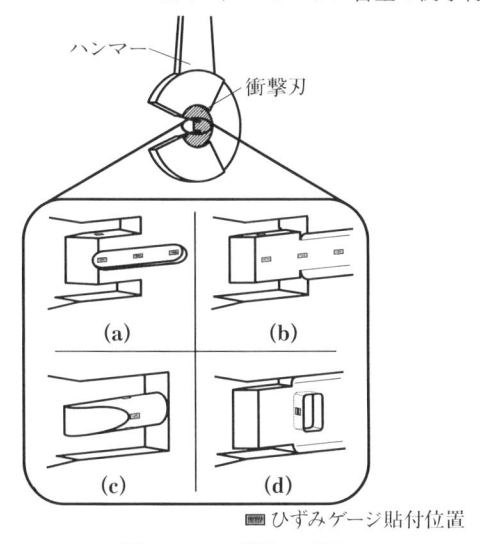

3.4 アルミニウム合金の衝撃特性（I） 245

図 3.4.10 衝撃刃形状．

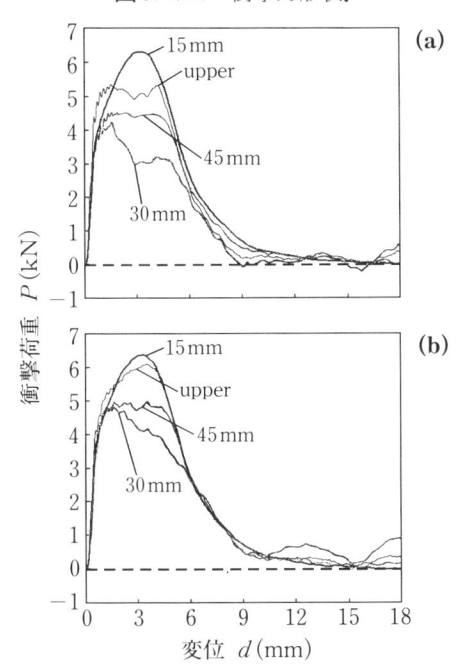

図 3.4.11 くりぬき式(a)および非くりぬき式(b)衝撃刃のそれぞれのひずみゲージによって得られた 5083-O アルミニウム合金の荷重-変位曲線．

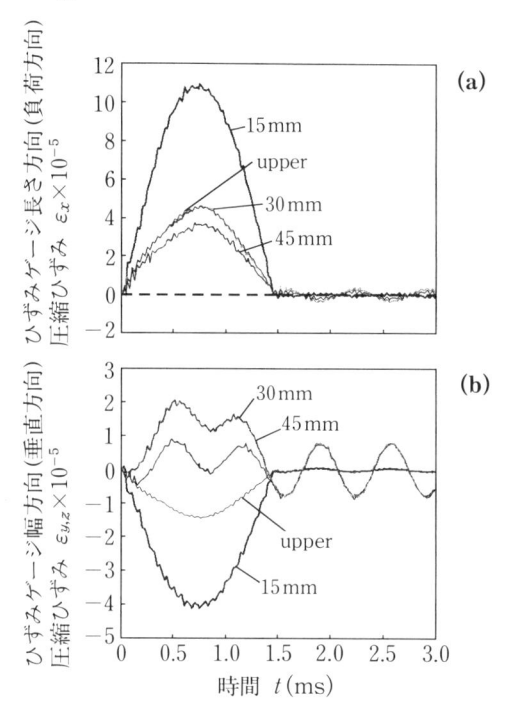

図 3.4.12　有限要素法解析におけるそれぞれのひずみゲージ貼付位置での圧縮ひずみの時間変化.
(a) ひずみゲージ長さ方向（負荷方向, x 軸方向）の圧縮ひずみ, (b) ひずみゲージ幅方向（負荷方向に対して垂直方向, 15, 30, 45 mm では y 軸方向, upper では z 軸方向）の圧縮ひずみ.

ひずみであるが, 30, 45 mm 位置では垂直方向でも圧縮ひずみであり, このため負荷方向の圧縮ひずみは低下し, 対称性が失われている. このことは, 切込み（深さ 28 mm）より内部にある 30, 45 mm 位置では, ハンマー開口部での上下振動の影響により, 垂直方向のひずみが引張・圧縮となるためであると考えられる. upper 位置では垂直方向ひずみは無関係であるが, ハンマーの振動により負荷方向に引張力が作用し, 圧縮ひずみは低下すると思われる. このような点を配慮すると, ひずみゲージ位置はタップ先端より 15 mm, ひずみ

ゲージの保護を考えるとくりぬき方式でよい（くりぬかない場合に比べそれほど計測上の影響はなかった）という結果となる[17]. このような計測には，解決すべき多くの問題があることを承知しておくべきである[17~19].

さて承知のように，シャルピー試験は3点曲げ試験法である．これより衝撃引張特性は推定できないであろうか．W. L. Server によれば[20]，シャルピー切欠先端におけるひずみ速度 $\dot{\varepsilon}$ は，

$$\dot{\varepsilon} = \frac{6K_\sigma W}{24.4(W-a)^2}\dot{d} \qquad (3.4.8)$$

で与えられる．ここで，K_σ は弾性応力集中係数（ここでは 4.28），W は試験片幅，a は V 切欠深さ，$\dot{d}$ は変位速度である．いま衝撃荷重値 P から引張応力値 σ を推定するのに，Green と Hundy による V 切欠が存在するときの応力集中を考慮したすべり線場解析を用いて，Server が導出した次式がある[20].

$$\sigma = \frac{\alpha PW}{B(W-a)^2} \qquad (3.4.9)$$

B は試験片厚さである．α は Tresca の降伏条件を仮定すると $\alpha=2.99$ である．計装化シャルピー試験により得られる降伏荷重 P_y を代入して推定した値と，同一のひずみ速度で衝撃引張したときの耐力を比較した例を**図 3.4.13** に示す[17]. 同じ 5000 系合金でも材質により，実測値とほぼ一致する場合，かなり異なる場合があることがわかる．材料ごとにこのような相関性を求めておけば，簡便法としての利用法もあると考えている．

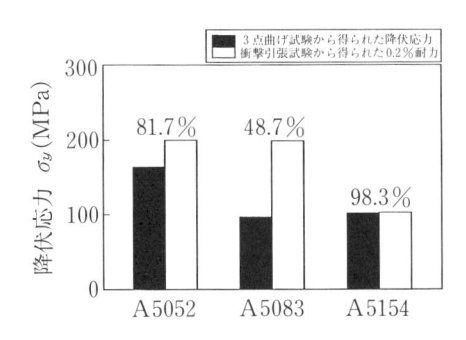

図 3.4.13 5000 系の加工硬化型アルミニウム合金における 3 点曲げから算出した降伏応力と衝撃引張試験より求めた 0.2% 耐力の比較．

3.4.3 アルミニウム合金の衝撃引張特性
3.4.3.1 油圧サーボ式高速試験

現在,構造物や機器要素を設計する際に最もよく用いられている力学的性質は,引張特性である.高速負荷条件下での引張試験による出力波形には,負荷速度の上昇に伴い,試験片からの真の出力波形に慣性荷重や応力波の反射が重畳する.そのため非常に複雑な波形となり,解析が困難となる.近年,ホプキンソン棒式高速衝撃試験機や電気油圧式高速試験機などの装置が進展し,衝撃引張特性の評価が行われている.しかし,これらの試験機は大型で高価である.また,実験方法も複雑であるため,研究報告が極めて少ない.信頼できる試験方法も規格化されていないのが現状である.他にも衝撃引張特性を計測する方法として,落錘式,回転円盤式など種々のものが用いられるが(2.3章参照),ここでは前述した電気油圧サーボ式(ひずみ速度で約 $10^3 \, s^{-1}$ 位まで),ホプキンソン棒式($10^2 \sim 10^4 \, s^{-1}$ 位)を用い,各種のアルミニウム合金について実験した結果を中心に述べることとしたい.なお低速の静的試験はインストロン引張試験機によっている.

ひずみ速度 $1000 \, s^{-1}$ までの衝撃引張試験には,容量 49 kN の電気油圧サーボ式高速負荷試験機を用い,負荷速度 12 m/s までの条件で,室温で行っている.**図 3.4.14** は,衝撃引張試験の概略図である.荷重は2段平行部を有する試験片の大径部に貼付したひずみゲージから求めた.立上がり付近のひずみは,試験片の標点間に貼付した大ひずみゲージで求めている(計測可能であるひずみは,約5%である).破断までの応力-ひずみ曲線を求めるため,試験機のアクチュエータに内蔵された静電容量型の変位計からも公称のひずみを求めた.

例えば,試験機のロード・セルより得られる公称の荷重履歴は,**図 3.4.15** のように振動波が重畳するため,真の荷重変化を得ることは不可能である.しかし2段平行部を有する試験片の大径部(弾性変形しなければいけない)のひずみゲージ出力は,この時の荷重履歴を忠実に再現することを確認している.

3.4 アルミニウム合金の衝撃特性（1） 249

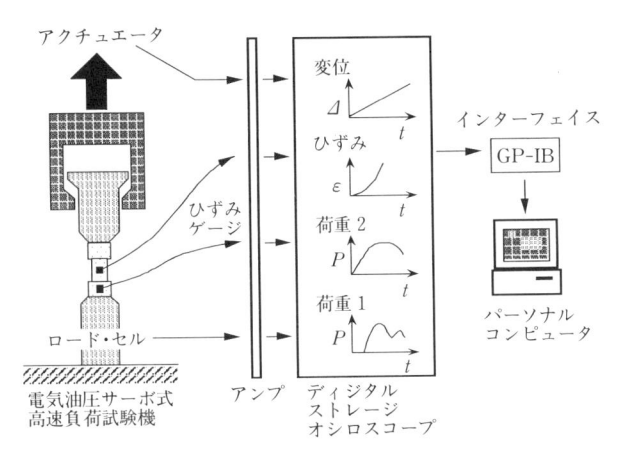

図 3.4.14 電気油圧サーボ式高速負荷試験機における衝撃引張試験の概念図.

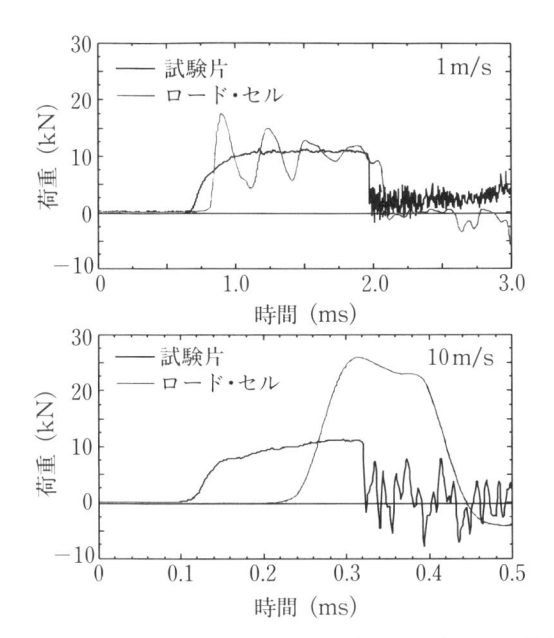

図 3.4.15 試験機ロード・セルおよび試験片ひずみゲージによる荷重-時間曲線の比較.

いまこのような方法により，6061-T6合金について，各ひずみ速度で得た荷重-ひずみ曲線例を図 3.4.16 に示す．ひずみ速度の増大により，強度，伸びともに向上を示す傾向が認められる．図 3.4.17 は σ_B, $\sigma_{0.2}$ の $\dot{\varepsilon}$ による変化を示すが，高ひずみ速度になると急上昇の傾向が伺われ，転位の熱活性化が原因と考えられる．図 3.4.18 はこの時の破面を示すが，dimple のリッジ部での絞られ方がひずみ速度の増大により大きくなる傾向が伺える．

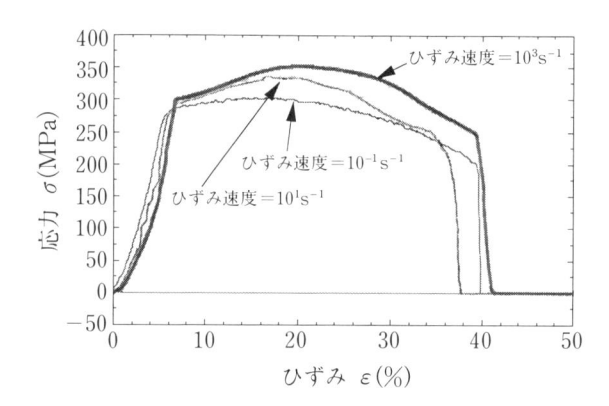

図 3.4.16 6061-T 6 アルミニウム合金の各ひずみ速度下での応力-ひずみ曲線．

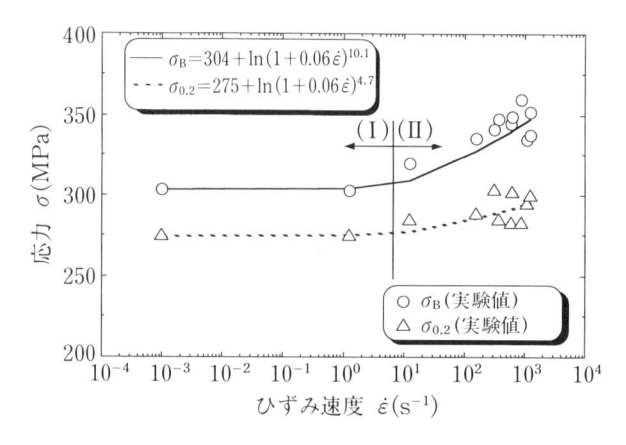

図 3.4.17 6061-T 6 アルミニウム合金の強度特性値のひずみ速度による変化．

3.4 アルミニウム合金の衝撃特性（1）　251

(a)

(b)

(c)

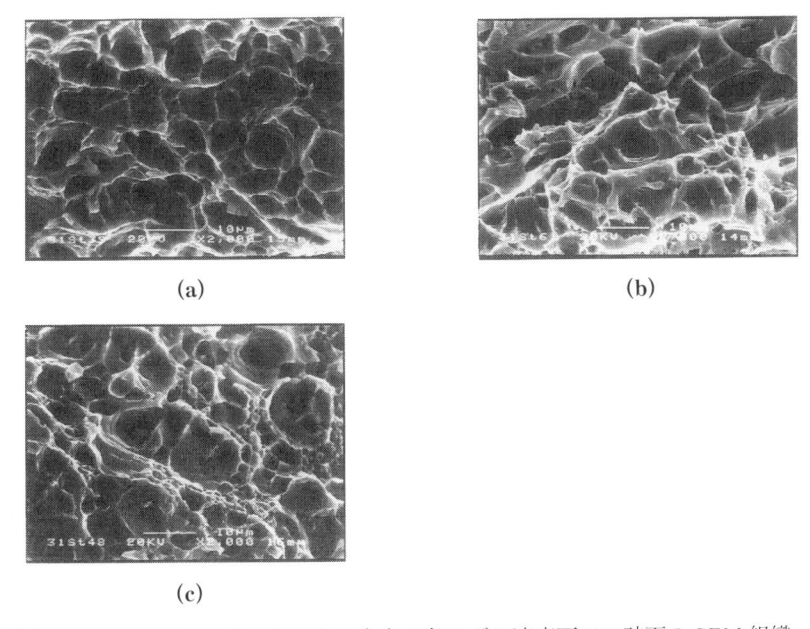

図 **3.4.18**　6061-T6 アルミニウム合金の各ひずみ速度下での破面の SEM 組織．
（a）$\dot{\varepsilon} = 10^{-3}\,\mathrm{s}^{-1}$,（b）$\dot{\varepsilon} = 10^{1}\,\mathrm{s}^{-1}$,（c）$10^{3}\,\mathrm{s}^{-1}$．

3.4.3.2　ホプキンソン棒式高速衝撃試験

　著者はひずみ速度 $1000\,\mathrm{s}^{-1}$ 以上では，引張型スプリットホプキンソン棒式高速衝撃試験機を用いている．この方法では，低速側の試験が行いにくい，高速側でも試験機容量（棒の長さ）の関係から試験片の破断までの波形を得られない場合が多い等の欠点もあるが，現在最も高速衝撃試験を行う場合に利用されている方法といえるであろう．この方法については既に 2.3 章でも詳述されているが，著者の用いている方法は，スプリットカラーを用いた反射引張波による方式である．

　図 **3.4.19** は，試験機の概略である．本装置は，衝撃棒，棒 1 および棒 2 の 3 本の棒で構成されている．棒の直径は 16 mm，長さはそれぞれ，400 mm，2500 mm，1250 mm である．棒の材質は，SKD 61 およびマルエージング鋼の

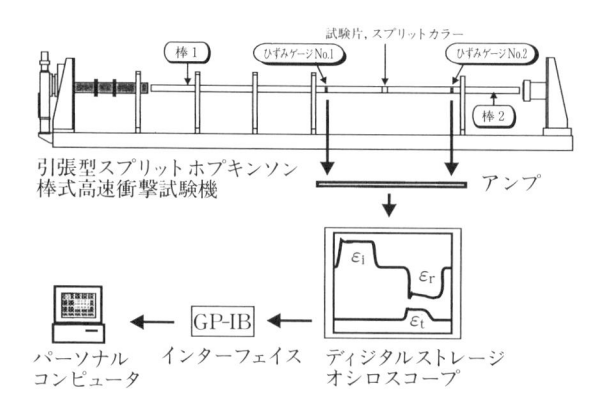

図 3.4.19 引張式スプリットホプキンソン棒式高速衝撃試験の概念図.

2種類を用いている．棒1および棒2には，伝播する応力波を記録するために，試験片からそれぞれ625 mm離れた位置にひずみゲージを2枚ずつ貼付し，対辺2アクティブゲージ法のブリッジ回路となるように結線した．試験片は，スプリットカラーと呼ばれる円環で試験片の標点間を覆い，棒1と棒2の間に取付けた．試験片は，2本の棒にそれぞれねじ込まれる．試験時に発生する圧縮ひずみパルスは，離散することなくスプリットカラーと試験片を透過する．棒2の自由端で反射した圧縮ひずみパルスは，引張ひずみパルスとして棒2，試験片および棒1と順に伝播する．No.2のひずみゲージ部を伝播するときの引張ひずみパルスを，入射ひずみパルス ε_i として定義する．引張ひずみパルスが試験片に到達すると，一部は試験片を透過し，一部は再び圧縮ひずみパルスとして棒2へ反射する．前者を透過ひずみパルス ε_t，後者を反射ひずみパルス ε_r とそれぞれ定義する．これらの記録から，応力-ひずみ曲線を求めている．

3.4.3.3 衝撃引張特性

いま上記のような方法で，各ひずみ速度で計測した応力-ひずみ曲線例を以下に示す[17]．図 3.4.20 は，6061-T6合金についてホプキンソン棒法で求めた立上がり部の応力-ひずみ曲線例である．この範囲内でヤング率に大きな変化

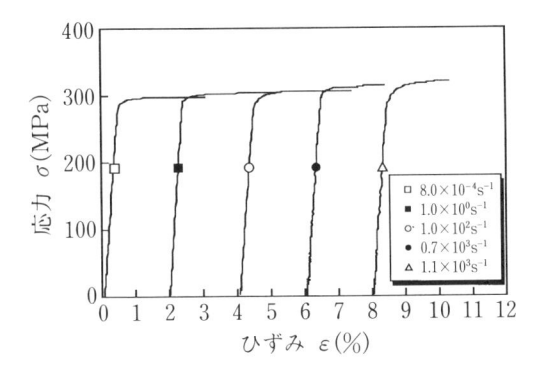

図 3.4.20　6061-T6 アルミニウム合金の各ひずみ速度での引張試験における応力-ひずみ曲線.

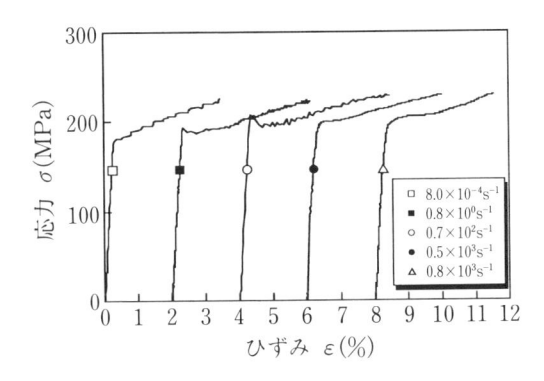

図 3.4.21　5052-H112 アルミニウム合金の各ひずみ速度での引張試験における応力-ひずみ曲線.

がないが，ひずみ速度上昇により，弾性限が上昇する傾向があり，0.2%耐力の上昇もわずかある．図 3.4.21 は 5052-H112 合金の例であるが，この合金特有のセレーションが衝撃荷重下でも認められるのが注目される．以上の場合のひずみは，試験片に貼付した大ひずみゲージより求めている．

これに対し，両試験法により破断に至るまでの全体的な応力-ひずみ（このためひずみは公称のもので測定精度に疑問はある）線図の例を，7075-T6 合金

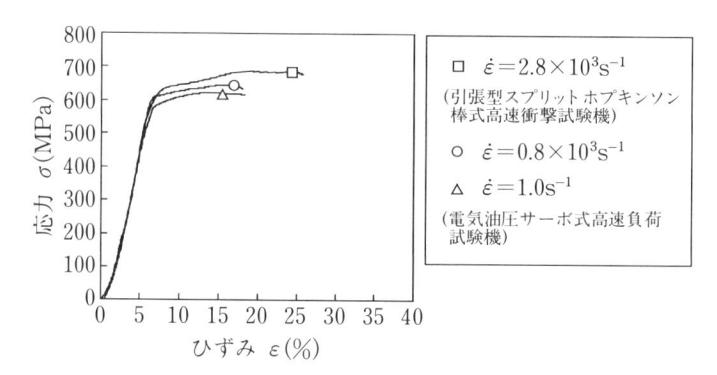

図 3.4.22　7075-T6アルミニウム合金の各ひずみ速度での引張試験における応力-ひずみ曲線.

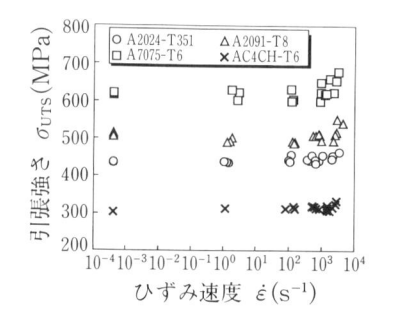

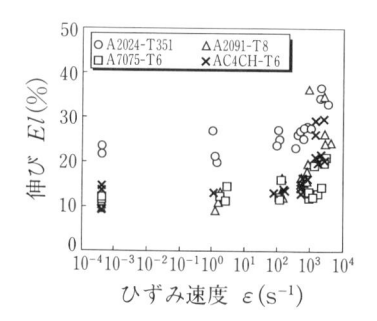

図 3.4.23　各アルミニウム合金のひずみ速度による引張強さと伸び特性の変化.

について図3.4.22に示す．ひずみ速度増大により引張強度が上昇するが，10^3 s^{-1}以上の領域では加工硬化段階はゆるやかであり，強度レベルの差が明瞭に示されている．

図3.4.23は，代表的各合金の引張強さと伸びのひずみ速度変化を示したものである．10^3 s^{-1}を境にいずれも増大傾向を示すのは明らかであり，これは前述の図3.4.16の傾向と同様であった．熱活性化過程によるものと考えられる．

3.4.4 アルミニウム合金の衝撃疲労特性

破壊事故の多く（80%位）は，疲労によるところが大きいといわれている．しかし現実にはくり返し衝撃負荷が作用する条件で使用されている機器も，決して少なくはないと思われる．これは明らかに高速疲労試験法とも意味は異なると思われる．しかし試験法自体も規格化より程遠く，知られているデータも極めて少ないのが実情である．低サイクル域ではホプキンソン棒式試験機を利用する方法もあるが，荷重くり返し速度が10 Hz以下と低く，このためくり返し数範囲も10^4回程度に限定されることが多い．高サイクル域では色々工夫された試験機も利用されているが[21]，著者は回転円盤式の衝撃疲労試験機を用いている[22]．

いまこのような方法により，AC2B-T6アルミニウム合金鋳物について試験を行った．この場合，リサイクル等に伴ってFe含量が増大する悪影響を調べるため，Fe含量を変化させ，さらにその有害性を改善するといわれるCaを添加した試料も作製した．その時のミクロ組織の観察によれば，Fe含量の増大により針状のFe系金属間化合物が増え粗大化すること，Ca添加によりこの針状化合物の長さが短くなるとともに，共晶Siもより粒状化すること等が認められている[25]．この時の破壊靱性の変化については，図1.4.22で既述した．いま，これらの試料について行った衝撃疲労試験（10 Hzで室温で行った．応力比$R = 0.05 \sim 0.1$）の結果を，図3.4.24に示す．10^5付近でS-N曲線が交差し，低サイクル域ではFe含量が高いほど疲労強度は低いが，高サイ

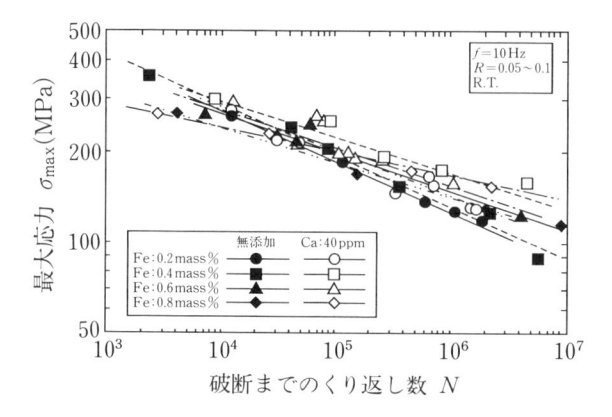

図 3.4.24　AC2B-T6 アルミニウム合金鋳物の衝撃疲労試験での S-N 曲線．

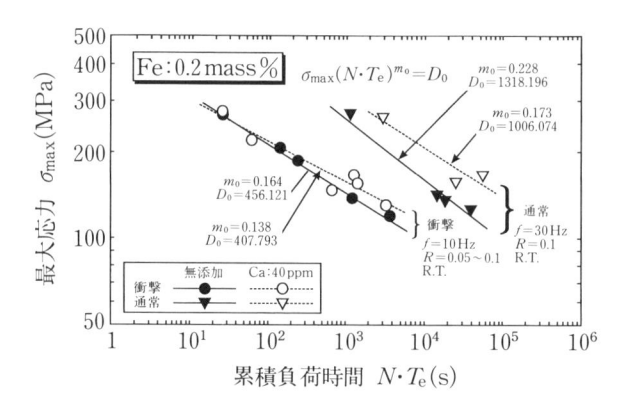

図 3.4.25　AC2B-T6 アルミニウム合金鋳物の衝撃疲労および通常疲労での S-N・T_e 曲線．

クル域では逆の傾向となっている．Ca の添加はいずれも有効であるが，特に高サイクル域で明瞭である．

いま Fe 0.2 mass% の場合について，この衝撃疲労と通常疲労の比較を図 3.4.25 に示す．通常疲労は 30 Hz で室温で行った．$R=0.1$ である．これより通常疲労強度が衝撃疲労強度を上回ること，Ca 添加により通常疲労強度も改善

3.4 アルミニウム合金の衝撃特性（I）

されること等がわかる．Ca 添加材と無添加材の交差する点は，衝撃疲労では比較的低サイクル側であるが，通常疲労ではほぼ中間の領域に位置する．また一般に衝撃疲労では，累積負荷時間（$N \cdot T_e$）と強度 σ_{max} の関係は，1 サイクルの全負荷時間 T_e に依存せず 1 本の直線で近似できるともいわれている[21]．つまり

$$\sigma_{max}(N \cdot T_e)^m = D \qquad (3.4.10)$$

ここで D：強度常数，m：強度劣化指数である．しかし通常疲労との関係はもちろん，衝撃疲労の場合に限ってもこのような直線関係は成立していない．両疲労強度を支配する因子が異なることが予測される．衝撃疲労破面の SEM 観察によれば，高サイクル域でのき裂発生部（表面近傍）に，10～20 μm 程度のストライエーションの形成が認められた．このようなストライエーション間隔から，da/dN-ΔK 関係を求めた結果を図 3.4.26 に示す[23]．Ca 添加材で da/dN が小さく，高 ΔK 域でより顕著である．通常疲労ではさらに小さいのが認められる．ところで，衝撃疲労での最終破壊時の衝撃疲労破壊靱性 K_{fc} と，動的な J_{Id} 試験より換算した K_{Id} 値を各試料で求めた結果を図 3.4.27 に示すが，

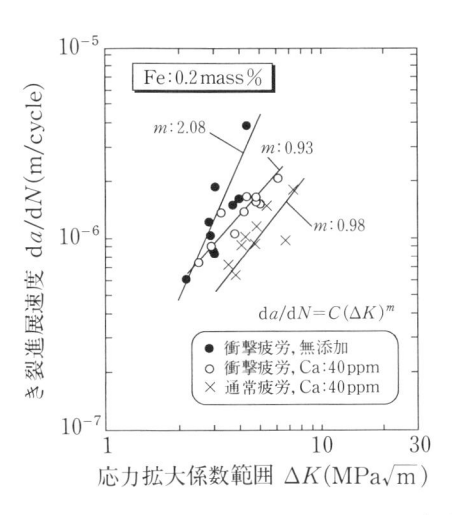

図 3.4.26 AC2B-T6 アルミニウム合金鋳物の衝撃および通常疲労での da/dN-ΔK 関係．

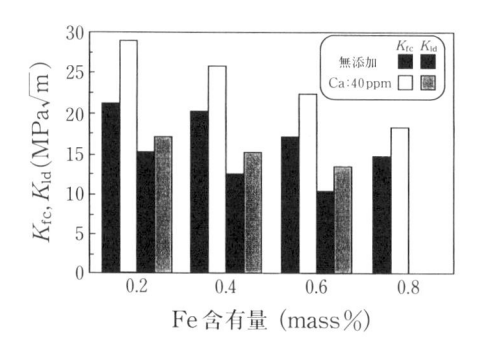

図 3. 4. 27　AC2B-T6 アルミニウム合金鋳物の衝撃疲労破壊靱性（K_{fc}），動的破壊靱性（K_{Id}）と Fe 含有量，Ca 添加の関係．

K_{fc} と K_{Id} の間に相関性があるのが推定される結果である．

　本質的に通常疲労と衝撃疲労の異なる点は何であろうか．著者が浸炭鋼につき行った結果によれば[24]，衝撃疲労での損傷は局所的で特に粒界のような弱い所が集中的に損傷を受ける傾向であった．このように弱い所が局所的，選択的に損傷を受けやすい傾向があると思われるので，破壊に対しては十分な配慮が必要であると考えられる．

　なお本章中，3.4.2，3.4.3 に引用したデータの一部は，平成 10 年度新エネルギー・産業技術総合開発機構（NEDO）研究受託成果報告書「非鉄金属の安全性確保に資するデータ整備」[17] より引用させて頂いた．記して感謝申し上げます．

参 考 文 献

1) M. A. Meyers : Dynamic Behavior of Materials, Wiley (1994), 24.
2) 谷村眞治：日本金属学会報, **29** (1990), 337.
3) P. E. Bennet and G. M. Sinclar : ASME, **88** (1966), 518.
4) 山本博, 小林俊郎, 藤田秀嗣：鉄と鋼, **85** (1999), 765.

5) T. Z. Blazynski : Materials at High Strain Rates, Elsevier (1987), 246.
6) T. Z. Blazynski : Materials at High Strain Rates, Elsevier (1987), 16.
7) A. L. Wingrove : Met. Trans., **4** (1973), 1829.
8) M. R. Staker : Acta Met., **29** (1981), 683.
9) 林卓夫, 田中吉之助：衝撃工学（日刊工業, 1988), 45.
10) M. L. Wilson et al. : Eng. Frac. Mech., **13** (1980), 383.
11) F. Koerber and A. A. Strop : Mitt. K-W-I. Eisenf., **8** (1926), 8.
12) 小林俊郎：日本金属学会報, **12** (1973), 546.
13) 小林俊郎, 山本勇：日本金属学会報, **32** (1993), 151.
14) 小林俊郎, 山本勇, 新家光雄：鉄と鋼, **71** (1985), 1934.
15) 杉浦伸康, 磯部英二, 山本勇, 小林俊郎：鉄と鋼, **80** (1994), 670.
16) J. F. Kalthoff : Eng. Frac. Mech., **23** (1986), 289.
17) 日本規格協会, 日本アルミニウム協会：平成10年度NEDO研究受託成果報告書「即効型知的基盤創成研究開発事業：非鉄金属の安全性確保に資するデータ整備」（平成12年3月).
18) 小林俊郎, 井上直也, 坂口明, 戸田裕之：鉄と鋼, **85** (1999), 78.
19) T. Kobayashi, N. Inoue, S. Morita and H. Toda : ASTM STP, 1380 (2000), 198.
20) W. L. Server : J. Eng. Mat. Techn., **100** (1978), 183.
21) 中山英明, 田中道七：材料, **34** (1985), 1483.
22) 上井清史, 新家光雄, 小林俊郎, 岡原淳：日本機械学会論文集, **A 55** (1989), 1036.
23) 小林俊郎, 新家光雄, 原田俊宏, 下村勇一, 伊藤利明：軽金属, **45** (1995), 88.
24) 上井清史, 小林俊郎, 新家光雄, 安達修平：鉄と鋼, **77** (1991), 155.

3.5 アルミニウム合金の衝撃特性（2）

―――横山　隆―――

アルミニウム合金は，一般に展伸材と鋳物材に大別される．両者は，それぞれ非熱処理型合金と熱処理型合金に分類される．熱処理型の鋳物の一種であるアルミニウム合金鋳物（Al-Si-Mg系合金）AC4CH-T6は，特に軽量性，鋳造性だけでなく機械的特性にも優れているので，航空機エンジン部品および自動車用車輪（ホイール）などに広く使用されている[1,2]．しかしこのアルミニウム合金鋳物に関する衝撃強度特性データは少なく，動的破壊靭性[3]，疲労強度[4~6]などを含めた種々のデータの蓄積が望まれている．特に近年，自動車の耐衝撃性を保障するための大型コンピュータによる衝突解析においては，この材料の動的応力-ひずみ特性データが不可欠であるが，計算に利用できるようなデータはほとんど報告されていないのが現状である．最近，杉浦ほか[7,8]は電気油圧式高速衝撃試験機により，このアルミニウム合金鋳物AC4CH-T6の引張試験と3点曲げ試験を試みている．引張試験では負荷速度が1～12 m/sでの2段平行部付き丸棒試験片の軸荷重-変位関係が，曲げ試験ではV切欠曲げ試験片の横荷重-たわみ関係が報告されているが，信頼性のある動的引張応力-ひずみ関係は決定されていないようである．

本章では，アルミニウム合金鋳物AC4CH-T6の特に引張特性（引張強さ，破断伸び，吸収エネルギー）におよぼすひずみ速度の影響に焦点を当てて解説する．高ひずみ速度下での引張応力-ひずみ特性を測定するための引張型スプリットホプキンソン棒装置について説明する．負荷様式の影響を考察するためには，圧縮応力-ひずみ特性におよぼすひずみ速度の影響についても検討する必要があるが，紙面の都合上割愛する．

3.5.1 供試材と試験片形状

供試材はアルミニウム合金鋳物 AC4CH-T6（鋳造条件：鋳造温度 993 K，金型温度 423～443 K，熱処理条件：803 K で 6 時間保持後水冷，433 K で 6 時間保持の時効処理）である．その化学成分を表 3.5.1 に示す．提供されたこのアルミニウム合金鋳物の鋳造ブロックの寸法形状を，図 3.5.1 に示す．鋳造ブロック内の位置によりその機械的特性が多少変化するので，取得データのばらつきをできるだけ小さくするために，試験片の採取位置をブロック断面のほぼ中央部に固定した．使用した衝撃および静的引張試験片の寸法形状を，それぞれ図 3.5.2，図 3.5.3 に示す．前者のゲージ長さ部の直径は，次節で説明する衝撃引張試験装置に使用する入出力棒の直径（15.8 mm）の制約より直径を 5 mm とし，その長さは他者の衝撃引張試験片の寸法形状[9]を参考にして決定した．後者のゲージ長さ部の直径は前者と同径とし，他の寸法は ASTM（E8M-95a）規格[10]に準拠した．

表 3.5.1 アルミニウム合金鋳物 AC4CH-T6 の化学成分．

材料	化学成分（mass%）						
	Cu	Si	Mg	Fe	Ti	Sb	Al
AC4CH-T6	0.00	6.76	0.36	0.07	0.13	0.10	残部

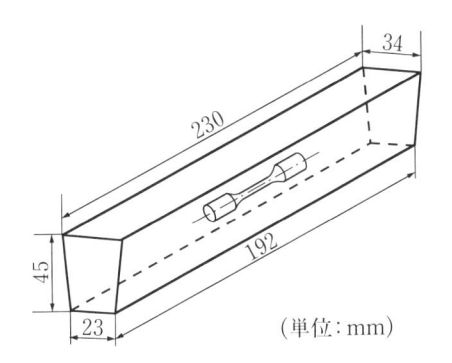

図 3.5.1 アルミニウム合金鋳物 AC4CH-T6 の鋳造ブロックの寸法形状．

262　3　各　　論

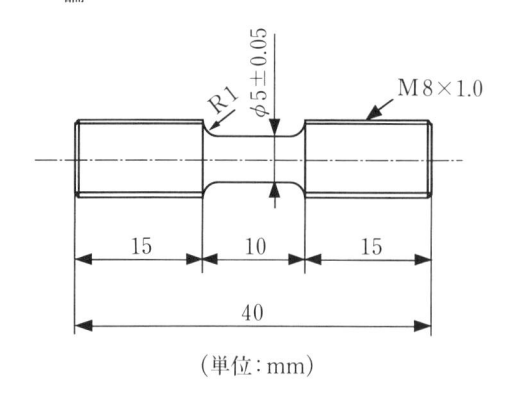

図 **3.5.2**　衝撃引張試験片の寸法形状.

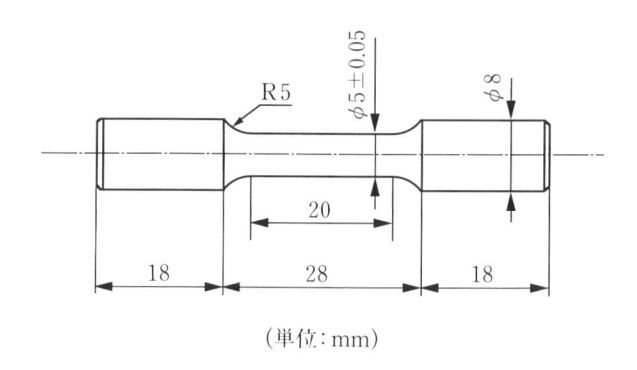

図 **3.5.3**　静的引張試験片の寸法形状.

3.5.2　試験方法の説明
3.5.2.1　衝撃引張試験装置

　衝撃引張荷重下における材料の応力-ひずみ関係を精密に決定する試験法は，未だ規格化されていない．広いひずみ速度範囲にわたって応力-ひずみ関係が精密に測定できる試験装置は存在せず，必要とするひずみ速度に応じて異なる試験法が採用されている．ここでは，ひずみ速度が $10^2/s < \dot{\varepsilon} < 10^4/s$ の範囲内の応力-ひずみ関係が最も精度よく決定できる試験法として，スプリットホプ

3.5 アルミニウム合金の衝撃特性(2)

キンソン棒法[11]を採用する．この試験法の基本的な測定原理については，本書の2.3章を参照されたい．またこの試験法の種々の衝撃試験法への適用例などについて関心のある読者は，著者の解説[12,13]を参照されたい．

使用した引張型スプリットホプキンソン棒装置と測定系の概略を，**図3.5.4**に示す．本装置はホプキンソン棒と呼ばれる入出力棒（JIS SUJ2），衝撃引張負荷を与える打出し円管（JIS S35C），それを発射する銃身（JIS S45C）および測定系から構成されている．試験手順を，以下に簡単に説明する．図3.5.4の詳細図に示すように，試験片を円環（JIS SUJ2，外径＝15.8 mm，内径＝8.8 mm，長さ＝10 mm）を通して入出力棒端面のネジ穴（M8×1.0）にネジ接合する．この円環は試験片のゲージ長さを正確に確保し，予引張をかけて試験片のつかみ部と入出力棒端面のネジ部の密着性を向上させるために使用する．小型コンプレッサにより圧縮空気を圧力タンク（図では省略）に蓄え，空気作動弁で急激に解放することにより，銃身内（長さ1000 mm）の打出し円管（外径22.6 mm，内径16.2 mm，長さ350 mm）を入力棒の外周に沿って発射し，入力棒の左端の負荷ブロック（フランジ部）に衝突させると圧縮ひずみ（応力）パルスが発生する．この圧縮ひずみパルスは，その自由端で直ちに引

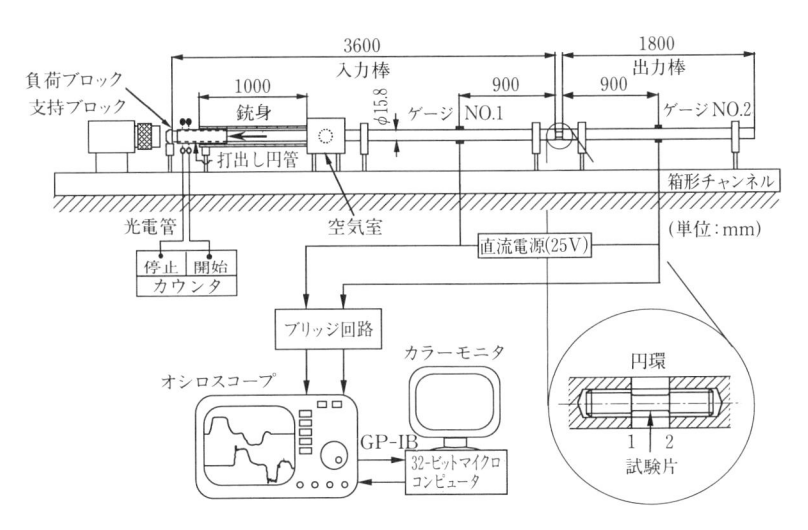

図3.5.4 引張型スプリットホプキンソン棒装置と測定系．

張ひずみパルスに反転される*1．入力棒内に発生したこの引張ひずみパルス ε_i は左から右へと縦弾性波の速度 c_0 で伝播し，試験片との界面で両者の機械的インピーダンス（＝質量密度×断面積×弾性波速度）の違いから一部は反射し（ε_r），残りは試験片ゲージ長さ部を通過して出力棒へ透過（ε_t）する．この3つのひずみパルス（$\varepsilon_\mathrm{i}, \varepsilon_\mathrm{r}, \varepsilon_\mathrm{t}$）を，入出力棒上に貼付された半導体ひずみゲージにより測定する．その出力は10ビット・ディジタル・ストレージ・オシロスコープ上に書込み速度1μs/wordで記録され，データ処理のため32ビット・マイクロコンピュータへ転送される．

3.5.2.2 ホプキンソン棒法におけるデータ解析

測定されたひずみパルスから，試験片の動的引張応力-ひずみ関係を導出するデータ解析について説明する．一次元初等弾性波伝播理論[14]に基づくと，入出力棒の端面（図3.5.4の詳細図参照．入力棒の右端面を1，出力棒の左端面を2の下添字で表す）に作用する動的引張荷重 P と対応する軸変位 u は，3つのひずみパルス（引張ひずみパルスを正と定義）によって次のように表される．

$$P_1(t) = AE\{\varepsilon_\mathrm{i}(t) + \varepsilon_\mathrm{r}(t)\}, \quad P_2(t) = AE\varepsilon_\mathrm{t}(t) \tag{3.5.1}$$

$$u_1(t) = c_0 \int_0^t [-\varepsilon_\mathrm{i}(t') + \varepsilon_\mathrm{r}(t')] \mathrm{d}t', \quad u_2(t) = c_0 \int_0^t \varepsilon_\mathrm{t}(t') \mathrm{d}t' \tag{3.5.2}$$

ここで，A, E は入出力棒のそれぞれ断面積，ヤング率である．E は入出力棒内の縦弾性波（ひずみパルス）の伝播速度 c_0（$= \sqrt{E/\rho}$，$\rho = 7.75 \times 10^3 \,\mathrm{kg/m^3}$）から決定した動的なヤング率（$E = 209\,\mathrm{GPa}$）である．$t$ は時間を表す．式(3.5.1)と(3.5.2)から，試験片の公称の引張応力，引張ひずみ，引張ひずみ速度は，それぞれ次式で与えられる．

$$\sigma(t) = \frac{P_1(t) + P_2(t)}{2A_\mathrm{s}} = \frac{AE}{2A_\mathrm{s}} \{\varepsilon_\mathrm{i}(t) + \varepsilon_\mathrm{r}(t) + \varepsilon_\mathrm{t}(t)\} \tag{3.5.3}$$

$$\varepsilon(t) = \frac{u_2(t) - u_1(t)}{l_0} = \frac{c_0}{l_0} \int_0^t [\varepsilon_\mathrm{i}(t') - \varepsilon_\mathrm{r}(t') - \varepsilon_\mathrm{t}(t')] \mathrm{d}t' \tag{3.5.4}$$

---

*1 このひずみパルスの振幅は打出し円管の衝突速度に依存し，持続時間は打出し円管の長さによって決まる．

$$\dot{\varepsilon}(t) = \frac{c_0}{l_0}\{\varepsilon_\mathrm{I}(t) - \varepsilon_\mathrm{r}(t) - \varepsilon_\mathrm{t}(t)\} \tag{3.5.5}$$

ここで，A_s，l_0 はそれぞれ試験片ゲージ長さ部の初期断面積と初期長さ（＝10 mm）であり，引張応力，引張ひずみ，引張ひずみ速度はゲージ長さ部内で一様に分布することが仮定されている．いま入出力棒の端面に作用する動的引張荷重が等しい，すなわち $P_1(t) \cong P_2(t)$ と仮定すると，試験片の引張応力は簡単化されて，

$$\sigma(t) = \frac{P_2(t)}{A_\mathrm{s}} = \left(\frac{AE}{A_\mathrm{s}}\right)\varepsilon_\mathrm{t}(t) \tag{3.5.6}$$

となる．式(3.5.3)～(3.5.5)から時間 t を消去すると，動的引張応力-ひずみ速度-ひずみ関係が得られる．実際の試験では $P_1(t) \cong P_2(t)$ が成立するので，引張応力の評価には式(3.5.6)を使用することが多い．

3.5.3 試験結果の整理と考察

3.5.3.1 静的引張試験

静的引張試験はインストロン万能試験機によりクロスヘッド速度 1 mm/分で室温下で行い，低ひずみ速度（$\dot{\varepsilon} = 1.7 \times 10^{-3}$/s）での応力-ひずみ関係を決定した．さらに衝撃引張試験片についても特別なつかみ治具を使用して静的引張試験をした結果，両者の真応力-真ひずみ曲線の流動応力レベルはほとんど一致することが確認できた．従って，以下の静的および衝撃引張試験結果は，すべて同一寸法形状の衝撃引張試験片から得られた結果である．この衝撃引張試験片から決定した静的引張特性（公称値）を，**表 3.5.2** に示す．さらに衝撃引張試験片について，クロスヘッド速度 100 mm/分でも静的引張試験を行い，中間ひずみ速度（$\dot{\varepsilon} = 1.7 \times 10^{-1}$/s）での応力-ひずみ関係を測定した．

表 3.5.2　アルミニウム合金鋳物 AC4CH-T6 の静的引張特性(公称値)．

材料	ヤング率 E (GPa)	降伏強さ $\sigma_{0.2}$ (MPa)	引張強さ σ_B (MPa)	破断伸び δ (%)
AC4CH-T6	70	248	294	6.3

3.5.3.2 衝撃引張試験

衝撃引張試験から得た代表的なひずみゲージ出力のオシロスコープ記録例を，**図 3.5.5** に示す．上部トレースがひずみゲージ No.1 からの出力波形に対応し，入射，反射ひずみパルス (ε_i, ε_r) を示す．下部トレースがひずみゲージ No.2 からの出力波形に対応し，透過ひずみパルス (ε_t) を示す．透過ひずみパルスの持続時間は，試験片のゲージ長さ部での破断に伴い，入射，反射ひずみパルスの持続時間よりもかなり短くなっていることに注意されたい[*2]．これらのひずみパルス波形を，式(3.5.4)〜(3.5.6)に代入して決定した試験片の動的引張応力-ひずみ速度-ひずみの関係を，**図 3.5.6** に示す．この図から試験片の変形中のひずみ速度は，変形の初期段階および破断後を除きほぼ一定 ($\dot{\varepsilon} \fallingdotseq 490/s$) であるがことがわかる．試験片がゲージ長さ部で完全に破断すると，

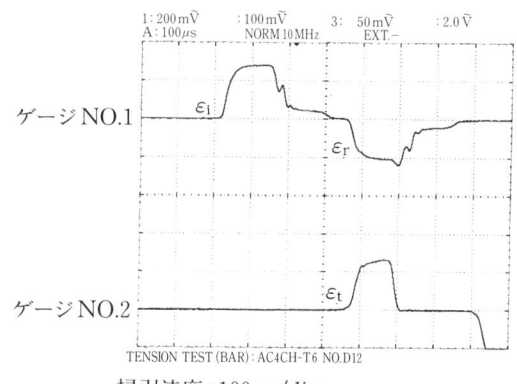

掃引速度：$100\mu s/div.$
縦感度
　上部トレース：$200 mV/div.$ ($456\mu\varepsilon/div.$)
　下部トレース：$\;50 mV/div.$ ($114\mu\varepsilon/div.$)

図 3.5.5 衝撃引張試験から得られたひずみゲージ出力の代表的オシロスコープ記録．

[*2] このために試験片に作用する引張応力がゼロとなった後も，ひずみ速度が見かけ上ゼロとならない．

反射ひずみパルス ε_r の振幅が急激に増加し，それに対応してひずみ速度が急激に上昇することから，試験片の破断伸び（×印＝4.9%）が決定できる．引張応力がゼロとなる点でのひずみ値（6.2%）は，破断伸びではない．試験後に破面を突合わせて，破断伸びをディジタル・マイクロメータで実測したところ，×印でのひずみ値よりも1%弱大きくなり，引張応力がゼロとなる点でのひずみ値よりも少し小さくなった．これは試験片の破断後の弾性回復よりも，完全に破面を突合わせることが困難であるためと考えられる[*3]．

次にひずみ速度の影響を明らかにするために，静的および動的引張応力-ひずみ関係の比較を，図 3.5.7 に示す．この図において，ひずみ速度の上昇に伴う流動応力の増加は比較的小さいが，破断伸びはわずかではあるが減少している．いま引張応力-ひずみ曲線上の最大応力値（引張強さ）をひずみ速度に対してプロットすると，図 3.5.8 を得る．この図によれば，ひずみ速度 $\dot{\varepsilon} \fallingdotseq 2 \times 10^{-3}/s$ から $\dot{\varepsilon} \fallingdotseq 6 \times 10^2/s$ への上昇に伴う引張強さの上昇は，10 MPa 以下である．次に，引張強さに対応するひずみ（一様伸び）とそのひずみ値までの吸

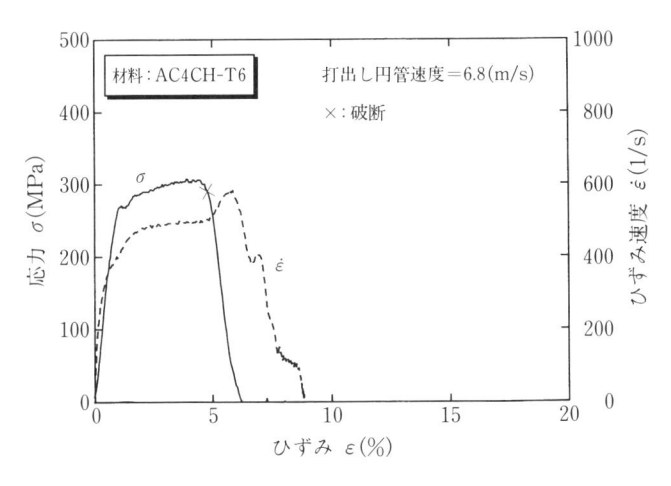

図 3.5.6 動的引張応力-ひずみ速度-ひずみの関係．

[*3] 静的引張試験片の破断伸びの値についても，同様な傾向があることを確認した．

収エネルギーをひずみ速度に対してプロットした結果を,図 3.5.9,図 3.5.10 に示す.吸収エネルギーは静的および動的引張応力-ひずみ曲線下の面積

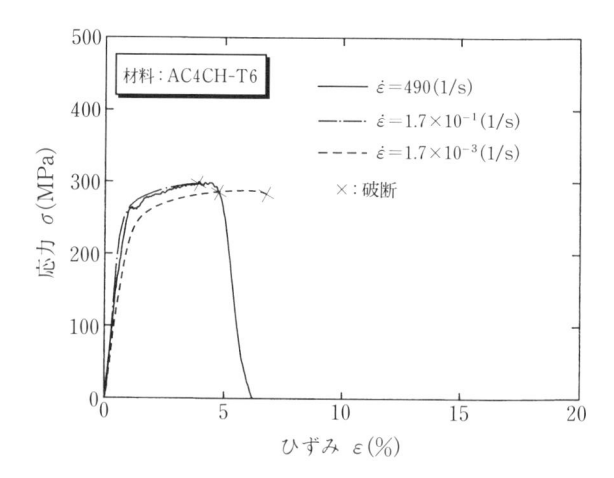

図 3.5.7 静的および動的引張応力-ひずみ関係の比較.

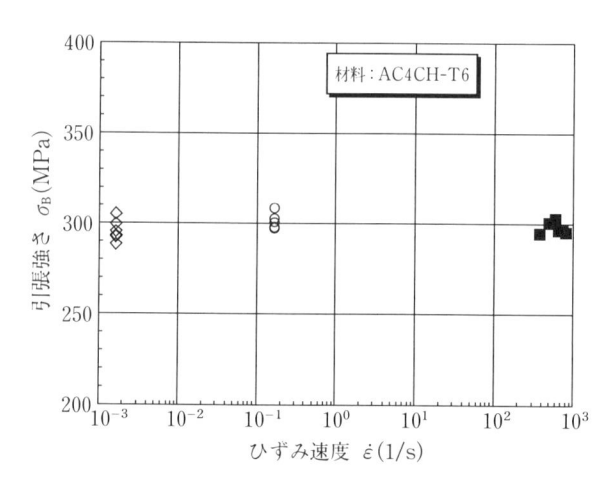

図 3.5.8 引張強さにおよぼすひずみ速度の影響.

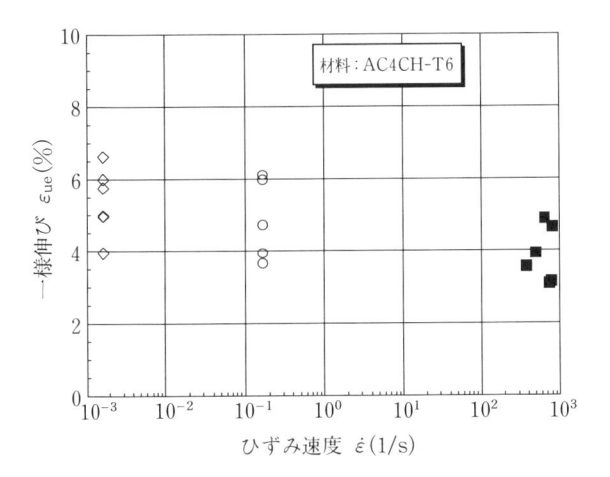

3.5 アルミニウム合金の衝撃特性（2）

図 3.5.9 一様伸びにおよぼすひずみ速度の影響.

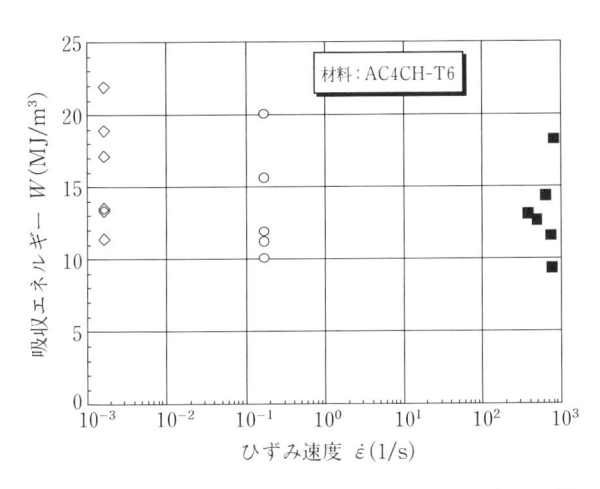

図 3.5.10 吸収エネルギーにおよぼすひずみ速度の影響.

を，一様伸び値まで数値積分することにより，試験片の単位体積当たりの吸収エネルギー量として評価される．一様伸びとそのひずみ値までの吸収エネルギーは，ひずみ速度の上昇とともに少し減少している．さらに破断ひずみ（破断伸び）と破断に至るまでの全吸収エネルギーを，ひずみ速度に対してプロット

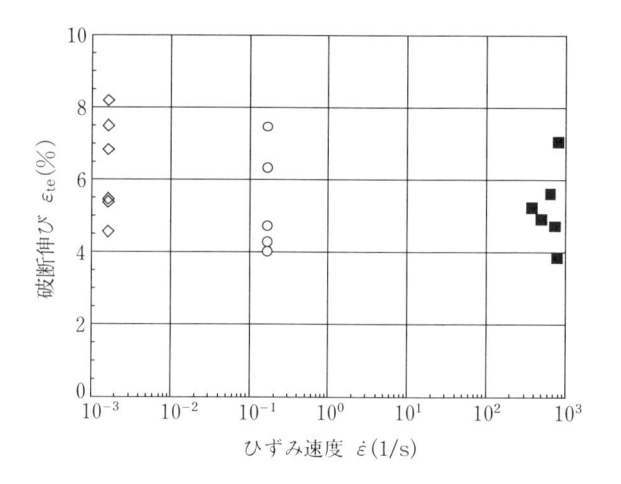

図 3.5.11 破断伸びにおよぼすひずみ速度の影響．

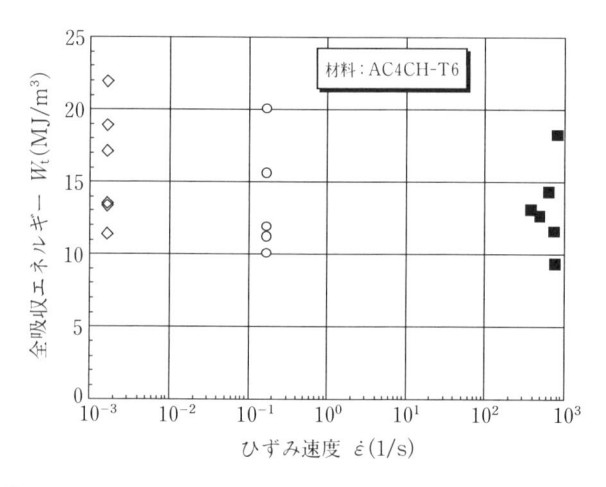

図 3.5.12 全吸収エネルギーにおよぼすひずみ速度の影響．

した結果を，図 3.5.11，図 3.5.12 に示す．全吸収エネルギーは引張応力-ひずみ曲線下の面積を，破断ひずみ値まで数値積分することにより同様に算出される．予期されるように，破断ひずみと全吸収エネルギーもひずみ速度の上昇とともにわずかに減少している．

3.5.3.3　走査電子顕微鏡による破面観察

　破壊機構におよぼすひずみ速度の影響や破断ひずみのばらつきの原因を微視的立場から考察するために，静的および衝撃引張試験後の試験片破面を走査電子顕微鏡により観察した．図 3.5.13 に静的引張試験における巨視的，微視的破面の走査電子顕微鏡写真を示す．巨視的破面（a）は斜め上方から撮影した写真であり，破面は平坦ではなく横断面と約 40 度程度傾斜している．破面の中央部の少し右側や周辺部に見られる空孔は，鋳造ブロック材中に元から存在した欠陥（引け巣）であり，破壊起点となっているように見える．破断伸びのばらつきの原因として，ゲージ長さ部でのこの鋳造欠陥の存在確率が大きく影響していることが考えられる．微視的破面（b）の観察位置は破面の中央部より少

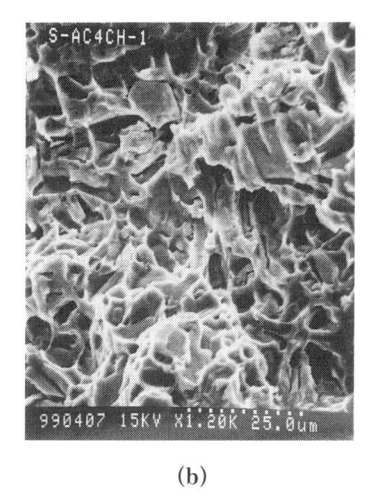

(a)　　　　　　　　　　　(b)

図 3.5.13　静的引張試験における試験片破面の走査電子顕微鏡写真．
　　　　　（a）巨視的破面（低倍率写真），（b）微視的破面（高倍率写真）．

272　3 各　　論

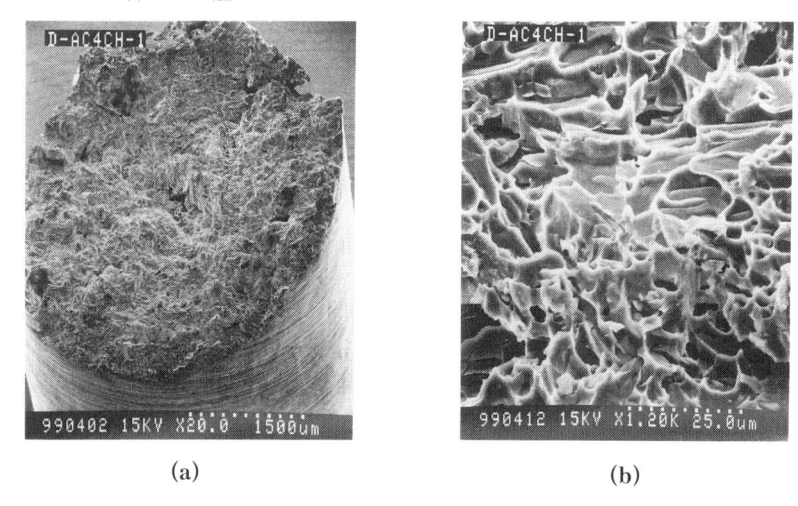

(a)　　　　　　　　　　　(b)

図3.5.14　衝撃引張試験における試験片破面の走査電子顕微鏡写真.
　　　　　（a）巨視的破面（低倍率写真），（b）微視的破面（高倍率写真）.

し下側の平坦部に対応しており，微小な空洞の成長合体による延性的破面を呈し，ディンプルが観察される．一方，図3.5.14は衝撃引張試験における巨視的，微視的破面の走査電子顕微鏡写真を示している．微視的破面（b）の形態は静的引張試験片の微視的破面（図3.5.13（b））の形態と全体として類似しており，ひずみ速度の違いによる破面形態への影響は明確には認められない．このことは，本試験で測定されたアルミ合金鋳物AC4CH-T6の引張応力-ひずみ特性がひずみ速度の変化に対して比較的鈍感であることを，微視的観点から裏付けているように思われる．

　以上，アルミニウム合金鋳物AC4CH-T6の高ひずみ速度下の引張応力-ひずみ関係を，スプリットホプキンソン棒装置を使用して決定する方法を述べ，ひずみ速度が引張特性におよぼす影響について解説した．要点を以下にまとめておこう．
　（1）　引張における流動応力のひずみ速度依存性は，本試験のひずみ速度範囲内（$10^{-3}/s < \dot{\varepsilon} < 600/s$）ではかなり小さい．
　（2）　引張強さはひずみ速度の上昇とともにわずかに上昇するが，破断伸び

および吸収エネルギーは，逆にひずみ速度の上昇とともにわずかに減少する．後者の測定値のばらつきは，前者のそれに比較してかなり大きい．
（3） 引張試験片破面の走査電子顕微鏡観察によると，低ひずみ速度および高ひずみ速度下における微視的破壊形態の差はほとんど見られない．

参考文献

1) アルミニウムハンドブック：(社)軽金属協会（1983）．
2) 藤田雅人：アルミニウムの鋳物とダイカスト，軽金属, **44**（1992），574．
3) 小林俊郎，新家光雄，山岡充昌，原田俊宏，Mahmoud Fouad Hafiz：軽金属, **43**（1993），472．
4) 塩沢和章，西野精一，東田義彦，孫曙明：日本機械学会論文集（A編），60-572（1994），663．
5) 杉山好弘，水島秀和：鋳造工学, **68**（1996），118．
6) 久保田裕信，越智保雄，石井明，柴田良一：日本機械学会論文集（A編），61-591（1995），2342．
7) 杉浦伸康，小林俊郎，山本勇，西戸誠志，林勝三：軽金属, **45**（1995），633．
8) 杉浦伸康，小林俊郎，山本勇，西戸誠志，林勝三：軽金属, **45**（1995），638．
9) G. H. Staab and A. Gilat : Exp. Mech., **31**（1991），232．
10) 1995 Annual Book of ASTM Standards : Section 3, Metals Test Methods and Analytical Procedures, Vol. 03.01, ASTM, Philadelphia（1995）．
11) H. Kolsky : Proc. Phys. Soc., **B62**（1947），676．
12) 横山隆：非破壊検査, **48**（1999），388．
13) 横山隆：溶接学会誌, **68**（1999），505．
14) K. F. Graff : Wave Motion in Elastic Solids, Oxford University Press, Oxford（1975），130．

3.6 アルミニウム基複合材料の強度特性(1)

———戸田　裕之———

3.6.1　アルミニウム基複合材料の特徴

　アルミニウム基複合材料は，例えば，硬さや耐熱性においてセラミックスが，そして軽さにおいてポリマーや発泡金属がそうであるように，何かの材料特性において飛び抜けた存在ではない．雑ぱくにいえば，長所となり得る点として強度，弾性率，耐摩耗性，疲労特性，耐クリープ性，形状安定性等が挙げられる．しかしながら，むしろこれらも含めた様々な材料特性で他の材料よりも劣っていたり競合していたりするなかで，コスト，設計・製造プロセスをも含めた総合的なバランスを考慮した結果として，用いられている材料と考えた方がよい．例えば，アルミニウム基複合材料はアルミニウム単味の場合よりも熱伝導率，電気伝導率が低いが，比較対象をFRPとすれば，電気伝導，熱伝導ともに極めて良好な材料ということになる．

　表3.6.1は，アルミニウム基複合材料の我が国における代表的な実用例である．これらは，すべて輸送用機器に適用されたものである．これらの実用例でアルミニウム基複合材料が利用される目的は，アルミニウムの高性能化と鉄系部材のアルミニウムへの置き換えである．本書ではこれを参考に，(i)留

表3.6.1　アルミニウム基複合材料の主な実用例およびその中で必要とされる特性．

適用部材	必要特性	旧材料
コネクティングロッド（エンジン）	強度，弾性率，疲労特性	鉄鋼
シリンダブロック（エンジン）	耐摩耗性，熱伝導	鋳鉄
ピストン（エンジン）	耐摩耗性，高温の強度・疲労特性	アルミニウム
プーリー（エンジン）	圧縮強度	鋳鉄
ブレーキディスク（制動装置）	耐摩耗性，熱伝導，低熱膨張	鋳鉄
フレーム（自転車）	強度，弾性率	アルミニウム

意すべきアルミニウムとの違い，(ii) 他種材料と比較検討する場合に必要な比強度・比弾性率の2つを中心に記述する．また，これまでの実用例では，ほとんどが長繊維ではなく，ウィスカーと呼ばれる針状の単結晶を含む短繊維ないし粒子が強化材として用いられている（以下，DRA: Discontinuously-Reinforced Aluminum)．そこで，本書では今後も実用例が増えてゆくであろう DRA を中心に記述する．製造プロセスや各種材料特性については複合材料一般に共通する事項が多く，複合材料を主題とする多くの良書に譲る[1〜5]．

3.6.2 アルミニウム基複合材料のミクロ組織の特徴
3.6.2.1 強化材に関するミクロ組織形態

セラミックス粒子を溶湯に添加し攪拌することで複合材料を作製するコンポカスティング法[6]等では，図 3.6.1 に示す 20 vol% SiC 粒子強化 AA359.0 の例のような不均一な粒子分布が得られる場合がある．これは，初晶 $\alpha(Al)$ によって粒子が残液に押出され共晶凝固部に凝集したもので，凝固時に不可避的に生じるミクロ組織の形態である[6]．図 3.6.1 のように晶出物量が多い場合，

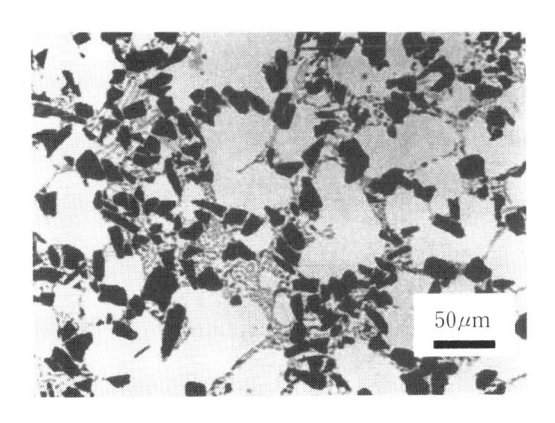

図 3.6.1　20% SiC 粒子/AA359.0 合金の鋳造組織．黒く角張っているのが SiC 粒子で，より細かく灰色の相は主として Si 粒子．トヨタ自動車菅沼氏の御厚意による．

往々にして晶出物が強化材を連結するように分布する．そのため，強化材に十分な応力が伝達される前に界面の剥離，不規則な形の晶出物の破壊などが生じて強化材の応力が緩和され，複合化の効果が損なわれてしまう．

ところで，粒子が初晶によって押出されるか取込まれるかは，初晶/粒子の界面エネルギーを駆動力とする初晶からの押出しと，粒子に対する粘性的な抵抗力および液相と粒子の密度差による取込みが競合した結果として生じるとされる[7]．ただし，固液界面の形状や熱伝導等も関与し，単純ではない．具体的には，粒子と基材の密度，熱伝導率，比熱等によって左右され，通常，熱伝導率の低い小粒子ほど押出されやすい[7]．また，一般に，DRAの場合には押出しが生じる場合が多い．ただし，凝固が速くなると粒子が初晶に取込まれるようになり，組織も同時に細かくなるので，力学的性質への影響は小さくなる．

その他，短繊維などをいったんプリフォーム（成形体）としてからアルミニウム溶湯を加圧含浸する製造方法では繊維の二次元的な配向が生じるし[2]，押出しは繊維の破断，回転，一方向配向をもたらすなど[2]，二次加工も強化材の分散状態に顕著に影響する．このような組織形態は，強度特性の低下や顕著な異方性をもたらすので，注意が必要である．

3.6.2.2 強化材/アルミニウム界面

人工的に添加した強化材とアルミニウムの界面は，非整合で高エネルギーである．そのため，界面では優先的な析出が生じやすい．また，強化材が結晶成長と粉砕のいずれにより作製されたかは，界面の強度に大きく影響する．これは，粉砕による場合はへき開面のような低指数面が表面に出るためである[8]．このような観点から界面強度や界面破壊を定量的に整理・理解しようとする試みは報告例が少なく，今後重要な視点と考えられる．

ところで，DRAの強度向上にとって界面強度が高すぎて災いすることはない．ただし，ある程度の界面強度があれば損傷形態が界面剥離から強化材の破壊などに遷移するので，界面強度は複合材料の特性に影響しなくなる．図3.6.2は，DRAではないが，アルミナ球/エポキシのモデル材料で組合せ応力下の界面強度を調べた結果である[9]．熱残留応力や粒子間の相互作用などの影響

3.6 アルミニウム基複合材料の強度特性（I）

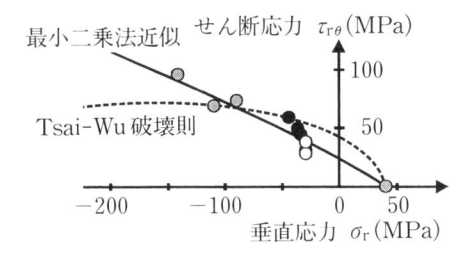

図 3.6.2 Al_2O_3/エポキシモデル複合材料の界面破壊強度の AE 法による測定結果（○印）．界面にかかるせん断力 $\tau_{r\theta}$ と垂直応力 σ_r の組合せ方により，界面剥離に要する応力が大きく変化することがわかる．

で，界面剥離を開始する位置での応力状態は垂直応力とせん断応力の組合せとなる場合が多い．DRA の場合も，界面剥離強度を正確に理解・把握し，必要な負荷応力の形態に対して特性を最適化するために，界面，強化材，マトリックスのいずれに対策を施すべきかを検討する必要がある．

　金属基複合材料では，ポリマー基の複合材料のようにカップリング，デカップリング剤（それぞれ，界面の結合を強固，ないし弱くするための助剤）を用いて界面強度を簡単に変化させることはできない．一般に，良好な界面を得るためには適度な相互拡散ないし化学反応が必要である．また，ほとんどの強化材は，アルミニウム中で熱力学的に不安定である．そのため，界面特性を制御するというよりは，現実的には強化材，マトリックス（基地）の組成，プロセス温度等の条件を制御して，過剰な界面反応による界面の劣化を極力抑制することになる．**表 3.6.2** には，代表的な強化材/合金系の組合せと反応生成物を示した[10]．強化材として最も広く用いられている SiC の場合，1000 K 以上で式(3.6.1)の化学反応が進む[10]．

$$4Al + 3SiC \rightarrow Al_4C_3 + 3Si \tag{3.6.1}$$

ただし，コンポキャスティングなどで SiC が長時間アルミニウム溶湯中に浸漬される場合以外は，むしろ溶質原子と強化材ないし助剤との反応が問題となる場合が多い．例えば，Mg を含む場合，式(3.6.2)ないし(3.6.3)の反応が生じて界面強度が低下すると同時に，マトリックスの時効硬化能も低下ないし消失

表 3.6.2 アルミニウム基複合材料の代表的なマトリックスと強化材の組合せ，およびその各組合せに対して生じる反応生成物と時効析出物.

マトリックス	強化材	反応生成物と析出物
Al	C	Al_4C_3
Al	SiC	Al_4C_3, Si
Al-Mg	SiC	Al_4C_3, MgO, Mg_2Si, $MgAl_2O_4$
Al-Cu-Mg	SiC	$CuMgAl_2$, MgO
Al-Mg	Al_2O_3	$MgAl_2O_4$
Al-Cu	Al_2O_3	$CuAl_2O_4$
Al-Li	Al_2O_3	$\alpha\text{-}LiAlO_2$, $LiAl_5O_8$, Li_2O

して大幅な強度低下につながる.

$$3Mg + Al_2O_3 \rightarrow 3MgO + 2Al \qquad (3.6.2)$$
$$3Mg + 4Al_2O_3 \rightarrow 3MgAl_2O_4 + 2Al \qquad (3.6.3)$$

このうち，MgO はプロセス温度が低く Mg 濃度が 1.5% 以上の場合に，また $MgAl_2O_4$（スピネル）はその逆の場合に生じやすいとされる[10]．加圧含浸鋳造法で複合材料を作製する場合には，SiO_2 が強化材のバインダーとして添加される場合が多い．また，SiC，Si_3N_4 等の表面には，高温での酸化や過剰 Si 組成の場合の遊離 Si に由来する SiO_2 が存在する[14,15]．SiO_2 は Al と反応して Al_2O_3 を形成するので，式(3.6.2)，(3.6.3)により MgO[11]，$MgAl_2O_4$[11,12]，$MgSiO_4$[13] 等を形成して強度を低下させる．しかしながら，長繊維強化複合材料のように強化材にコーティングして界面反応を防止するのは，DRA では一般的ではない．これは，多分に微細な粒子などに均一に薄くコーティングする技術的困難さとコストによる．

3.6.2.3 マトリックスに関するミクロ組織形態

（1） 転位および残留応力

温度変化により強化材/マトリックス間に発生する残留ひずみ ε_r は，両者の熱膨張係数差を ΔCTE，温度差を ΔT として，式(3.6.4)のように表される.

$$\varepsilon_r = \Delta CTE \cdot \Delta T \qquad (3.6.4)$$

強化材が球状の場合には強化材の周囲が圧縮の静水圧応力，強化材同士の中間

は引張の残留応力となる．また，**図 3.6.3** の Arsenault らによる数値解析の結果でも明らかなように，短繊維の場合，繊維側面は圧縮，繊維の端部周辺は引張の残留応力が生じる[16]．実用材料では強化材の不均一分散により残留応力分布ははるかに複雑と考えられ，時効析出，溶質原子の偏析などをより不均質なものとする．

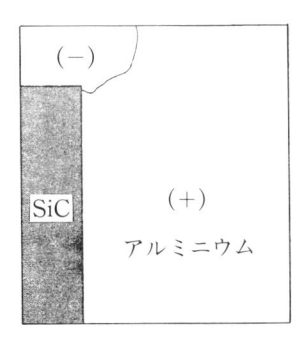

図 3.6.3 20% SiC ウィスカー/アルミニウム複合材料を冷却したときの残留応力分布の FEM 解析結果．(−)は引張，(+)は圧縮の残留応力を示す．

図 3.6.4 20% SiC ウィスカー/アルミニウム複合材料の作製のままの状態の転位組織．高密度の転位が観察できる．図中の w はウィスカーを示す．

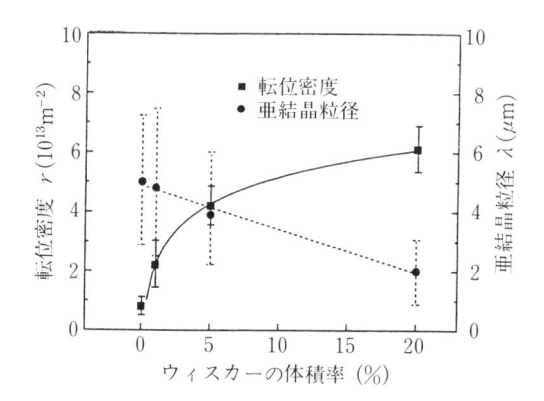

図 3.6.5 20% SiC ウィスカー/アルミニウム複合材料の転位密度と亜結晶粒径の測定結果．ウィスカー直径 2 μm 以下，直径 0.5 μm 以下．

一般に，DRA では $\Delta T = 100$ K 以下で塑性変形による緩和が始まる．このような緩和は，強化材からの転位ループの放出によることが知られている[17]．図 3.6.4 は，20 vol% SiC ウィスカー/6061 合金複合材料の転位組織である．特に w で示す強化材近傍を中心として，マトリックスの転位密度が高いことがわかる．図 3.6.5 は，Arsenault らが同じ材料系に対して転位密度を測定した結果である[18]．強化材の体積率の増加とともに転位密度が顕著に向上し，同時に亜結晶粒径も減少している．彼らが得た結果では，1100 合金を 90% 冷間圧延したときの転位密度（1.5×10^{13} m^{-2}）よりも，SiC 粒子を 20 vol% 添加した場合（1.1×10^{14} m^{-2}）の方がはるかに転位密度が高い[18]．

(2) 時効析出組織

図 3.6.6 は，時効硬化型の Al-Mg-Si 系合金（6061 合金）をマトリックスとする複合材料の析出物を透過型電子顕微鏡（TEM）で観察したものである[19]．強化材の周囲には，白い針状析出物が少ない領域，いわゆる PFZ（無析出物帯）が観察できる．また，強化材の表面には直径数十 nm の粒子が見える．この強化材を複合材料から抽出して FE-SEM で観察したものが図 3.6.7 である[19]．表面の粒子は平衡相の β-Mg$_2$Si が不均質析出したものであり，時

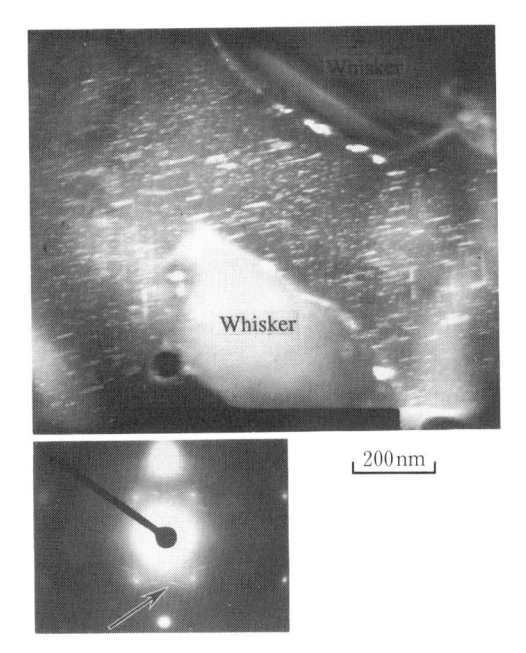

3.6 アルミニウム基複合材料の強度特性（Ⅰ） 281

図 3.6.6 20% SiC ウィスカー/アルミニウム複合材料の時効析出組織の TEM による暗視野像．下側の回折パターン中にある析出物のストリーク（矢印）により撮影．ウィスカーの周囲の PFZ，粗大な時効析出粒子が観察できる．

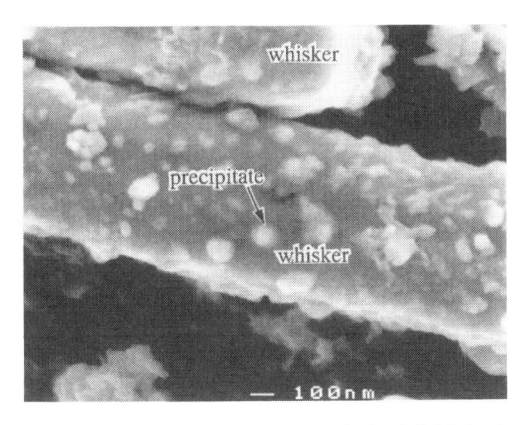

図 3.6.7 20% SiC ウィスカー/アルミニウム複合材料強化材表面の粗大な時効析出物粒子．強化材を複合材料から抽出し，FE-SEM で観察．

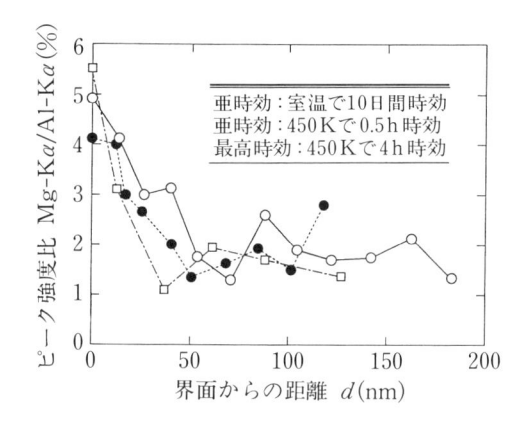

図3.6.8　20% SiCウィスカー/アルミニウム複合材料における強化材/マトリックス界面近傍のマグネシウムの偏析．TEM-EDXの点分析により測定．

効処理の進行とともにその数，サイズともに増加する．さらに，図3.6.8が示すように，強化材近傍のPFZには溶質原子の顕著な偏析（溶質原子などが局部的に集まること）が認められる[20]．すなわち，強化材の周囲は局所的に固溶強化されており，相対的に比例限界が低く加工硬化が大きな材質に変化している．強化材周囲のPFZ，粗大な析出粒子，溶質原子の偏析は，Al-Cu-Mg系[21]，Al-Zn-Mg-Cu系[21]，Al-Li[22]等の他の合金系でも報告されている．

一般に，溶質原子の偏析は平衡偏析と非平衡偏析に大別される．平衡偏析は，アルミニウム合金では粒界のような原子配列の乱れた幅1nm以内程度の領域で溶質原子の弾性的なひずみが解放されることで生じる[23]．これに加え，複合材料では，3.6.2.3（Ⅰ）で述べたマトリックス中の高密度の転位と残留応力場が平衡偏析をもたらす．強化材近傍の圧縮の静水圧応力場には[23]，アルミニウムより原子半径の小さなCu，Fe，Si，Zn等が偏析し，逆に原子半径の大きなMg等は枯渇する．一方，三軸引張の残留応力が生じる強化材から離れた領域[23]では，その逆の傾向となる．粗大な強化材を用いた場合，溶質原子が浅い（すなわち，残留応力の小さな）応力場の中を長距離移動することになり，途中の高密度の転位にトラップされてそこで偏析しやすくなる．一方，同

一体積率で微細な強化材を使用すると，拡散距離が短くなり，強化材への偏析が顕著にしかも迅速に生じる．このような熱残留応力場による平衡偏析は，時効処理時間の違いによって変化せず，高温では解消するという特徴を持つ．

一方，図3.6.8のように時効処理とともに偏析が解消してゆく場合は，主として非平衡偏析[25]による．一般に，溶体化処理後の急冷は，高温における高濃度の原子空孔を凍結する．そのため，例えばAl-Mg-Si系では，時効初期の拡散がMg-V[26]，Si-V[26]，Mg-Si-V[27]（Vは原子空孔）の形で進行し，焼入れ過剰空孔が界面で消滅することで偏析が生じる．非平衡偏析の程度は，溶体化処理温度，冷却速度，溶質原子-V間の結合エネルギーなどに左右される．非平衡偏析領域の幅は，100～500 nmにもおよぶ場合がある[25]．

次に，PFZが形成される原因は，溶質原子ないし原子空孔の枯渇である．DRAの場合，図3.6.8のように溶質原子は枯渇せず逆に偏析するので，後者が主と考えられる．すなわち，界面での原子空孔の消滅により局所的に原子空孔濃度が低下し，その形成に空孔を必要とするGPゾーンなどの形成が阻害されることでPFZが形成される．また，圧縮の残留応力場の存在も，通常圧縮の整合ひずみをもつ析出物が強化材の周囲で形成することを阻害してPFZを助長する方向に働く．

ところで，3.6.2.2で記述した溶質原子と強化材，助剤などとの界面反応は，時として複合材料全体のMg濃度を低下させて時効硬化能を損ない，大幅な強度低下を招く[12,15]．この他，複合材料化によりアルミニウム合金の時効析出相が変化することも知られている．例えば，Al-Cu-Mg系合金にSiCを添加した場合，通常の析出相$S'-Al_2CuMg$だけではなく，$\theta'-Al_2Cu$，$\beta'-Mg_2Si$，$\sigma-Al_5Cu_6Mg_2$が生成することが報告されている[28]．また，同様の合金で強化材の粒径が小さい場合，S'相の代わりにθ'相のみが生じるとの報告もある[12]．その他，Al-Mg-Si系でも，Al_2O_3の添加によって時効析出物がSi過剰型合金に特有の種類に変化することが確かめられている[29]．これらも，界面反応による溶質原子濃度の減少に起因すると考えられる[28]．

時効硬化プロセスが複合化によって変化しない場合でも，時効硬化速度は影響を受ける場合が多い[30~32]．**図3.6.9**[31]のように時効硬化が加速される場合

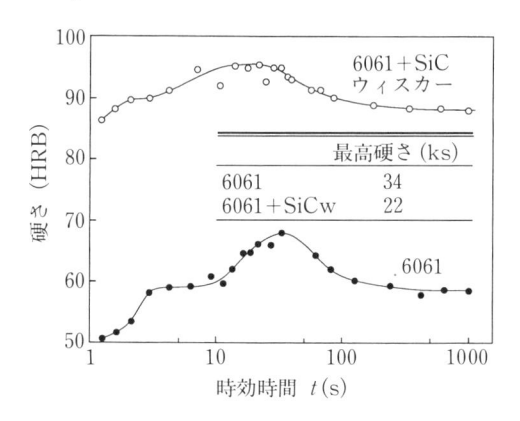

図 3.6.9 6061 合金（Al-Mg-Si 系）の 450 K における時効硬化曲線．20 vol% の SiC ウィスカーの添加の有無の効果を示している．

は，3.6.2.3（1）で述べた高密度の転位が溶質原子の高速拡散経路および析出物の不均一析出サイトとなることによる[30,31]．逆に遅延される場合は，高密度の転位で原子空孔が消滅して GP ゾーンの形成が抑制されることに起因し，時として同時に時効硬化能も低下する[32]．

3.6.2.4　不均質ミクロ組織が力学的性質におよぼす影響

図 3.6.10 は，戸田らが強化材周囲の PFZ の影響を有限要素法により解析した結果[33,34]である．それによれば，PFZ の厚みが増加すると塑性変形の局在化が顕著になり，PFZ の塑性ひずみが増加してボイドの発生が低い負荷応力レベルから生じる．また，粗大な第 2 相粒子の応力は，PFZ の存在によって数十%程度増加すること，逆に粒子の存在によって PFZ 内の塑性流動が拘束されることも示されている．実際，界面上の金属間化合物粒子は容易に剝離してマイクロクラックを形成することが知られている[35]．このように，強化材周囲の PFZ 層は，たとえ残部のマトリックスとの強度差が小さくてもマトリックス／強化材間の応力伝達を低下させ，降伏応力を低下させる[33,34,36]．強化材周囲の PFZ は，アルミニウム合金の粒界のものと比較して微細であるものの，冷却速度等の熱処理条件を制御してこの悪影響を除くという視点は同様に

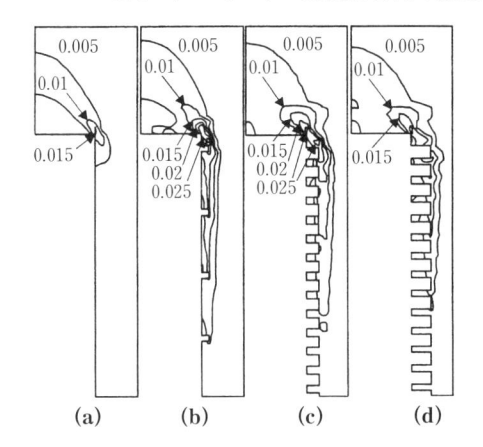

図 3.6.10 20% SiC ウィスカー/アルミニウム複合材料の有効塑性ひずみにおよぼす PFZ 層と界面上の析出粒子の影響の FEM による解析結果．（a）〜（d）は，PFZ の幅および析出物サイズが，それぞれ 0, 44, 90, 90 nm および 0, 22, 44, 68 nm．

重要であり，今後十分に意識されるべき点と考えられる．

3.6.3 強度，弾性率

　軽量かつ高強度，高弾性率という基準で材料を比較する場合，強度，弾性率を密度で除して比強度，比弾性率で評価される．例えば，純鉄と純アルミニウムの比弾性率は，それぞれ 26.9, 26.2 GPa/(Mg/m^3) でほぼ等しい．しかし，鉄をアルミニウムに置き換える場合，重量増は伴わなくても体積を 3 倍弱増加させることになり，輸送機器，建築構造物などで空間的な制約がある中では容易に許容され得ない．そこで，以降は複合材料化によりこの制約をどの程度クリアーできるかという視点で整理する．

3.6.3.1 比弾性率と比強度

　図 3.6.11 は，様々な複合材料の比強度-比弾性率の関係を示す[1,20,37〜42]．図中，背景が薄い灰色の領域は体積率が 45〜70% の高体積率の複合材料，それ

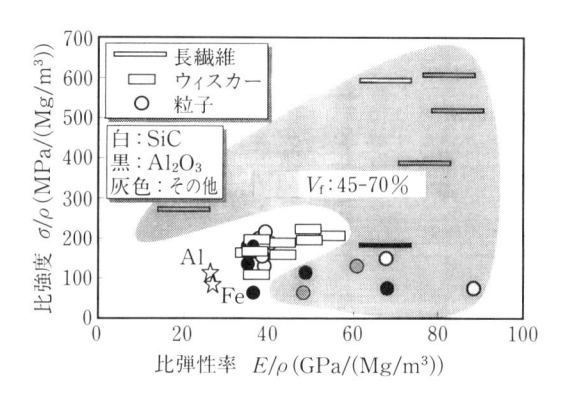

図 3.6.11 様々なアルミニウム基複合材料の比強度と比弾性率の関係.

以外は 17～22.8%，☆印は比較対象の 6061-T6 アルミニウム材および S40C 鋼焼入れ焼戻し材である．実用例の少ない長繊維強化複合材料では，アルミニウムと比較して比弾性率で数倍，比強度では最大で 5 倍以上となっている．この程度の効果が得られれば，体積増なしに鉄→アルミニウムの代替が可能とも思える．しかしながら，これは繊維が一方向に配向した材料の繊維軸方向の特性に過ぎない．すなわち，繊維と直交する方向の弾性率，強度はこれよりはるかに低く，優れた軸方向の特性は強い異方性と引替えに実現されているのである．一方，DRA では，高体積率となるよう充填すれば比弾性率は数倍に増加するものの，比強度の低い材料となってしまう．よく用いられる 20% 程度の体積率では，強化効率の良いウィスカーを用いても，比弾性率で 2 倍，比強度で 1.7 倍がせいぜいである．

図 3.6.12 は，Clyne らが金属基複合材料の強度と弾性率におよぼす強化材のサイズ，アスペクト比（長軸長さ/短軸直径の比）の影響をまとめたものである[7]．体積率の増加は強度・弾性率に大きく寄与するが，高体積率の材料では低応力で脆性的に破壊する扱いにくい材料となることは，図 3.6.11 も示している．アスペクト比の向上が一定の効果を有することも，図 3.6.11 の実用材料における粒子材とウィスカー材の比較からも理解できる．また，時効析出物がわずか 1% 程度の体積率で大きな時効硬化をもたらすことからも想像でき

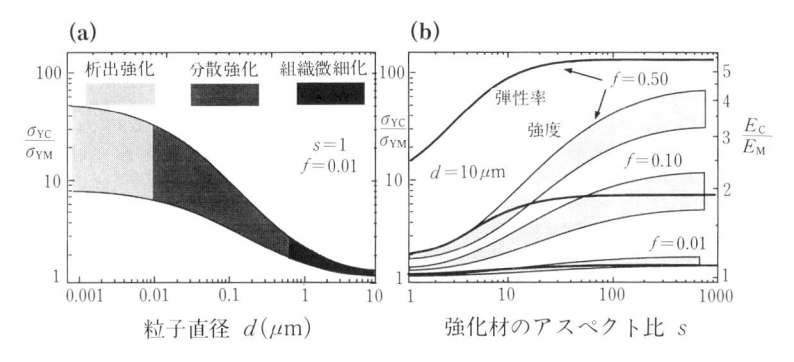

図 3.6.12 （a）アルミニウム合金における分散粒子の役割と，（b）アルミニウム基複合材料における強化材の効果の対比．アルミニウム合金では，体積率 f が 0.01 の球状粒子で十分な効果（降伏応力 σ_{YC} およびヤング率 E_C）が得られるのに対し，複合材料ではより高い f と大きな s を必要とする．

るように，強化材の微細化は強度の向上に効果が非常に大きい．実際，河部らは，直径 0.3 μm の SiC 粒子をコンポカスティング法によりアルミニウム中に添加してその強度特性を評価し[14,37]，わずか 7.6 vol% の添加で，十分な強化の効果が得られたとしている．

一般に，製造プロセス，コスト，多軸負荷応力などの制限から，用いることができる強化材の形状，体積率などは限られている．そのような場合，より高弾性率・高強度で密度の低い強化材を用いることが必要となる．**図 3.6.13** は，様々なセラミックス強化材のヤング率と密度を比較したものである．図 3.6.11 の実用例でも多用されている SiC および Al_2O_3 は，比弾性率という点で優れており，これより，比弾性率が優れる強化材は B_4C および C しかないことがわかる．このうち，C については低いプロセス温度（950〜1050 K）では Al との濡れ性が悪く，1273 K 程度で濡れ性は良好になるものの，脆性な Al_4C_3 を生じて界面強度，ひいては複合材料自体の強度を低下させる[10]．また，Al_4C_3 は親水性で疲労き裂伝播を加速し，腐食特性も悪化させる．さらに，直接浸水すれば下記の反応が生じて分解し，ピットを形成する[44]．

$$Al_4C_3 + 18H_2O \rightarrow 4Al(OH)_3 + 3CO_2 + 12H_2 \tag{3.6.5}$$

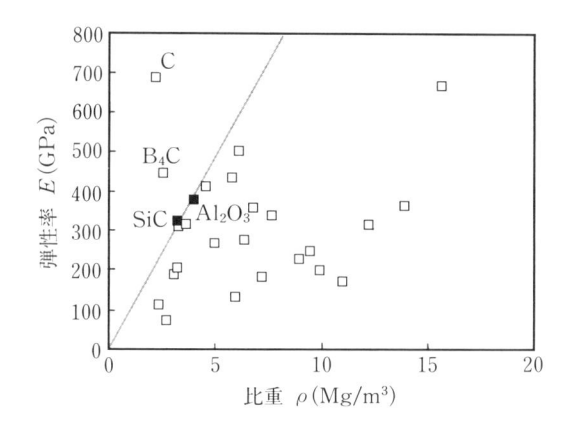

図3.6.13 様々なセラミックス強化材の密度とヤング率の関係．

そのため，Cには無電解メッキ法などによりCuやNiを0.2〜0.6 μmコーティングする必要がある[10]．その場合，粒子やウィスカー等への薄く均一なコーティングは，強化材が微細となるほど困難になるという問題は避けられない．また，B_4Cについても同様な界面反応による延性の低下が報告されている[8]．

3.6.3.2 比強度・比弾性率の改善

3.6.3.1で記述したDRAの比弾性率向上法をまとめると，（ⅰ）高体積率化，（ⅱ）高アスペクト比化の2つが挙げられる．いずれもプロセス上困難であったり，実施することで強度，延性，靱性など他の特性の低下を招くなど，現実的な手法ではない．

他の比弾性率，比強度の向上方法として，フォームの両面に薄板を貼付けたサンドイッチパネル，ハニカム等からも想像できるように，空隙ないしポア（空孔）の導入がある．複合材料には大きく分けてマトリックス，界面，強化材の3つの領域がある．界面への空隙の導入がマトリックスから強化材への応力などの伝達を阻害し複合化の効果を損なうことは容易に理解できる．また，マトリックス中に気泡と強化材を独立して導入することも，現実的に困難である．それに対して，強化材へのポアの導入（中空化）は，気泡を独立して分散

3.6 アルミニウム基複合材料の強度特性（I）

できる点で優れている．一方で，中空化は強化材の破断強度を低下させる．しかしながら，複合材料の支配的な破壊形態が強化材の破断ではなく界面剝離や強化材近傍のマトリックス中でのボイド形成である場合，強化材は破壊基準を満たしておらず，強化材の破壊強度には余裕があると見なすことができる．そのような材料系での粒子の中空化は，いわば粒子の駄肉を削って比強度を最適化することにつながる．また，材料への空隙の導入は，振動騒音の減衰，切削加工性の向上，低熱伝導率，低誘電率など，様々な副次的な効果をもたらす．

図 3.6.14 は，アルミナ粒子強化アルミニウム基複合材料をモデルに，中空粒子の体積率と比弾性率の関係を示したものである．この予測は，Mackenzie が導いた中空粒子のヤング率の予測式を利用し，Bruggeman の複合則により複合材料のヤング率を求めたものである[45]．この図は，中空粒子の体積率の増加に伴ってアルミニウムの比弾性率が単調に増加することを示している．

図 3.6.15 は，粒子の体積率を一定として，粒子内部に導入するポアのサイズ（すなわち添加する中空粒子の見かけの比重）と比弾性率の関係を同様に予測した結果である．粒子体積率が高い場合には，粒子内部のポアのサイズを変化させることで，複合材料の密度および比弾性率を幅広く変化させることができる．また，粒子体積率が高い場合には，中空化によって中実粒子材よりもかえって比弾性率が向上する条件が存在する．そこで，強化材をアルミナ中空粒

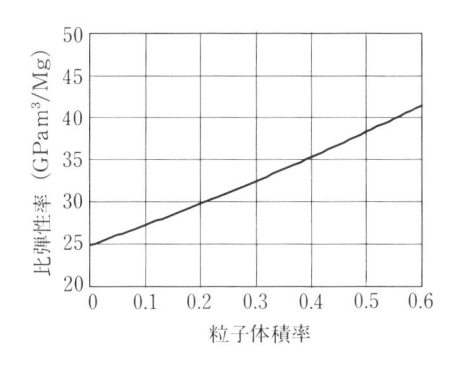

図 3.6.14 アルミナ粒子強化アルミニウム基複合材料の粒子体積率と比弾性率の関係の予測結果．

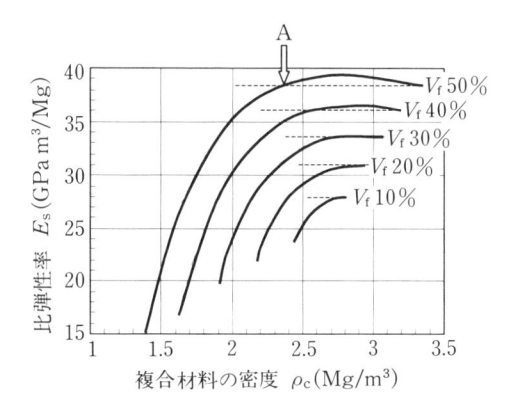

図 3.6.15 アルミナ粒子強化アルミニウム基複合材料のポアサイズと複合材料の比弾性率の関係の予測結果．横軸は複合材料の密度，V_f は粒子体積率，点線は中実粒子複合材のレベルを，それぞれ示す．

子とし，マトリックスのヤング率を変化させたときに得られる最大の比弾性率を無次元化して示したものが 図 3.6.16 である．マトリックスのヤング率がエポキシ程度（数 GPa）と低い場合には，中実粒子を用いる複合材料と比較し，最大で 70～80% の比弾性率の向上が達成できる．一方，DRA では，比弾性率の向上は高々数% に過ぎない．

ただし，この場合でも，例えば図 3.6.15 に A で示す密度のところでは，比弾性率を中実粒子の複合材料と同じに保ちながら 30% 程度の軽量化が実現できる．そこで，比弾性率を一定に保ちながら最大でどの程度の軽量化が可能であるかを予測したものが，図 3.6.17 である．粒子の殻を構成する素材とマトリックスのヤング率の比が大きいほど軽量化できることがわかる．また，アルミニウムが塑性変形を始めると，応力-ひずみ曲線の傾きは弾性域の数十分の一以下となり，弾性域よりはるかに大きな補強効果が得られることになる．

アルミニウムに中空粒子を添加する試みは，現実にいくつか報告されており，市販の製品も存在する[46]．しかしながら，現行の適用範囲は負荷を受ける構造用材料ではなく，断熱・防音効果等を主眼とした住宅用外板等に限られている．今後は，上述の中空粒子強化複合材料の特徴をよく理解し，比弾性率・

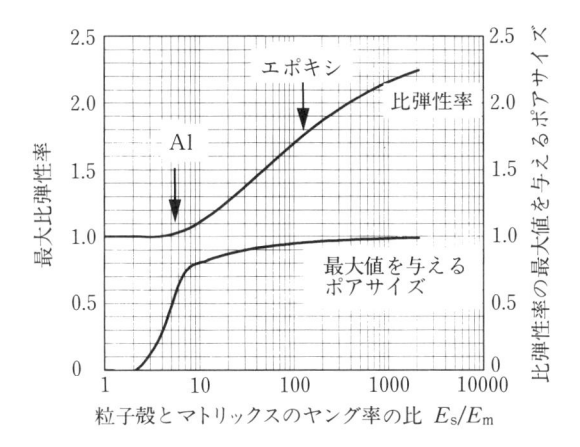

3.6 アルミニウム基複合材料の強度特性（I） 291

図 3.6.16 アルミナ中空粒子強化複合材料の比弾性率の最大値の予測（中実材の値で無次元化）．横軸は，粒子殻の構成素材とマトリックスのヤング率の比．比弾性率の最大値を与えるポアサイズ（粒子の直径で無次元化）もプロットした．

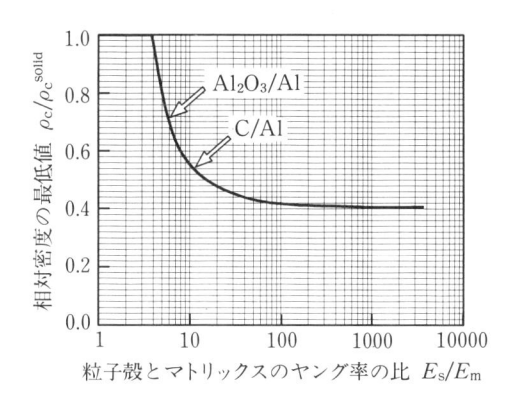

図 3.6.17 中空粒子強化複合材料の比弾性率を中実粒子複合材のものと同じにしたときの最低の密度の予測結果（中実材の値で無次元化）．横軸は，粒子殻の構成素材とマトリックスのヤング率の比．

比強度を向上させる力学的条件を意識しながらミクロ組織を設計することで，鉄鋼材料のアルミニウム化も含めて幅広い構造用の用途に展開することが期待される．

参考文献

1) 森田幹郎, 金原勲, 福田博："複合材料", 日刊工業新聞社 (1988).
2) 福田博, 横田力男, 塩田一路："複合材料基礎工学", 日刊工業新聞社 (1994).
3) D. ハル著, 宮入裕夫他訳：複合材料入門, 培風館 (1983).
4) 日本機械学会編："先端複合材料", 技報堂出版 (1990).
5) 福田博, 邊吾一："複合材料の力学序説", 古今書院 (1989).
6) D. A. Gerard, T. Suganuma, P. H. Mikkola and A. Mortensen: C. Flemings Symp., (2000), in press.
7) T. W. Clyne et al.: An Intro. to MMCs, Cambridge Univ. Press (1993), 342.
8) J. E. King and D. Bhattacharjee: Mater. Sci. Forum, **189-190** (1995), 43.
9) 戸田裕之, 植田毅, 小林俊郎, 合田孝志：材料, 投稿中.
10) T. P. D. Rajan, R. M. Pillai and B. C. Pai: J. Mater. Sci., **33** (1998), 3491.
11) A. Munitz, M. Metzger and R. Mehrabian: Metall. Trans. A, **9A** (1979), 1491.
12) 池野進, 古田勝也, 松田健二他：軽金属, **45** (1995), 249.
13) B. T. Lee, K. Higashi and K. Hiraga: J. Mater. Sci. Lett., **16** (1997), 206.
14) 河部昭雄, 押田篤, 小林俊郎, 戸田裕之：軽金属, **49** (1999), 149.
15) D. J. Towle and C. M. Friend: Scripta Metall., **26** (1992), 437.
16) N. Shi, B. Wilner and R. J. Arsenault: Acta Metall. Mater., **40** (1992), 3841.
17) D. C. Dunand and A. Mortensen: Acta Metall. Mater., **39** (1991), 1417.
18) R. J. Arsenault, L. Wang and C. R. Feng: Acta Metall. Mater., **39** (1991), 47.
19) 戸田裕之, 小林俊郎, 新家光雄：日本金属学会誌, **58** (1994), 1086.
20) 戸田裕之, 小林俊郎, 新家光雄：日本金属学会誌, **58** (1994), 468.
21) M. Strangwood, C. A. Hippsley et al.: Scripta Metall., **24** (1990), 1483.
22) 洪性吉, 手塚裕康, 神尾彰彦：軽金属, **43** (1993), 82.
23) 木村宏編："材料強度の原子論", 日本金属学会 (1985), 212.
24) I. Dutta and D. L. Bourell: Acta Metall., **38** (1990), 4041.
25) G. M. Scamans, N. J. H. Holroyd et al.: Corrosion Sci., **27** (1987), 329.

26) M. Koike et al.: Yamada Conf. V, Univ. Tokyo Press (1982), 457.
27) E. Korngiebel, H. Loffler and W. Oettel: Phys. Stat. Sol. (a), **30** (1975), 125.
28) R. D. Schueller, F. E. Wawner et al.: J. Mater. Sci., **29** (1994), 424.
29) 池野進, 荒城昌弘, 松田健二他：軽金属, **49** (1999), 244.
30) T. Christman and S. Suresh: Acta Metall., **36** (1988), 1691.
31) 戸田裕之, 小林俊郎, 新家光雄：日本金属学会誌, **56** (1992), 1303.
32) T. S. Kim, T. H. Kim, K. H. Oh and H. I. Lee: J. Mater. Sci., **27** (1992), 2599.
33) 戸田裕之, 小林俊郎, 井上直也：日本金属学会誌, **61** (1997), 120.
34) 戸田裕之, 井上直也, 新村良子, 小林俊郎：日本金属学会誌, **59** (1995), 925.
35) S. I. Hong, G. T. Gray III and J. J. Lewandowski: Acta. Metall., **41** (1993), 2337.
36) M. J. Starink and S. Syngellakis: Mater. Sci. Engng., **A270** (1999), 270.
37) 河部昭雄：豊橋技術科学大学学位論文 (1999), 12.
38) 森田幹郎："MMのお好み焼き", 冬樹社 (1989), 33.
39) MMCカタログ：セランクス(株).
40) W. S. Miller, L. A. Lenssen et al.: Proc. of Aluminum-Lithium, **5** (1989), 931.
41) 森本啓之, 岩村宏, 安倍睦, 芦田喜郎：日本金属学会誌, **58** (1994), 973.
42) 戸田裕之, 小林俊郎他：軽金属学会第94回春期大会講演概要 (1998), 315.
43) I. A. Ibrahim, F. A. Mohamed et al.: J. Mater. Sci., **36** (1991), 1137.
44) J. K. Park and J. P. Lucas: Scripta Metall., **37** (1997), 511.
45) 戸田裕之, 小林俊郎他：材料, **50** (2001), 印刷中.
46) 綛谷則夫他：日本建築学会大会学術講演梗概集 (1999), 545.

3.7 アルミニウム基複合材料の強度特性(2)
―――――――――――――――――――――――菊池 正紀,買買提明・艾尼――

　本章では,SiC 粒子分散強化アルミニウム合金を用いて,引張試験を行い,破面観察によりこの材料の基本的な損傷の様子を調べる.また,軸対象モデルや三次元モデルを用いた有限要素法により損傷のシミュレーションを行い,強化材の形状,体積率とその非均一分布がこうした材料の強度に与える影響について数値解析の立場から述べる.そして,最後にこの材料の破断延性の向上の方策を提案する.

3.7.1 SiC 分散強化アルミニウム合金の現状

　近年 SiC のウィスカーまたは粒子で強化されたアルミニウム基複合材料が種々の製造方法で開発されている.特に SiC 粒子分散強化アルミニウム合金は等方的に均一であり部品全体を強化しやすいこと,鋳造やダイカストが可能なこと,また母材単独と比べても比較的軽量であり,圧縮強度,耐摩耗性,耐熱性等も高いなどの利点があるため,すでに自動車の部品をはじめ各種の機械部品に使用されている.しかしこの材料は一方では,破壊靱性と延性が母材より低下するという問題も持っている.このような欠点を改善するために,材料特性と破壊・損傷機構を調べる研究が実験と解析の両面より多数行われている[1~10].

　実験的研究[1~3,6,11]によればこの材料の損傷は基本的に母材側でのボイドの発生,成長,合体による延性破壊,強化材である SiC 粒子の割れ,母材と粒子との界面剝離という3つの損傷形態が支配的であることが示されている.また粒子の非均一分布がこうした損傷機構に大きく影響することがわかっている.

　数値解析[13~15]では,軸対象モデルや三次元モデルを用いた有限要素法により損傷のシミュレーションが行われている.多くの研究では粒子の均一分布を

仮定したユニットモデルを用いており，実験の現象と定性的によく一致する結果が得られている．しかし粒子の非均一分布の取扱いはまだ不十分のようである．

3.7.2 SiC 粒子分散強化アルミニウム合金の破壊挙動に関わる因子

まず基礎的な材料試験を行い，破面観察により，この材料の破壊挙動に対する支配的因子を調べる．表 3.7.1 には実験に用いた SiC 粒子分散強化アルミニウム合金の組成とそれらの単体での機械的性質を示す．SiC 粒子以外の材料の 0.2% 耐力と引張強さは引張試験により得られたものであり，ヤング率とポアソン比は超音波パルス法[16]によって測定したものである．また SiC の機械的性質は文献値[14]を用いた．

図 3.7.1 には引張試験に使用した試験片の形状と寸法を示す．母材はアルミニウム合金 Al 2024-T6 であり，粉末冶金法によって SiC 粒子の体積率を

表 3.7.1 材料の組成とそれらの単体での機械的性質．

材料	$\sigma_{0.2}$ (MPa)	σ_0 (MPa)	E (GPa)	ν
Al 2024-T6 (SiC 0%)	383.2	570	75.47	0.333
σ-ε for matrix　　$\sigma = 897.4\,(0.0053 + \varepsilon^p)^{0.1628}$				
SiC 2%	445	547	77.35	0.330
SiC 10%	450	575	88.03	0.325
SiC$_p$ (14)	2450	—	450	0.17

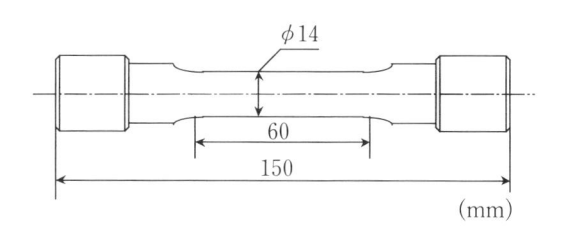

図 3.7.1 引張試験片の形状と寸法．

2%, 10% の 2 種類に変えて材料を作製した．これらを以後 SiC 2% 試験片，SiC 10% 試験片と呼ぶ．また同じ条件で SiC 粒子を含まない母材のみの試験片を作製した．これを SiC 0% 試験片と呼ぶ．SiC 粒子の平均径は 4 μm である．

図 3.7.2 は実験結果から得られた 3 種類の試験片の応力-ひずみ関係を示す．SiC 0% 試験片は 2 本，SiC 2% 試験片と SiC 10% 試験片は 3 本を試験し，すべての結果を示している．図 3.7.2 をみると，SiC 2% の試験結果は 3 本の試験結果が他の 2 つと比べてばらついていることに気付く．引張強さを見ると SiC 2% では SiC 0% のそれより若干減少している．SiC 10% では少し増加し，SiC 0% の値とほぼ同じになっている．すなわち強度に勝る SiC 粒子を添加しているにもかかわらず，引張強さは母材単独と比べて大きく改善されることがない．また延性破断ひずみは SiC 粒子の体積率が増加するにつれて減少している．

図 3.7.3 は走査電子顕微鏡で観察された破面写真を示す．これは上下の破面の同じ位置を撮影したマッチング写真である．いずれの図にも粒子がたくさん観察され，母材部には典型的なディンプル破壊が生じていることが認められる．図中の A の位置では粒子が 2 つに割れている．C の位置では粒子と母材との界面剥離が生じている．D では上の破面に観察される粒子の表面にアルミニウムが付着している．SiC 10% の破面は基本的にはこれと同様であるが，

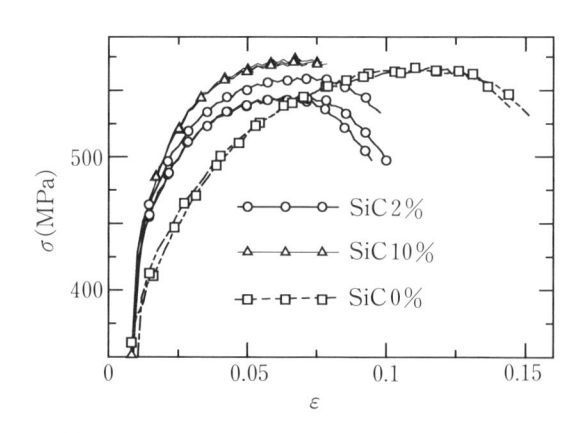

図 3.7.2 3 種類の試験片の応力-ひずみ関係．

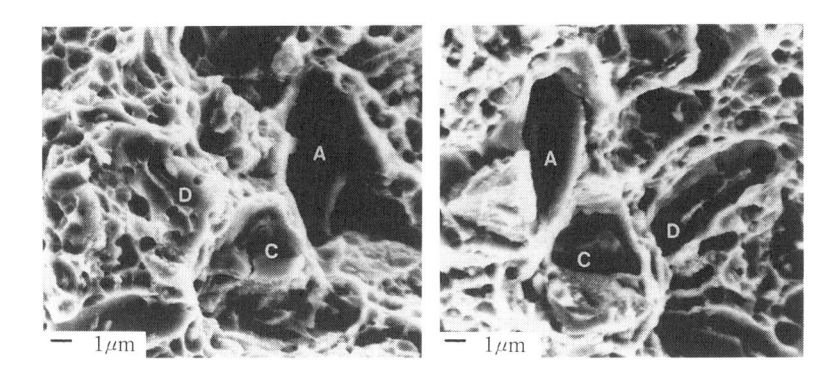

図 3.7.3 破面マッチング写真．

粒子の非均一分布が顕著であり，粒子が密集したところでは粒子の中に十分アルミニウムが入りきらない状態も観察された．

そこで粒子の局所的な分布状態を調べるため，18×20 μm^2 の面積の破面のSEM写真をSiC 10%については24枚，SiC 2%の試験片については64枚撮影し，破面中のSiC粒子の体積比を調べた．

図 3.7.4(a)(b)には，それぞれの単位面積内での粒子体積率とその頻度を示す．SiC 2%試験片（図3.7.4(a)）では破面上の局所体積率はほとんどの場合2%を大きく越えており，破面全体の平均体積率は11%となっている．この傾向はSiC 10%試験片でも同様であり，破面全体の平均体積率は17%となっている．次に粒子の分布の様相を調べるため，個々の粒子について，その粒子に隣接する粒子のうち，最も近い位置に存在する粒子との距離を最小粒子間距離と定義し，それを測定した．図 3.7.5にはSiC 10%試験片について，横軸に最小粒子間距離，縦軸にその破面の平均粒子体積率をとった結果を示す．80%以上の粒子において最小粒子間距離は4 μm 以下となっていることがわかる．すなわち破面上の粒子は互いに近接して存在している．これより，この材料の内部では粒子は均一には分布しておらず，局所的に集中していることがわかる．そのため，その損傷・破壊は，まず粒子が局所的に集中しているところで発生成長し，最終的な破壊は複数の損傷領域が連結することで起こるものと推定できる．

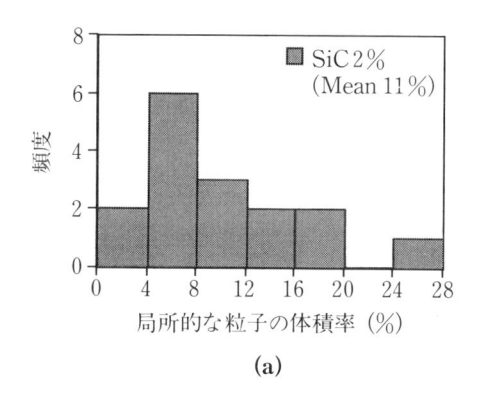

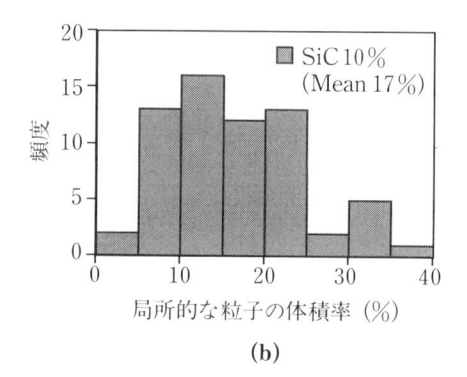

図 3.7.4　粒子の局所的な非均質分布.
　　　　（a）SiC 2% 試験片，（b）SiC 10% 試験片.

　次に粒子の形状を検討した．**図 3.7.6** には粒子を楕円体として近似したときの，短軸 a と長軸 b の寸法比を粒子アスペクト比 A_p として，その頻度を SiC 10% 試験片から測定した結果を示す．ここでは a/b と b/a の両方を示している．これは引張軸に対して粒子の方向がランダムに存在するからである．この図からわかるように，A_p の値は 0.5 または 2.0 の場合が最も頻度が高くなっている．平均アスペクト比は 1.77 または 0.626 となる．粒子形状が球形ではなく楕円体になると，粒子長軸部での応力集中率が大きくなり，これが母材のディンプル破壊に影響するものと思われる．

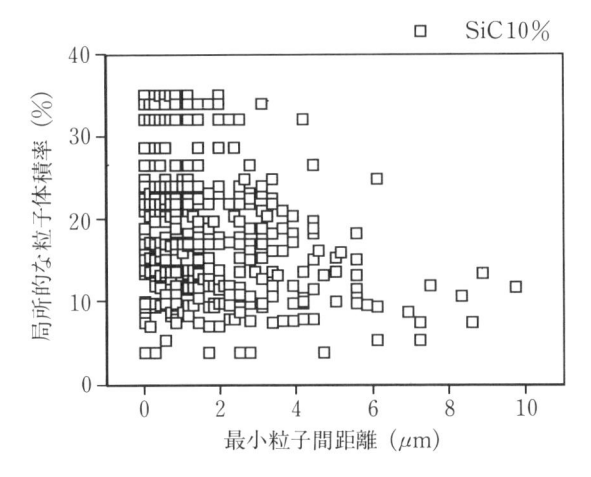

3.7 アルミニウム基複合材料の強度特性（2）

図 **3.7.5** 局所的な粒子体積率と最小粒子間距離．

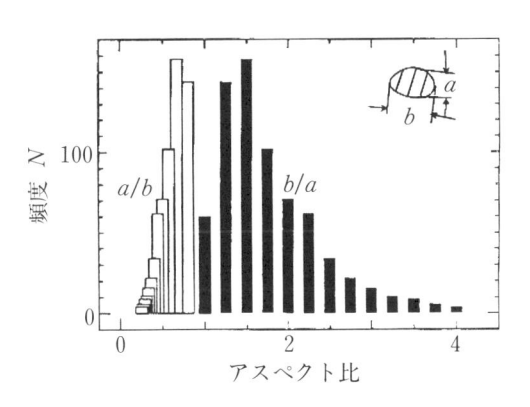

図 **3.7.6** 粒子アスペクト比 A_p．

以上の結果を整理すると，SiC 粒子強化アルミニウム合金の損傷・破壊を支配するパラメータを次のように分類できる．
 (1) 母材のディンプル破壊
 (2) 粒子の割れ
 (3) 粒子と母材の界面剝離

(4) 粒子の非均一分布
(5) SiC 粒子のアスペクト比

これらの中でも特に(4)は大きな影響を持つ．

3.7.3　数値解析による破壊シミュレーション

　前節で述べたパラメータの影響を検討し，材料の機能向上の指針を得るために，有限要素法による数値解析を行う．ここで用いた有限要素法は，次の特徴を持っている．

(1)　有限変形理論に基づく大変形解析

　母材のアルミニウム合金は延性の高い材料であり，大きな変形の過程でボイドが発生・成長して最終的にディンプル破壊する．この過程をシミュレーションするために大変形解析が必要である．

(2)　損傷を考慮した Gurson モデル[17]の使用

　母材の損傷はボイドの発生・成長により生じ，それらが合体して最終破壊が起こる．この過程をシミュレーションするためには，こうしたボイドの発生と成長挙動を表現できる構成式が必要である．多くの弾塑性有限要素法では，弾塑性状態を記述するために V. Mises の構成方程式[18]を用いているが，これではこうした挙動が表現できない．そこでここでは V. Mises の構成方程式をボイド材に拡張した Gurson の構成方程式[19]を用いることとした．この構成式はすでにいくつかの汎用有限要素法コードに取り入れられているが，以下で紹介する数値解析結果は著者が自作したコードを用いて得たものである．この構成式を使用することで，破壊条件が簡単に定義できる．以下では数値解析により個々の要素内でのボイド率を計算し，それがある臨界値を越えたときその要素が破壊したものと見なすこととした．その臨界値としては，著者らの実験[20]より 0.142 としている．

3.7.3.1 問題のモデル化

有限要素法解析のための基礎的なモデルを図 3.7.7 に示す．まず同一形状のSiC粒子が母材中に均一に分布しているものと仮定する．すると個々の粒子は六角柱の中にひとつだけ存在し，かつ六角柱のそれぞれの面が対称面になるものと近似できる．すなわちこの六角柱のみを解析対象とすればよい．これをさらに円柱に近似すると問題は軸対象となり，さらに好都合である．すなわち図の右端の図のように，4つの辺が，その垂直方向の変位が同じとする，との条件を付した軸対象問題を解析すればよいことになる．これをユニットセルと呼ぶ．次に粒子の非均一分布については，図 3.7.8 に示すモデルを用いるものとする．図 3.7.8 の中央の図では領域内で，粒子は非均一に分布してい

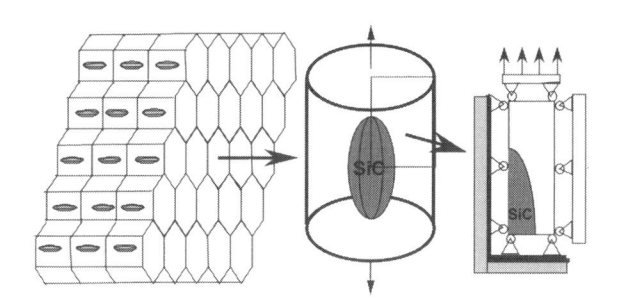

図 3.7.7 軸対称モデル．

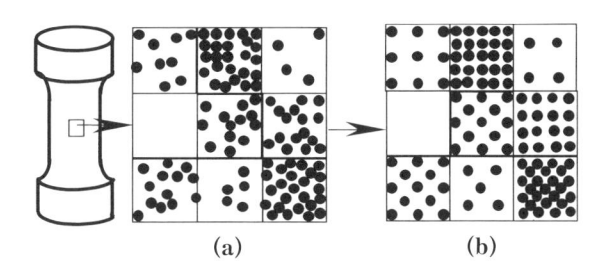

図 3.7.8 強化材の非均質性を考慮したモデル．
 (a) 全体不均一，局所不均一モデル，(b) 全体不均一，局所均一モデル．

る．これをいくつかの局所領域に分割して，図の右端の図のように，局所領域内では均一に分布するものと仮定する．これらの局所領域が非均一に分布するため，巨視的には非均一分布となる．これは粒子の非均一分布の影響を考慮するときに使用するモデルである．これらのモデルを用いて前節で述べた，破壊を支配するパラメータの影響を調べることとする．

3.7.3.2 ユニットセルによる破壊プロセスの検討

まずユニットセルを用いて粒子のアスペクト比を変化させる．これは粒子を回転楕円体と仮定することで簡単にできる．図3.7.9には粒子アスペクト比を0.5，1.0，2.0と3通りに変えたモデルを示す．これらは粒子体積率を10%としたモデルである．このように，粒子アスペクト比，粒子体積率を変えたモデルを容易に作成することができる．

図3.7.10には粒子のアスペクト比を0.25，0.5，1.0，2.0，4.0と5通りに変えたときの，ユニットセルモデルの破壊過程を示す．図中の黒い部分が破壊の生じた領域である．どのモデルでも，母材のディンプル破壊は粒子界面で生じている．ここでの破壊の進行は，$A_p=1.0$の球形粒子では界面に沿って少し破壊が進行した後，母材内部に破壊が進展してゆく．それ以外のモデルではいずれも破壊領域は界面に沿って進行し，界面から離れた位置では破壊が生じていない．特に$A_p=4.0$のモデルでは界面の大部分が破壊している．これは

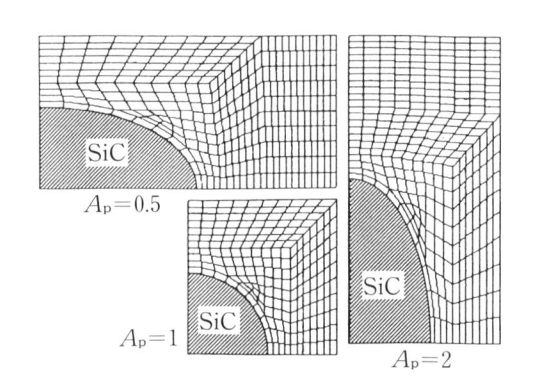

図3.7.9 異なるアスペクト比のユニットセル．

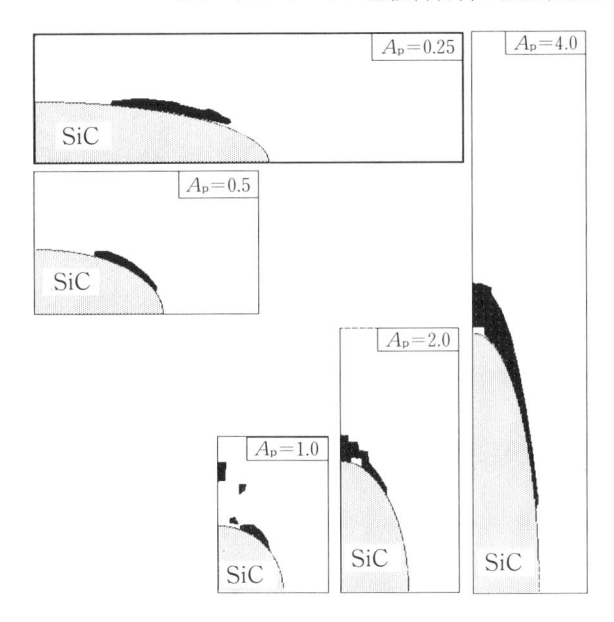

図 3.7.10　アスペクト比が異なるユニットセルの破壊.

結果的には界面剥離と同一である．この状態から最終破断に至ると，わずかに残った部分が剥離し，全面的に母材と粒子の剥離が観察されるであろう．実際の粒子の多くが球形ではなく 1.0 とは異なるアスペクト比を持つから，破面上に多くの剥離が観察されることが理解できる．

図 3.7.11 にはこの 5 つのモデルの数値解析の結果得られた応力-ひずみ関係を示す．応力はいずれも最大の引張強さを示した後，急激に低下する傾向を示す．図に示した最後の点から以後は，応力はほぼゼロに急減する．従ってここを破断ひずみと定義するものとする．引張強さはアスペクト比が最小のものが最小値を示し，アスペクト比の増加とともに増加してゆく．しかし破断ひずみは A_p 値の増加とともに一旦は増加するものの，1.0 を越えると再び減少する．これは図 3.7.10 に示したように，A_p が 1.0 の球形粒子では破壊の進行が母材の中の広い領域で生じるのに対して，それ以外の粒子形状では破壊，すなわち大きな変形とボイドの成長が界面の近傍のみで生じるためである．このこ

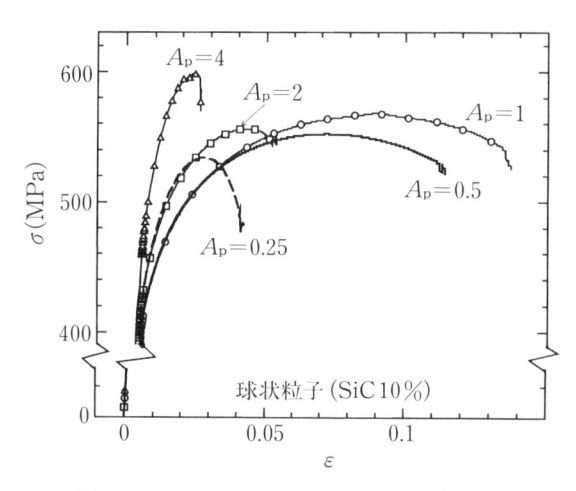

図 3.7.11　ユニットセルの応力-ひずみ関係
（粒子アスペクト比の影響）．

とは粒子形状を球形に近づけるほど，この材料の破断ひずみが増加する，すなわち延性が向上することを示唆している．

図 3.7.12 には A_p 値が 1.0 の場合と 4.0 の場合の 2 つのモデルを用いて，粒子体積率を 2%，10%，21%，31% と変化させたときの応力-ひずみ関係を示す（2%の場合は 0%とほぼ一致するので，図中では省略した）．いずれのアスペクト比の材料でも，粒子体積率が増加すると引張強さは増加するが延性は低下する傾向にある．図中白塗りの記号で示された $A_p=4.0$ のモデルでは，引張強さは同じ粒子体積率の $A_p=1.0$ のそれに比べて大きくなっている．その傾向は粒子体積率が大きくなるほど顕著である．しかし延性の低下も著しい．逆に粒子体積率が 2%の場合，応力-ひずみ関係は A_p 値が異なってもほぼ一致している．これは粒子体積率が小さいと粒子間の相互作用が小さくなり，かつアスペクト比の変化による変形の局所化の影響も小さくなることによる．ここで $A_p=4.0$，粒子体積率 10%の結果と，$A_p=1.0$，粒子体積率 31%の結果を比較してみる．引張強さ，破断ひずみのいずれも，$A_p=1.0$ の球形粒子のほうが著しく大きな値を示している．すなわち，この材料の引張強さや延性を増加さ

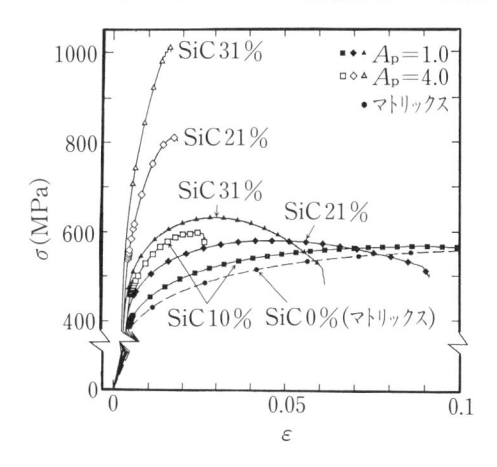

図 3.7.12 ユニットセルの応力-ひずみ関係
（粒子体積率の影響）．

せるには，SiC 粒子の形状をできるだけ球形に近くして粒子体積率をある程度大きくすることが効果的であると推定できる．

3.7.3.3 粒子の非均一分布の影響

粒子の非均一分布の影響を調べるためには，図 3.7.8 に示した局所的には均一，巨視的には非均一と仮定したモデルを使う．**図 3.7.13** にその一例を示す．これは局所的に粒子体積率が均一な小領域が集合してできた三次元モデルである．個々の局所領域での粒子体積率は 0% から 31% まで 5 段階に変えてあり，それらがランダムに配置されている．全体の平均粒子体積率は 10% としてある．局所領域の配置は，ランダム変数を発生させて決定する．粒子体積率が 10%，2% のものについて，それぞれ 2 種類の配置をもつモデルを作成した．このモデルに対して，各面の垂直方向変位がそれぞれの面上で一定であるとの境界条件のもとに，引張負荷を与えて数値解析を行う．ただし，各領域での応力-ひずみ関係は粒子体積率によって異なるから，例えば図 3.7.12 に示された応力-ひずみ関係を多項式近似して，それを各領域での構成式として用いることとする．

306   3 各　　論

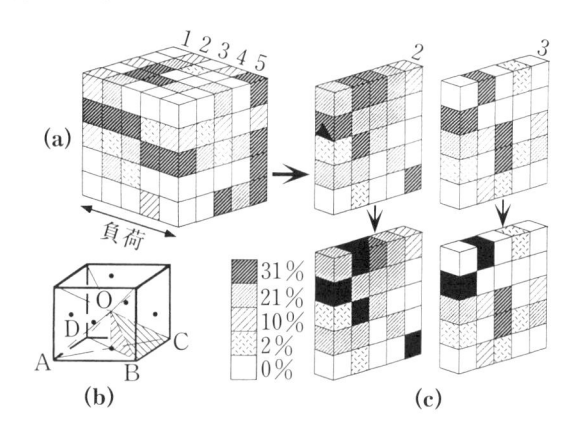

図 3.7.13　非均一モデルと破壊過程.

　ここで用いた要素は図 3.7.13(b)に示すスーパーボックス要素である．これは図に示すように，24 個の定ひずみ要素から構成されている．それぞれの要素でのひずみが図 3.7.12 に示された破断ひずみに達すると，その要素は破壊したものとみなし，その要素を除去して計算をくり返す．要素を除去するに当たっては，要素が分担していた応力を 5 段階に分けて徐々に解放するものとした．

　図 3.7.13(c)は粒子体積率 10% のモデルの破壊過程を示す．図中黒塗りの部分が破壊領域を示す．図中に付した層の番号を参照して，層ごとに見てゆくと，最初の破壊はどの層でも粒子体積率が最大のところで生じていることがわかる．特に第 2，3 層を取り出してみると，最初の破壊が起点となり，周辺に破壊が広がってゆくこと，また他の粒子体積率の比較的高いところから新たな破壊が発生していること等が見てとれる．もうひとつの配置のモデル，また粒子体積率 2% の 2 つのモデルの解析でも，同様の傾向が確認できた．これは図 3.7.4 に示した，破面上での粒子体積率は試験片全体の粒子体積率より大きくなっているという実験結果とよく一致するものとなっている．

　図 3.7.14(a)(b)は，この解析の結果得られた応力-ひずみ関係を，実験値および均一分布モデルの結果と比較したものである．図 3.7.14(a)の粒子体積率（RV）10% モデルでは，2 通りのランダムに配置したモデルの結果はほ

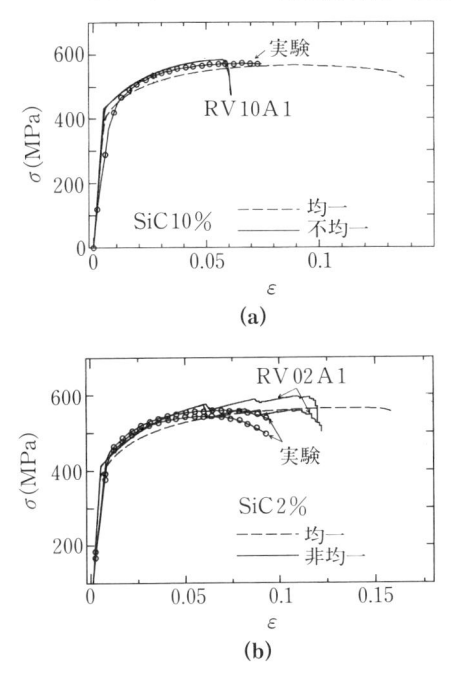

3.7 アルミニウム基複合材料の強度特性(2)　　307

図 3.7.14 非均一モデルの応力-ひずみ関係.
(a) SiC 10% モデル, (b) SiC 2% モデル.

とんど重なっている．すなわち局所領域がランダムに配置されていても，個々の局所領域の配置は，全体的な応力-ひずみ関係には影響をおよぼさないことになる．実験では3本の実験結果が示してあるがこれもほとんど重なっており，ここでの破壊シミュレーションが妥当なものであることがわかる．また均一分布を仮定したモデルの結果と比べると，破断ひずみが大きく低下しており，実験値とほぼ同じ値になっている．引張強さは均一，非均一分布のいずれも大きくは変化せず，実験値とほぼ同じである．図3.7.14(b)の粒子体積率2%のモデルの結果では，2つのモデルの結果のばらつきが大きくなっている．これは数値解析結果のみではなく，実験結果もばらついている．これは非均一に分布する粒子の配置によって，応力-ひずみ関係がばらつくことを意味している．粒子体積率の大きなものと異なり，小さな粒子体積率では粒子の偏在の

影響が極めて大きいことを示唆している．この数値解析結果は，この点でも極めて妥当なものであるということができる．また球状粒子の延性はここでも極めて大きくなっている．

以上の数値解析結果を元に考えると，この材料の機能向上（引張強さの増加と破断延性の増加）には，まず粒子形状をできるだけ球形にすることが最も重要であることがわかる．次いでそれらの粒子を均一に分布させる努力が必要である．これらにより，材料の破断延性の増加が期待できる．これらが実現できれば，粒子体積率を適切に調整することで引張強さをコントロールすることができる．現在の技術ではこれらを完全に実現することは困難であるが，将来の材料の機能向上の指針として，有益な結論が得られたものと考えられる．

3.7.3.4 粒子相互干渉の影響

前節のモデルでは，個々の粒子間の相互作用については考えられていない．より詳細な破壊・損傷過程のモデル化のためには，この問題を考える必要がある．そこで以下のような手順により，2粒子のモデル化を行った．まず図3.7.15に示すように全体に均一に分布した粒子を仮定する．そのうちの2個を対称条件を考慮して取出し，さらに対角線で半分に切断したモデルを考える．図

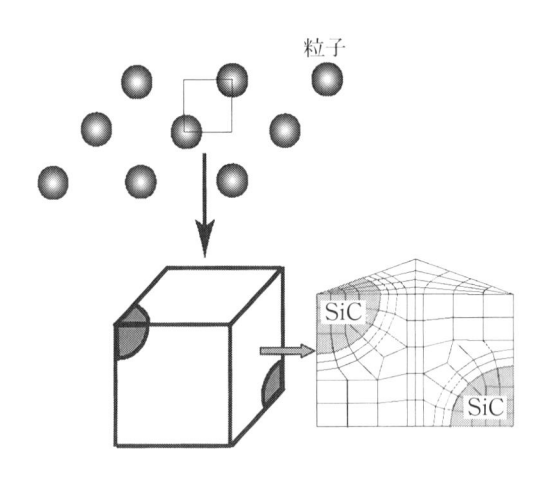

図 3.7.15 均一分布した粒子の解析モデル．

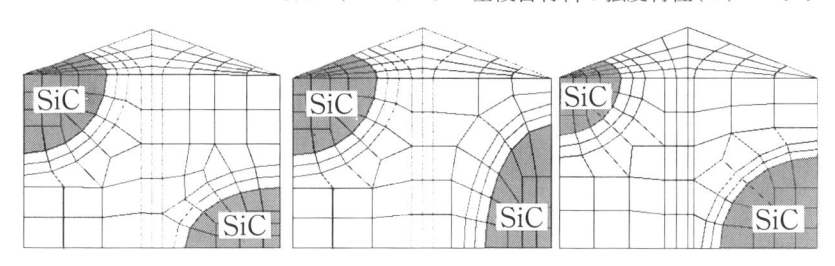

3.7 アルミニウム基複合材料の強度特性（2）　　309

図 **3.7.16** アスペクト比が異なる2つの粒子モデル．

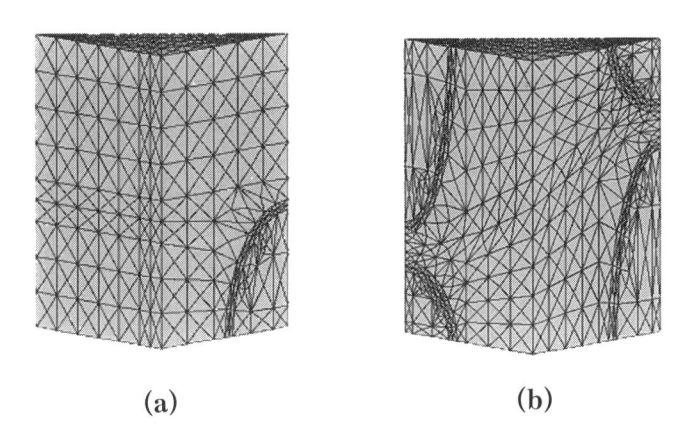

図 **3.7.17** 粒子数が異なるモデル．
(a)1粒子, (b)4粒子．

3.7.16 がそれである．ここで，各面上ではその垂直方向の変位成分が等しくなるように境界条件を与える．2つの粒子は，それぞれその1/16の部分がモデル化されることになる．この粒子は回転楕円体であればよく，アスペクト比や粒子体積率を容易に変更することができる．同様に考えると，**図3.7.17**に示すように，1粒子，4粒子の問題も考えることができる．ここでは一例として，4粒子の問題を解析した結果を示す．図3.7.17(b)に示したように，アスペクト比の異なる粒子が均一でなく存在している．この長手方向に引張力が作用するときの破壊の進行状況を調べた．結果を**図3.7.18**に示す．破壊はま

(a)　　　　　　　(b)

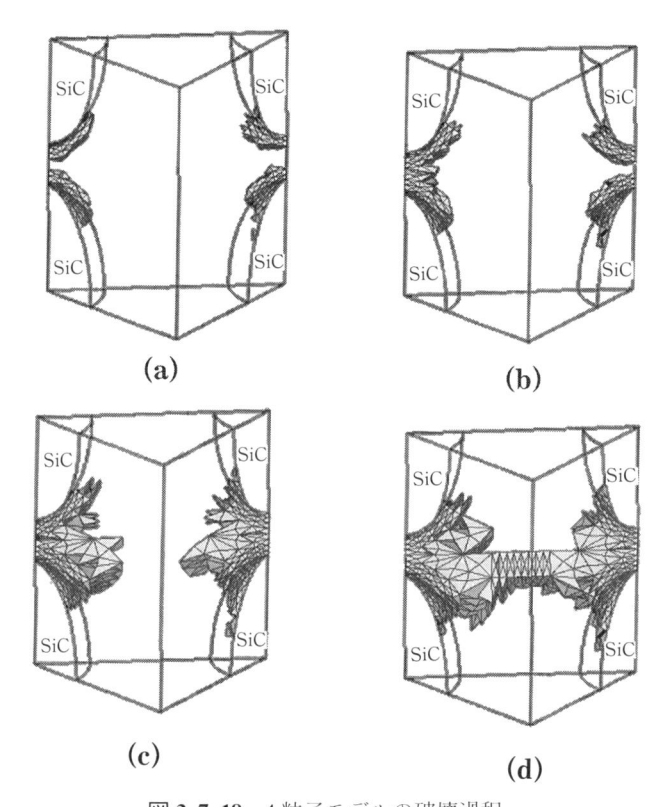

(c)　　　　　　　(d)

図 3.7.18　4粒子モデルの破壊過程.

ず，縦方向の粒子間で開始し，2箇所で発生した破壊領域が互いに近づいてゆくように成長してゆく．これは図3.7.4で示した破面上での粒子体積率が大きいことを，直接的に説明する結果となっている．

3.7.4　将来の展望

はじめにこの材料の損傷・破壊を支配する因子としてあげたいくつかの点のうち，粒子と母材との界面剥離，粒子の割れ以外のパラメータについて考察してきた．残ったこれら2つのパラメータの影響を調べるためには，剥離条件と

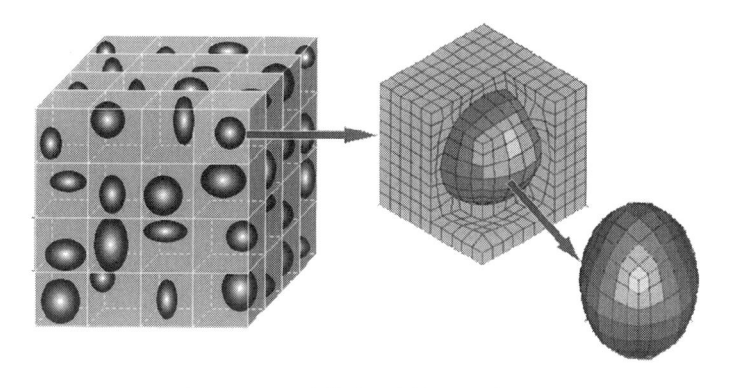

図 3.7.19　実構造の多粒子モデル．

粒子の割れる条件という 2 つの臨界条件を正しく決定してやる必要がある．しかしこれを実験的に決定するのは容易なことではない．またこれらの因子を考慮しなくとも，応力-ひずみ関係は実験値と大きく異なることはないから，主要な因子はここで扱われた，粒子の非均一分布，母材のディンプル破壊，粒子のアスペクト比などであると考えてよいであろう．この材料の機能向上のためには，まずこれらの因子を考慮して，その上で他の因子の影響を考慮することが必要である．

また最近のコンピュータの性能の急速な進歩により，ここで取上げた問題をより大規模にモデルで実施することも可能になりつつある．将来的には数十台のコンピュータを並列につないだ並列処理システムにより，例えば図 3.7.19 に示すような実構造のモデルが解析可能となるであろう．そのときはここで示した材料の機能向上の方策がより簡易に，より効率的に得られることになるであろう．

参 考 文 献

1) D. J. Lloyd : Acta Metall. Mater., **39**, 1 (1991), 59.
2) D. J. Lloyd : Int. Materials Reviews, **39**, 1 (1994), 1.

3) M. Geni, M. Kikuchi and K. Hirano : Trans. JSME, **61**, 581, A (1995), 45.
4) J. Llorca, A. Needleman and S. Suresh : Acta Metall. Mater., **39**, 10 (1991), 2317.
5) K. Tohgo and G. J. Weng : Trans. ASME, J. Engng. Mater. Tech., **116** (1994), 414.
6) S. Tao and J. D. Boyd : Proc. of ASM, Mater. Cong. (1993), 29.
7) J. Llorca, S. Suresh and A. Needleman : Metallurgical Transactions A. **23**, A (1992), 919.
8) G. L. Povirk, M. G. Stout, M. Bourke, J. A. Goldstone, A. C. Lawson, M. Lovato, S. R. Macewen, S. R. Nutt and A. Needleman : Acta Metall. Mater., **40**, 9 (1992), 2391.
9) P. K. Liaw, R. E. Shannon, W. G. Clark, Jr. and W. C. Harrigan, Jr. : Cyclic Deformation, Fracture and Non-destructive Evaluation of Advanced Materials, ASTM, STP1157 (1992), 251.
10) T. Morimoto, T. Yamaoka, H. Lilholt and M. Taya : Trans. ASME, J. Engng. Mater. Tech., **110** (1988), 71.
11) S. V. Kamat, J. P. Hirth and R. Mehrabian : Acta Metall. Mater., **37**, 9 (1989), 2395.
12) Y. Flom and R. J. Arsenault : Acta Metall. Mater., **37**, 9 (1989), 2413.
13) M. Kikuchi and M. Geni : "Fracture Analysis of a SiC Particle Reinforced Aluminum Alloy", "Contemporary Research in Engineering Science", Edited by Romesh. C. Batra, Springer (1995), 276.
14) T. Christman, A. Needleman and S. Suresh : Acta Metall. Mater., **37**, 11 (1989), 3029.
15) M. Kikuchi, M. Geni, T. Togo and K. Hirano : "Strength Evaluation of Whisker Reinforced Aluminum Alloy", "Mechanisms and Mechanics of Composite Fracture", Edited by R. B. Bhagat, S. G. Fishman and R. J. Arsenault, Published by ASM International (1993), 97.
16) K. Nishiyama et al. : in Proc. 4th Japan-U. S. Conf. On Composite Material. Washington, DC (1988), 128.
17) A. L. Gurson : Trans. ASME, J. Eng. Mat. Tech., **99** (1977), 2.
18) 宮本博, 菊池正紀 : "材料力学", 裳華房.
19) V. Tvergaard and A. Needleman : Acta Mater., **32** (1984), 157.
20) M. Geni and M. Kikuchi : Acta Mater., **46**, 9 (1998), 3125.

索　引

欧文，記号索引
(アルファベット順)

A
AC4CH-T6　*260*
AlB$_2$　*8*
Al-18%Si　*89*
Al-20%Nb 強加工線材　*81*
Al$_3$Ti 化合物　*7*
Al-8%Fe　*89*
Al-Cu-Mg-Ni 系合金　*16*
Al-Cu 系合金　*14*
Al-Li 合金　*182*
Al-Mg 系合金　*16, 19*
AlP 化合物　*17*
Al-Si 系合金　*15, 18, 93*
Al-Si-Cu 系合金　*14, 19*
Al-Si-Cu-Mg 系合金　*19, 197*
Al-Si-Cu-Mg-Ni 系合金　*17*
Al-Si-Mg 系合金　*15, 18, 196*
Al-Si-Mg-Cu 系合金　*16*
alumium　*3*
ASTM　*22*
ASTM 規格 E 399　*116*
ASTM 規格 E 813　*118*

B
Bridgeman　*73*
BS 規格 5447　*116*

C
Ca　*93, 255*
CAI システム　*241*
CO$_2$ プロセス　*9*
C 曲線　*48*

D
da/dN-ΔK_{eff} 曲線　*209*
da/dN-ΔK 曲線　*204*
DAS　*198*
dispersoid　*73*
DRA　*275*
DV-X$_\alpha$ クラスタ法　*80*

E
ECAP　*46*
ESD　*32, 79*
Eshelby の介在物モデル　*83*

F
force-displacement curve　*160*

G
GP ゾーン　*40, 47*
Griffith-Orowan-Irwin の条件　*110*
Gurson モデル　*300*
γ-シルミン　*16*
5052　*31*
8083　*31*
8182　*31*
5N01　*31*

H
Hall-Petch の関係式　*60*
HD 合金　*31*
HIP 処理　*131, 212*
homogenizing　*26*
HRR 応力特異場　*83*
8021　*32*

欧文，記号索引

8079　　32
8090　　32

I
I/M 法　　80

J
Johnson-Mehl-Avrami の式　　49
J 積分　　111, 119

L
L1₂ 構造　　43
long crack　　86
loss of contact　　243
LSW 理論　　56

M
Mk レベル　　80
MMC　　12
modification　　15

N
2017　　28
2024　　28
7050　　32
7055　　32
7075　　32

O
One-Bar 法　　153
Orowan
　　──の機構　　88
　　──の by-pass 機構　　89
　　──ループ　　62

P
P/M(粉末冶金)法　　79

PAG　　40
PEG　　39
PFZ　　58, 75, 280
PF ダイカスト　　11

R
RRA 処理　　40, 79
R 曲線　　114
　　──法　　119
6016　　31
6060　　31
6061　　31
6063　　31
6111　　31
6N01　　31

S
short crack　　86
SiC 粒子　　294
SiC 粒子分散強化アルミニウム合金　　294
S-N 曲線　　123, 169
　　──図　　198
Soaking　　26
Strain Rate Temperature Parameter　　236
S 軌道エネルギーレベル　　80
3003　　28
3004　　28
3%NaCl 水溶液　　185

T
T 77 処理　　79
TiB₂　　8
TiC　　7
TMT　　45
TTT 曲線　　48

U
UTS　*201*

V
Vプロセス　*10*

W
Weldalite　*81, 87*

Y
Y合金　*16, 17*
4032　*31*
4043　*31*

和文索引
(五十音順)

あ
アークハイト　224
亜結晶　43
亜時効　40,61
　　──材　185
アスペクト比　286
圧延　26
アモルファス合金　90
アルミ合金鋳物 AC 4 CH-T 6　260
安定き裂成長抵抗曲線　113
安定相　47

い
異質核生成　56
インゴット(I/M)法　80
インベストメント鋳造法　10

う
ウェーラー　3

え
永久鋳型鋳造　11
液体脆化　83
エネルギー解放率　111
エネルギー条件　103
エルー　4
エルステッド　3
遠心鋳造法　12
延性設計　124
延性破壊　72,100,105
延性引裂き(ディンプル)破壊領域　120

お
押出し　26
応力拡大係数　104,111,205
　　──幅　173
　　──範囲　94,128
応力三軸度　110
　　──パラメータ　73
応力集中係数　188,247
応力集中補正係数　137
応力制御試験　198
応力波　140
応力比　177,209
応力腐食割れ　182
オーバーピーニング　224
押湯　11
オストワルド成長　56
温間圧延　46

か
介在物　106,235
外生的要因　83
回転円盤式の衝撃疲労試験機　255
回転ノズル法　7
回復　41
界面　276
改良処理　15
化学的微小き裂　174
過共晶 Al-Si 合金　93
過共晶 Al-Si-Cu-Mg-Ni 系合金　17
核生成・成長　47
確率論的破壊力学　135
下限界応力拡大係数
　　──幅　129

——範囲　173
下限界値 ΔK_{th}　204
加工硬化　33, 238
加工軟化　238
加工熱処理法　45
過時効　36, 40, 61, 185
ガス気孔　94
ガス浄化法　6
硬さ　21
活性化エネルギー　158, 236
カップアンドコーン　100
過渡応答有限要素解析　244
金型鋳造法　11
金型鋳物　21
環境　180
　　　——感受性　185
完全脆性材料　100
含銅シルミン　14
緩和　280

き

キー・カーブ法　242
気孔　198
逆すべり　125
吸収エネルギー　260
凝固温度範囲　14, 19
凝固時間　198
凝固速度　198
凝固組織　197
共晶 Si　15, 18
　　　——相　197
　　　——相の改良処理　199
強制空冷　39
強度設計　124
強度の正の温度依存性　83
強度劣化指数　257
極値確率法　220, 227

き裂遮蔽　185
き裂進展
　　　——限界応力　188
　　　——速度　128
　　　——抵抗力　113
　　　——の補正　243
き裂成長　171
き裂先端
　　　——開口量　206
　　　——近傍の特異応力場　111
　　　——塑性域　205
　　　——鈍化直線　113
き裂伝播速度　204
き裂の屈曲　182
き裂発生　171
　　　——限界応力　188
き裂開口　129, 177, 208
均一核生成　48
均質化処理　26
金属間化合物　43
金属疲労　123

く

空孔　235
　　　——クラスタ　235
　　　——濃度　51
グッドマン線図　124
グラム　4
グリフィスき裂　102

け

計装化シャルピー試験　89, 235
計装化シャルピー衝撃試験機　239
ゲージ位置　244
欠陥寸法　137
結晶粒界　175
　　　——破壊　100

和文索引　319

結晶粒径　175
結晶粒微細化処理　7
限界応力設計　124
原子半径　80
顕微鏡組織　133

こ

高圧造型　9
高圧鋳造法　12
高温時効　40
硬質材　34
公称応力-公称ひずみ関係　99
公称き裂伝播エネルギー　241
公称き裂発生エネルギー　241
高速運動転位論　161
高速転位　236
光弾性皮膜法　133
コーテッドサンド　9
コールドボックス法　9
固体脱ガス剤添加法　6
固定端　143
固溶　39
コンパクト(CT)試験片　116
コンピュータ援用計装化衝撃試験システム　241
コンプライアンス変化率法　242
コンポカスティング　12
　　──法　275

さ

再結晶　41, 73
　　──組織　43
最弱リンク仮説　129
最大欠陥面積　94
三元合金　31
3点曲げ試験法　247
残留応力　36, 212, 278

し

ジーベルツの法則　6
シェルモールド法　9
試験片寸法　112
時効　19, 47
　　──硬化　47
　　──硬化現象　25
　　──硬化速度　283
　　──硬化能　277
　　──処理　51
　　──条件　179
　　──析出　47
　　──軟化　34
自然時効　35, 51
自然発色　31
室温時効　40
質別　27
　　──記号　19
シャルピー衝撃値　22
収縮孔　94, 198
樹枝状晶　6
出力棒　148
ジュラルミン　28, 32
準安定相　27, 47
準安定溶解度線　50
小規模降伏　112
　　──条件　174
小傾角粒界　235
衝撃荷重　140
衝撃の持続時間　149
衝撃破壊　140
衝撃疲労　256
　　──破壊靱性 K_{fc}　257
　　──破面　257
衝撃変形　140
焼鈍 ──→ 焼なまし
助剤　277

初晶 Si　　17, 19
初晶デンドライト　　197
ショットピーニング　　212, 221
ジョルト　　9
シルミン　　15, 18
真空ダイカスト　　11
真空脱ガス法　　7
人工時効　　35, 51
靭性　　43, 22
伸長ディンプル　　106

す

水素溶解量　　6
スクイズ　　9
スクイズ・カスティング　　12
ストップ・ブロック法　　243
ストライエーション　　126, 204
砂型鋳物　　21
スピネル　　278
スピノーダル分解　　47
スプリットカラー　　251
スプリットホプキンソン棒法　　148, 262
すべり線　　34, 125
スポーリング　　146
スラブ　　26

せ

整合　　40, 53
　　──ひずみ　　47
脆性設計　　124
脆性破壊　　100, 104
精密鋳造法　　10
析出　　47
析出物　　235
　　──粒子　　73, 111
積層欠陥エネルギー　　237

切欠　　188
　　──感度　　190
　　──係数　　190
石こう鋳型鋳造法　　10
セル状析出　　49
セレーション　　253
繊維状組織　　43
線形弾性破壊力学　　172
せん断応力　　125
せん断型の成長　　183
せん断機構　　62
せん断すべり型　　100
　　──の破壊　　107
せん断帯　　109
せん断ひずみ速度　　238

そ

造型　　5
走査電子顕微鏡　　132
ソーキング　　26
組織パラメータ ϕ　　92
塑性域寸法 r_p　　205
ソルバス　　50

た

第1段階き裂　　177
耐応力腐食割れ性　　36
ダイカスト実体鋳物　　22
ダイカスト法　　11
大規模降伏小規模損傷　　113
耐焼付き性　　17
耐食性　　16, 19
第二相粒子　　43, 106
耐剝離腐食性　　36
対辺2アクティブゲージ法　　252
耐摩耗性　　17, 19, 23
打撃棒　　148

和 文 索 引　321

脱ガス処理　6, 224
縦弾性波速度　141
タングル　34
弾性応力集中係数　247
鍛造　26
弾塑性破壊靱性 J_{IC} 試験法　118
断熱せん断帯　237
断熱せん断変形　238

ち

チクソキャスティング法　12, 229
チゼル・ポイント破壊　99
中間介在物　111
　　　──粒子　73
中間相　47, 82
鋳造アルミニウム合金　130
鋳造欠陥　94, 124, 197
鋳造条件　22
超ジュラルミン　28
超塑性　46
超々ジュラルミン　32

つ

継手効率　31

て

テアリングモジュラス T_{mat}　93, 240
低圧鋳造法　11
低温脆性　77, 238
定積比熱　238
停留き裂　192
ディンプル　106, 205
　　　──形成型の延性破壊　72
　　　──破壊　205, 296
　　　──破面　106
デービー　3
デビュ　4

転位　34, 125
　　──セル　236
　　──の増殖　236
　　──密度　280
電気陰性度　80
電気油圧サーボ式高速負荷試験機　248
点欠陥　236
電子散乱　163
電子論　163
展伸用合金　27
デンドライト　88, 91, 197
　　　──二次アーム間隔　198
　　　──アーム間隔　91, 216
　　　──セルサイズ　92

と

透過ひずみパルス ε_t　252
凍結過剰空孔　51
等軸ディンプル　106
動的再結晶　238
等方連続体の仮定　174
特異応力場　112
特性距離 l_0　76
鈍化部(ストレッチゾーン)　120

な

生砂型鋳造法　9
軟化処理　42

に

二次再結晶　42
二重指数確率紙　138
2段時効　65
2段平行部　248
日本機械学会基準 S 001　118
入射ひずみパルス ε_i　252

322　索　引

入力棒　148

ね
熱活性化過程論　158
熱活性化バリア　235
熱処理型合金　27, 49, 111
熱的成分　159
熱膨張係数　17

の
ノジュラー析出　49
伸び　22

は
パイエルス力　235
バイヤー　4
　　　——法　4
バインダー　278
破壊靱性 K_{IC}　111, 115
破壊靱性値　115
破壊力学　104, 124
破断伸び　260
破面観察　271
破面粗さ　76
　　　——誘起き裂閉口　208
パリス域　204
パリス則　173
反射ひずみパルス ε_r　252
反射引張波　251
反応生成物　277
ハンマーロード・セル　244
半溶融鋳造法　12
半連続鋳造法　26

ひ
ピーク時効　61, 185
比強度　285

非金属介在物　111
引け　6
微細化材　8
微視組織的微小き裂　174
微小き裂　171, 210
　　　——成長　172
微小空洞（ミクロボイド）　106
ひずみ速度　140, 260
ひずみ取り　19
非整合　56
比弾性率　285
引張応力-ひずみ特性　260
引張型スプリットホプキンソン棒式高速
　衝撃試験機　251
引張強さ　121, 169, 260
引張特性　199
ヒドロナリウム　16
非熱活性化バリア　235
非熱処理型合金　27, 49, 111
非熱的成分　159
比疲労強度　192
非平衡偏析　282
表面エネルギー　102, 103
ビレット　26
疲労強度　43, 123
疲労き裂進展特性　128
疲労き裂伝播特性　204
疲労き裂発生　202
疲労限度　124, 169
　　　——推定式（$\sqrt{area}$ パラメータモデル）　220
疲労寿命　199
疲労信頼性　135
疲労設計　124
疲労比　169

和文索引　323

ふ

不安定破壊　114, 204
フォノン散乱　163
フォノン粘性　162
不均一核生成　48
復元　41, 56
　　——再時効(RRA)　79
腐食ピット　186
腐食疲労
　　——過程　186
　　——強度　186
腐食溶解　187
物理的微小き裂　174
部分整合　56
フラクトグラフィ　132
フラックス　5
フルモールド法　9
不連続析出　47
プロセスゾーン寸法　76

へ

平滑材　169
平衡相　27, 82
平衡偏析　282
平面応力状態　114
平面ひずみ状態　114
平面ひずみ破壊靭性試験法　116
へき開破壊　100, 104
別取り試験片　22
変形双晶　236
偏析　20, 282
変調構造　49
ベントナイト　9

ほ

ボイド　91, 300
　　——シート　75, 109
　　——の生成・成長・合体　72
　　——形成型破壊　75
　　——成長速度　74
　　——体積率　109
ホール　4
　　——・エルー法　4
ホットボックス法　9
ホプキンソン棒式高速衝撃試験　235
ポリアルキレングリコール　40
ポリエチレングリコール　39
ボルツマン定数　236
ポロシティ　130

ま

マイクロアロイング元素　66
マルエージング鋼　251
マルテンサイト変態　237

み

ミクロ・ポロシティ　6
ミクロボイド合体型　100, 106
ミクロ偏析　27
ミスフィット　45

む

無析出帯　58

も

モードⅡ　182, 208
モールド・リアクション　16

や

焼入れ　19, 50
　　——遅れ　39
　　——感受性　31
　　——焼戻し　27
焼なまし　27, 41

324　索　引

焼戻し　19

ゆ

油圧サーボ式高速試験　235
有限要素法解析　301
有効応力拡大係数
　　──幅　94
　　──範囲　177, 209
有効塑性ひずみ　74

よ

溶加材　31
陽極酸化処理　31
溶剤　5
溶質原子　235
溶接部　78
溶体化処理　39, 50
溶融温度範囲　39
溶湯鍛造　12

ら

ラボアジェ　3

り

リカバリー試験　156
力学的微小き裂　174

力学的ポテンシャルエネルギー　103
リサイクル　93
リバー・パターン　105
リバース試験　156
粒界破壊　78, 111
粒子の中空化　289
理論へき開強度　100
臨界冷却速度　91
林転位　235

る

累積負荷時間　257

れ

冷間引抜き　27
レオカスティング法　12, 230
レプリカ　172
連続焼鈍炉　42
連続析出　47

ろ

濾過処理　7
ろう材　31
ローエックス　17
ロストワックス法　10

	2001年5月15日　第1版発行
	2016年8月25日　第1版2刷発行

編者の了解により検印を省略いたします

編著者 ⓒ 小　林　俊　郎

発行者　　内　田　　　学

印刷者　　山　岡　景　仁

アルミニウム合金の強度

発行所　株式会社　内田老鶴圃　〒112-0012 東京都文京区大塚3丁目34番3号
　　　　　　　　電話　03(3945)6781（代）・FAX　03(3945)6782
http://www.rokakuho.co.jp/
　　　　　　　　　　　　　　　　　　　　　　　印刷・製本/三美印刷 K.K.

Published by UCHIDA ROKAKUHO PUBLISHING CO., LTD.
3-34-3 Otsuka, Bunkyo-ku, Tokyo, Japan

U. R. No. 512-2

ISBN 978-4-7536-5503-8 C3057

材料強度解析学 基礎から複合材料の強度解析まで
東郷 敬一郎 著　A5・336頁・本体6000円

高温強度の材料科学 クリープ理論と実用材料への適用
丸山 公一 編著／中島 英治 著　A5・352頁・本体6200円

基礎強度学 破壊力学と信頼性解析への入門
星出 敏彦 著　A5・192頁・本体3300円

結晶塑性論 多彩な塑性現象を転位論で読み解く
竹内 伸 著　A5・300頁・本体4800円

高温酸化の基礎と応用 超高温先進材料の開発に向けて
谷口 滋次・黒川 一哉 著　A5・256頁・本体5700円

金属疲労強度学 疲労き裂の発生と伝ぱ
陳 玳珩 著　A5・200頁・本体4800円

金属の疲労と破壊 破面観察と破損解析
Brooks・Choudhury 著／加納 誠・菊池 正紀・町田 賢司 共訳
A5・360頁・本体6000円

金属の高温酸化
齋藤 安俊・阿竹 徹・丸山 俊夫 編訳　A5・140頁・本体2500円

鉄鋼の組織制御 その原理と方法
牧 正志 著　A5・312頁・本体4400円

鉄鋼材料の科学 鉄に凝縮されたテクノロジー
谷野 満・鈴木 茂 著　A5・304頁・本体3800円

金属の相変態 材料組織の科学 入門
榎本 正人 著　A5・304頁・本体3800円

再結晶と材料組織 金属の機能性を引きだす
古林 英一 著　A5・212頁・本体3500円

基礎から学ぶ 構造金属材料学
丸山 公一・藤原 雅美・吉見 享祐 共著　A5・216頁・本体3500円

新訂 初級金属学
北田 正弘 著　A5・292頁・本体3800円

材料工学入門 正しい材料選択のために
Ashby・Jones 著／堀内 良・金子 純一・大塚 正久 訳
A5・376頁・本体4800円

材料工学 材料の理解と活用のために
Ashby・Jones 著／堀内 良・金子 純一・大塚 正久 訳
A5・488頁・本体5500円

材料の速度論 拡散，化学反応速度，相変態の基礎
山本 道晴 著　A5・256頁・本体4800円

材料における拡散 格子上のランダム・ウォーク
小岩 昌宏・中嶋 英雄 著　A5・328頁・本体4000円

金属電子論　上・下
水谷 宇一郎 著
上：A5・276頁・本体3200円／下：A5・272頁・本体3500円

金属物性学の基礎 はじめて学ぶ人のために
沖 憲典・江口 鐡男 著　A5・144頁・本体2500円

金属電子論の基礎 初学者のための
沖 憲典・江口 鐡男 著　A5・160頁・本体2500円

金属間化合物入門
山口 正治・乾 晴行・伊藤 和博 著　A5・164頁・本体2800円

稠密六方晶金属の変形双晶 マグネシウムを中心として
吉永 日出男 著　A5・164頁・本体3800円

合金のマルテンサイト変態と形状記憶効果
大塚 和弘 著　A5・256頁・本体4000円

機能材料としてのホイスラー合金
鹿又 武 編著　A5・320頁・本体5700円

粉末冶金の科学
German 著／三浦 秀士 監修／三浦 秀士・高木 研一 共訳　A5・576頁・本体9000円

粉体粉末冶金便覧
(社) 粉体粉末冶金協会 編　B5・500頁・本体15000円

水素と金属 次世代への材料学
深井 有・田中 一英・内田 裕久 著　A5・272頁・本体3800円

水素脆性の基礎 水素の振るまいと脆化機構
南雲 道彦 著　A5・356頁・本体5300円

物質の構造 マクロ材料からナノ材料まで
Allen・Thomas 著／斎藤 秀俊・大塚 正久 共訳　A5・548頁・本体8800円

金属学のルーツ 材料開発の源流を辿る
齋藤 安俊・北田 正弘 編　A5・336頁・本体6000円

震災後の工学は何をめざすのか
東京大学大学院工学系研究科 編　A5・384頁・本体1800円

表示価格は税別の本体価格です．